新文京開發出版股份有限公司

NEW WCDP

新世紀‧新視野‧新文京 — 精選教科書‧考試用書‧專業參考書

New Wun Ching Developmental Publishing Co., Ltd.

New Age · New Choice · The Best Selected Educational Publications—NEW WCDP

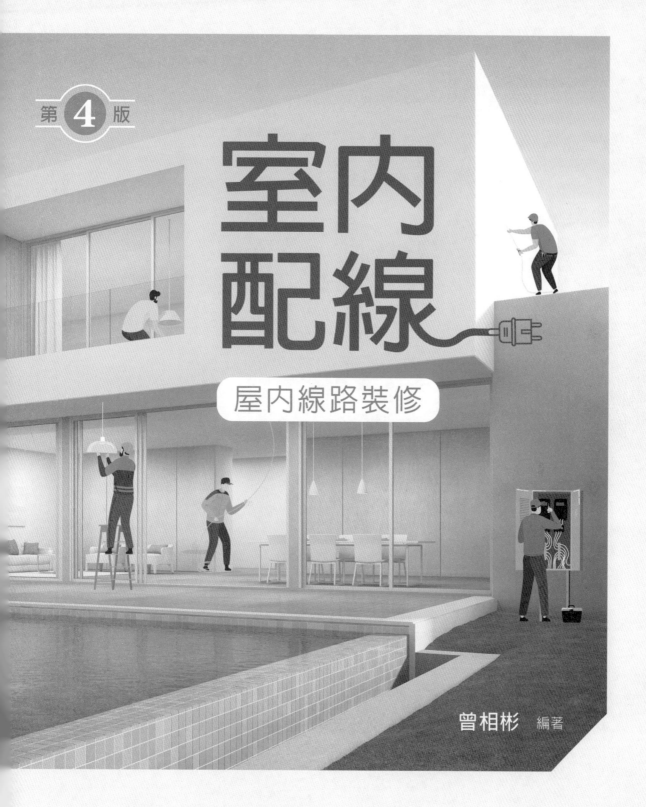

第**4**版

室內配線

屋內線路裝修

曾相彬 編著

技術士 **乙** 級技能檢定
學·術·科·題·庫·總·整·理

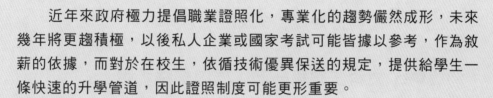

　　近年來政府極力提倡職業證照化，專業化的趨勢儼然成形，未來幾年將更趨積極，以後私人企業或國家考試可能皆據以參考，作為敘薪的依據，而對於在校生，依循技術優異保送的規定，提供給學生一條快速的升學管道，因此證照制度可能更形重要。

　　但檢定所需的專業知識，常造成參加考試考生嚴重的負擔，筆者有鑑於此，依據勞動部考試簡章所公布考試範圍，加以分類、歸納相關重點，希望考生能夠迅速的、完整的準備室內配線、屋內線路裝修乙級技術士學科測驗，進而順利考取證照。

　　本書具有以下特色：

一、　內容涵蓋勞動部最新制定公布的考試範圍與參考資料，不僅可當作準備考試的教材，更可增加個人自學的參考依據。

二、　本書根據最新考試規則，大幅修訂試題「前置作業」內容，無論是考場設備、自備工具及評審標準都予以更新，讓考生應試更加得心應手。

三、　術科試題第二站在「動作測試」的「動態測試」方面，除了條列式的清楚敘述之外，更貼心增加設備對照圖示幫助記憶，術科應試更有把握。

四、　本書編者針對術科方面提供詳細的見解計算與推理，書末檢附最新學科試題與難題詳解，此外更以 QR Code 方式備有技術士技能檢定各職類共同科目試題與補充試題，希望成為考生及所有讀者最佳的後盾。

　　本書雖力求嚴謹詳實，但疏漏之處在所難免，敬祈各先進不吝指正，特此致謝。

曾相彬　謹識

CONTENTS 目錄

技術士乙級技能檢定補充試題

術科檢定應檢須知

一、本技能檢定術科分成三站實施，各站檢定名稱如下：

    第一站：屋內線路裝置。第二站：電機控制裝置。第三站：外線作業。

二、檢定時間：

（一）第一站：160 分鐘。

（二）第二站：90 分鐘。

（三）第三站：90 分鐘。

三、檢定方式：

（一）第一站：採現場實作。

    1. 本站共有三題，檢定時僅需作一題（在檢定現場抽籤決定）。

    2. 依試題要求及工作圖示完成配線板上有關配管及配線工作。

    3. 依材料表所供給之器具、材料，選用適合之器具、材料，按工作圖所示之位置施工裝置（電燈、日光燈分路實務上常採共管配線，導線數大多為 4 條，故單線圖電燈、日光燈分路線徑，考生應依同一導線管內之導線數以 4 條選用）。

    4. 評審表中重大缺點（十一）(4)「未考慮負載平衡」，係指引接分路斷路器跳脫值總和超過主保護斷路器跳脫值。

（二）第二站：採現場實作。

    1. 本站共有八題，檢定時僅需作一題（在檢定現場抽籤決定）。

    2. 依試題要求及圖示完成器具間之配線。

    3. 因考場環境大小不一，已配妥之主電路材料（導線及壓接端子）不列於考場已固定材料表中。

（三）第三站：採現場實作。

    1. 本站共有六試題，檢定時僅需作一試題（在檢定現場抽籤決定）。

    2. 本考驗範圍包括高壓配電器具及變壓器接線及高低壓桿上紮線等。

    3. 檢定場兩側終端桿已加掛接地及掛「停電作業中」指示牌，可安心登桿作業。

四、需採用壓接端子之導線如下：

（一）主線路（單心線除外）。

（二）接地線（EMT 管除外）。

（三）控制線：所有器具板之端子台、操作面板端子台 TB4（第二站第八題經端子台及主線路之線端均須使用壓接端子）。

五、導線之壓接應用壓接鉗（或同等規格），不得使用其他工具壓接，否則以重大缺點論。

六、第一站、第二站及第三站均須及格，本技能檢定術科測試方為合格。

七、自備工具：除第一站、第二站和第三站檢定自備工具參考表所列工具（由檢定場所提供之工具考生亦可自備）外，其他工具（如：PVC 管彎管輔助工具彈簧、金屬管切管器等）不得攜帶進入考場。

八、受檢者，不得攜帶任何材料、成品及線路圖進場，且不得擅自取用他人器材，否則以作弊論。檢定時間到仍繼續施工者，以逾時未完工論，判不及格。

九、各站開始測試前均給予受檢者：第一站 10 分鐘及第二站、三站均為 5 分鐘時間檢查、清點機具、設備、材料，若有毀損、不良者（如螺絲滑牙），應即提出更換或補發以維護考生自身權益。檢查時間內不得先行施工，否則以作弊論。

十、接地線應使用綠色導線（第三站除外），其他配線不得使用綠色導線。

十一、第一、二站作業時，應檢人應穿著棉質工作服、長褲及安全工作鞋；第三站外線作業時，應穿著長袖棉質工作服、長褲及安全工作鞋。

PART

1

術科試題第一站：
屋內線路裝置

前置作業

注意事項

前置作業

一、第一站設備表

項次	名稱	規格	單位	數量	備註
1	配線工作板	2,400×1,200×20mm	塊	1	每崗位
2	管虎鉗	NO.1 附三角架	台	1	每崗位
3	電源	1φ3W 110/220V（線徑 8mm²）	式	1	第一題
4	電源	3φ3W 220V（線徑 30mm²）	式	1	第二題
5	電源	3φ4W 220/380V（線徑 22mm²）	式	1	第三題

二、檢定場提供工具

項次	名稱	規格	單位	數量	備註
1	壓接鉗	1.25mm²~8mm²	支	1	
2	彎管器	EMT 管 E19 用，附柄	支	1	
3	一次成型彎管器	EMT 管 E19 用，附柄	支	1	
4	鉸刀	傘形	支	1	
5	鋼鋸	300mm，附鋸條	支	1	
6	噴燈	卡式，附瓦斯罐	只	1	
7	輔助管	22mmφ，60~70cm	支	1	
8	電工安全帽	耐壓 20KV	頂	1	
9	電纜剪	230mm，電纜 14mm2×3C 以下用	支	1	
10	切管器	PVC 及可撓金屬管切管用	支	1	

三、第一站自備工具表

項次	名稱	規格	單位	數量	備註
1	三用表	V、A、Ω	只	1	
2	電工鉗	200mm	支	1	
3	尖嘴鉗	150mm	支	1	
4	斜口鉗	150mm	支	1	
5	一字及十字起子	100mm	支	各 1	

項次	名稱	規格	單位	數量	備註
6	剝線鉗	1.0~3.2mmφ	支	1	
7	電纜剝皮刀	8mm²×4C 以下	支	1	
8	電動起子	一字及十字起子	組	1	
9	工具皮帶	6 工具帶，1 帆布袋	套	1	
10	開口扳手	8mm	支	1	
11	捲尺	3m	捲	1	
12	量角器	0~360 度	支	1	
13	擴管棒	木質或電木 22mmφ	支	1	
14	線槽切割器		支	1	
15	穿線器	鐵線或尼龍穿線器	公尺	1.5	拉線用

四、第一站評審標準表

檢定崗位編號		術科考試檢定號碼			本站評審結果	監評長簽章
姓名		檢定日期				
		年	月	日 午		
乙級	題別	第一站	站別	本站評審結果		A
項目		評審標準		及格	不及格	備註
一、有下列十六項情形之一者為不及格。						(1) 不及格打「×」。 (2) 及格打「○」。 (3) 小計記「及格」及「不及格」統計數字。 (4) 本站評審結果依據評審結果
重大缺點	（一） 未能在限定時間內完工（含下列各項之一：1.平台未裝。2.配線未穿入導線管槽、電纜固定頭 1 只未裝。）					
	（二） 電燈（日光燈）或插座（含專用插座，空調主機電磁開關）功能不符：1.無電壓。2.電壓不符。3.未能符合題意說明。					
	（三） 未接地或有下列各項接地錯誤之一者：1.內線系統接地。2.設備與系統共同接地。3.接地線端子板。4.中性線（含被接地線）端子板。5.插座接地極。6.設備未接地達 2 處者（含出線盒、金屬管路或 L 形鐵等）。					

檢定崗位編號		術科考試檢定號碼	本站評審結果	監評長簽章
重大缺點（續）	（四）	有下列各項錯誤之一者：1.有載導線以小代大。2.綠色線使用在接地線以外之配線。3.接地線有載流。4.接地線以小代大達 2 處。		及格者填「○」，不及格者填「×」。
	（五）	有下列情形之一者：1.線路短路或漏電。2.管路破裂間隙超過 2mm。3.導線管內連接。4.接地線以外之接頭未纏絕緣膠帶。		(5) 評審表需列出錯誤之處所。
	（六）	器材裝置有下列情形合計達 2 處：1.管線中心位置與工作板標示位置相差超過 20mm。2.管線未緊貼板面超過 20mm。3.管路本體(或電纜中間層絕緣皮)與箱盒未銜接超過 5mm。4.電纜外皮與電纜頭未銜接達 15mm。5.擴管與箱盒間距超過 20mm。		(6) 請勿於測試結束前先行簽名。
	（七）	整支管、線槽、電纜均完全未固定（含護管鐵或固定夾全未裝）。		(7)（六）器材裝置有下列情形合計達 2 處係指 1.~5. 各目分別計算後之累計。
	（八）	導線管槽有鋸斷後未依內規規定再接續情形者。		
	（九）	有載導線及接地端子未使用規定之壓接鉗或未壓接之導線合計達五處者。		
	（十）	因施工不良而損壞器具以致不能通電者。		
	（十一）	導線端子固定不當（未鎖）達 2 處者。		
	（十二）	分（配）電盤內配線不當：1.未能符合題意說明。2.導線未依內規規定連接。3.被接地線未經 ELB 控制。4.未考慮負載平衡。5.分（配）電盤接線錯誤。		
	（十三）	分（配）電盤開關及器具選擇或裝置不當有下列情形之一者：1.規格不符。2.不同接線盒內之器具或管線、線槽、電纜有互調情形。3.手捺開關引接被接地導線控制。4.電熱水器或廚房專用插座未經 ELCB 控制保護 ELCB 接線功能不符。		
	（十四）	導線、管槽電纜有下列任一管線兩端均未施工者：1.偏移彎頭(off-set)。2.EMT 管盒接頭。3.擴管。4.喇叭口。		

檢定崗位編號		術科考試檢定號碼	本站評審結果	監評長簽章
重大缺點（續）	（十五）	未注意安全致使自身或他人受傷而無法繼續工作。		
	（十六）	具有舞弊行為或攜帶未經許可之工具（如：PVC 管彎管輔助工具、金屬管切管器等）或更改已配妥之線路或器具等，經監評人員在表內登記有具體事實。		

二、　雖第一大項各項均及格，但配線、器具裝置部分 15 項情形中有達 10 個以上缺點，或配管部分 18 項情形中有達 10 個以上缺點，或工作態度部分 8 個情形中有達 3 個以上缺點，仍為不及格。又配線器具裝置部分、配管部分與工作態度部分之缺點合計達 14 個以上者，仍為不及格。

（一）配線器具裝置部分 15 項情形中達 10 個以上缺點者為不及格。

配線器具	配線	1. 電纜剝線不當者：(1)未分層剝線。(2)損傷線或斷股。(3)切割不平整。		
		2. 電纜固定裝置不當者：(1)固定夾裝置不當或少裝。(2)電纜頭裝置不良或方向錯誤。(3)電纜外皮與箱盒未銜接達 2~15mm；未銜接超過 15mm，每處記 5 個缺點。(4)電纜任一端偏移彎頭(off-set)施作不良，未施作每處記 5 個缺點。		
		3. 導線線端未使用壓接端子每只記 2 個缺點，或壓接端子選用錯誤每只記 1 個缺點，或壓接端子固定不當（含反面）每只記 1 個缺點。		
		4. 電纜彎曲半徑小於電纜外徑 6 倍或偏離中心線達 10~20mm；偏離中心線超過 20mm，每處記 5 個缺點。		
		5. 導線未按規定連接：(1)壓接套管壓接不良。(2)未按題意規定壓接。(3)接頭纏繞絕緣膠帶不良。(4)接地線未按題意規定分歧連接或壓接。(5)線徑以大代小。		

檢定崗位編號		術科考試檢定號碼	本站評審結果	監評長簽章
配線器具（續）		6. 分（配）電盤內配線不當，每條記 1 個缺點：(1)導線未依內規規定連接。(2)配線未用活用紮線帶紮線。(3)配線未與箱盤成水平或垂直。(4)開關上下兩側導線顏色不一致。(5)配線超出分電盤。		
		7. 下列缺失每條導線記 1 個缺點：(1)導線選色錯誤。(2)接地線未加以識別。(3)空調主機分路白色芯線未用藍色膠帶識別。		
裝置	器具裝置	8. 單心或絞線線端剝線不良者：(1)剝皮過長（超出器具外達 2mm）或過短。(2)剝線處不平整或過短。		(1) 不及格打「×」。 (2) 及格打「○」。 (3) 小計記「及格」及「不及格」統計數字。 (4) 本站評審結果欄依據評審結果及格者填「○」，不及格者填「×」。 (5) 評審表需列出錯誤之處所。 (6) 請勿於測試結束前先行簽名。
		9. 被接地線與非接地線反接：(1)插座。(2)矮腳燈座。		
		10. 箱盒內導線處理不當：(1)預留長度不足 100mm 或超出 150mm。(2)導線受張力。(3)導線跨越器具。(4)導線未整理。(5)絕緣被覆損傷。(6)動力線使用單心線。		
		11. 線頭與器具之固定不當者：(1)旋緊方向錯誤。(2)未鎖緊或鎖在絕緣皮上。(3)導線超出固定螺絲。(4)未依器具規定固定。(5)壓接端子選用錯誤（每只）。(6)一端子接 3 條線。		
		12. 器具施工不良致損壞，但能通電。		
		13. 設備未接地或接地型管盒連接器之接地線接線固定錯誤或接地線徑以大代小者，一處扣 5 個缺點。		
		14. 器具裝置或固定不當者：(1)插座或開關。(2)蓋板或平台。		
		15. 導線端子固定不當（未鎖），每處記 5 個缺點。		
（二）配管部分 18 項情形有 10 以上缺點為不及格。				

檢定崗位編號		術科考試檢定號碼	本站評審結果	監評長簽章
配管	金屬導線管	1. 可撓金屬管或 EMT 管彎曲角度不良：(1)彎管內曲半徑小於管內徑 6 倍。(2)偏離中心線達 10mm~20mm；偏離中心線超過 20mm，每處記 5 個缺點。		
		2. 可撓金屬管或 EMT 管凹凸變形：(1)凹凸。(2)變形。(3)彎扁為原管徑之 2/3 以下。		
		3. 可撓金屬管或 EMT 管任一端偏移彎頭(off-set)施作不良；未施作每處記 5 個缺點。		
		4. 可撓金屬管或 EMT 管之管口未用鉸刀整修。		
		5. 可撓金屬管或 EMT 管未緊貼板面空隙達 2mm~20mm；空隙超過 20mm，每處記 5 個缺點。		
		6. 可撓金屬管或 EMT 管直線部分裝置偏離中心線 2mm~20mm；偏離中心線超過 20mm，每處記 5 個缺點。		
		7. 可撓金屬管或 EMT 管任一端與箱盒連接不當：(1)未用接頭。(2)連接不當。(3)未用護圈。(4)護圈未旋緊。		
		8. PVC 管彎曲角度不良：(1)彎管內曲半徑小於內徑 6 倍。(2)偏離中心線達 10mm~20mm；偏離中心線超過 20mm，每處記 5 個缺點。		
	PVC管槽	9. PVC 管施作不良：(1)凹凸。(2)變形。(3)彎扁為原管徑之 2/3 以下。(4)PVC 管有燒焦或裂痕。		
		10. PVC 管任一端施作不良：(1)擴管。(2)喇叭口。(3)偏移彎頭(off-set)；未施作，每處記 5 個缺點。		
		11. PVC 管槽裝置未緊貼板面空隙達 2mm~20mm；空隙超過 20mm，每處記 5 個缺點。		
		12. PVC 管槽直線部分裝置偏離中心達 10mm~20mm；偏離中心線超過，每處記 5 個缺點。		

檢定崗位編號			術科考試檢定號碼	本站評審結果	監評長簽章
配管（續）			13. 線槽與箱盒接合處未裝置扣式護線套者。		
			14. 護管鐵少裝或裝置不當。		
			15. PVC 管槽部分固定不當或未固定（含槽蓋未蓋或未蓋妥）。		
	導線管槽		16. 導線管有鋸斷後再接續不良。		
			17. 導線管之一端以上管口歪斜或箱盒未銜接在 5mm 以下；超過 5mm，每處記 5 個缺點。		
			18. 管路任一端擴管、管盒接頭與出線盒未銜接達 10mm~20mm；超過 20mm，每處記 5 個缺點。		
		小　計			
（三）工作態度部分 8 項情形中有 3 個以上缺點為不及格。					
工作態度			1. 未戴安全帽，未穿棉質工作服、長褲、安全工作鞋或未配帶工具皮帶。		
			2. 未注意工作安全而致傷人或傷物。		
			3. 工具使用不正確。		
			4. 工具、材料隨意放置。		
			5. 工作程序、操作方法錯誤。		
			6. 工作疏忽致污、毀、損傷場地設備。		
			7. 工作結束未清理場地、收拾器具。		
			8. 工作不專心，舉止不良、不聽勸導。		
		小　計			
監評人員簽章					

第一題：單相三線式 110/220 伏之屋內線路裝置

一、檢定試題

（一） 檢定名稱：屋內線路裝置。

（二） 完成時間：160 分鐘。

（三） 試　　題：單相三線式 110/220 伏之屋內線路裝置。

（四） 說　　明：

1. 實作說明：

　(1) 依經濟部公布之屋內線路裝置規則施工。

　(2) 依單線圖及工作圖（如附圖）所示，請在配線板上依據現場固定之器具及管路之基準線完成配管、配線。

　(3) 依材料表所供給之器具、材料選用適合之器具、材料，按工作圖所示之位置施工裝置。

　(4) 本裝置接地方式採用設備與系統共同接地。

　(5) 電源為交流單相三線式 110/220 伏，電源端子台(TB1)L 形鐵之設備接地線已配妥。

　(6) 冷氣機專用分路為單相二線式 220 伏，額定電流為 30 安，冷氣機專用插座以接線端子台(TB2)代替，其分路配線僅配至 L 形鐵之接線端子台(TB2)，且 L 形鐵必須施行設備接地。其設備接地線應先接至端子台(TB2)，再引接至 L 形鐵施行設備接地。且設備接地線兩端引線，須依規定用綠色絕緣膠帶加以識別。

　(7) 電燈分路為單相二線式 110 伏，額定電流為 15 安。其功能為三只開關（附螢光指示）控制一白熾燈之裝置。白熾燈由三處開關控制，當白熾燈亮時，則各開關之螢光指示燈同時熄；當白熾燈熄時，則各開關之螢光指示燈同時亮，以指示各開關的位置。

　(8) 廚房專用插座分路為單相二線式 110 伏，額定電流為 20 安；廚房專用插座為 125 伏、20 安、接地型、單連。

　(9) 廚房專用插座係直接裝置於露出型開關盒，其設備接地線應使用壓接套管分歧成兩條接地線，其中一條接至插座接地極，另一條分接至開關盒接地。

(10) 電燈分電盤之斷路器有二極漏電斷路器（短路保護兼用型）一只、二極無熔線開關二只、一極無熔線開關一只、接地線端子板一只及中性線端子板一只均已固定於電燈分電盤上。

(11) 電燈分電盤之斷路器應作適當選擇，需有總開關及分路開關之裝置，配電盤內之接地線端子板須引接至檢定崗位備妥之接地極端子板（即視為已接至接地極）。為方便電燈分電盤之接線，分電盤之箱門免裝置。

(12) 電纜及絞線線端須配合引接器具固定方式，選擇適當之器材或直接固定。

(13) 電纜、PVC 管槽、可撓金屬管與 EMT 管均須固定，其裝置位置如工作圖所示。

(14) 壓接套管用於導線連接，導線壓接應使用壓接鉗，且不得使用其他工具壓接。

(15) PVC 線槽施工工作法：

① 切斷：以鋼鋸依工作圖將線槽（本體及槽蓋）垂直或斜角鋸斷。

② 固定：使用木螺絲直接固定在配線板上，如下圖(a)所示。

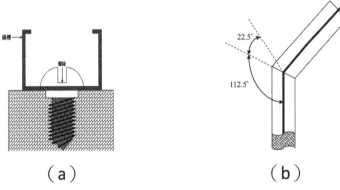

圖 1-1-1

③ 45 度角連接：如上圖(b)所示，將線槽（本體及槽蓋）皆鋸成 22.5 度或 112.5 度，然後緊密接合。

(16) EMT 管與箱盒必須施作接地，其施工方法如下：

① L 形鐵：L 形鐵其構造如下圖所示，其底板鑽孔（已鑽並攻螺紋）使用適當之接地線徑－5 "O" 型壓接端子及 M4 螺絲直接固定。

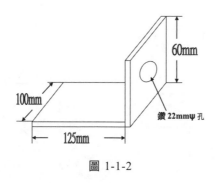

圖 1-1-2

② EMT 管：EMT 管其接地線採用 1.6mm 綠色 PVC 電線，固定在接地型
管盒連接器上，接地裝置如下圖：

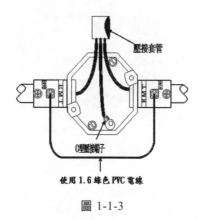

圖 1-1-3

③ 分電盤：分電盤底板使用接地線端子板（接地線端子板已固定）如下圖：

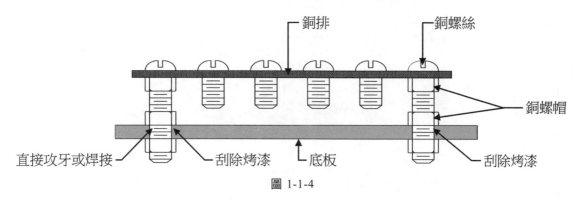

圖 1-1-4

④ 接線盒及開關盒：盒之底板鑽孔（已鑽並攻 M4 螺紋）使用 $2mm^2$ 綠色
導線、$2mm^2$-5 "O" 型壓接端子及 M4 螺絲固定，連接方法如下圖：

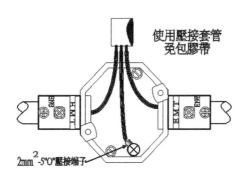

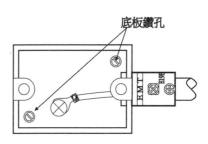

圖 1-1-5

(17) 單線圖如下圖所示：

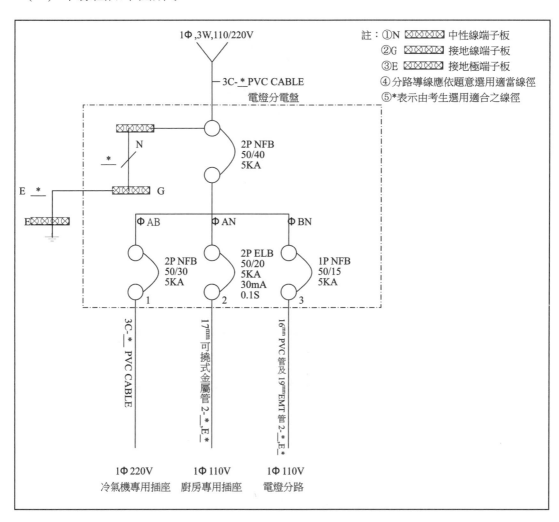

圖 1-1-6　第一站第一題單線圖

(18) 受檢者應考慮經濟、安全原則及試題要求，選擇適當線徑，來完成線路裝配。

(19) 為方便測試及避免損壞，矮腳燈座得以明插座代替（明插座僅供測試用，不需採用接地型插座）。

2. 注意事項：

(1) 受檢者在應檢時，須先檢查器具、材料及數量，以確定可用，否則立即申請更換補發，逾時未提出，由受檢者自行負責。

(2) 受檢者在檢定完畢離場時，應將各器具裝置妥善，線槽並應蓋妥。

(3) 各應檢人，可在實作時間內自行通電測試電路功能。

(4) 其他注意事項，現場說明。

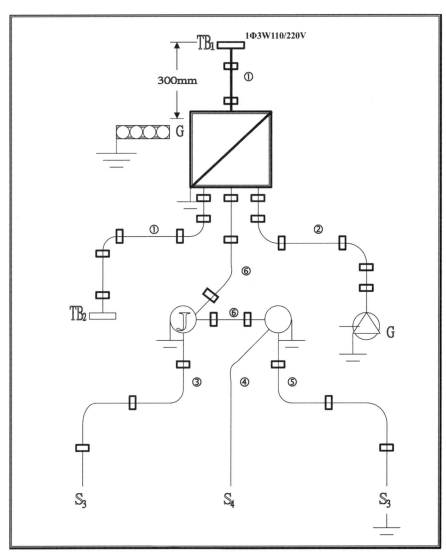

圖例說明：

▨	電 燈 分 電 盤	⊿G	接地型專用單插座
①	電　　　　　纜	◯	白　熾　燈
②	金屬可撓導線管	Ⓙ	接　線　盒
③	P V C 管	S₃	三　路　開　關
④	P V C 線 槽	S₄	四　路　開　關
⑤	E M T 管	⬚⬚⬚⬚G	接地極端子板
⑥	已固定 EMT 管	⏚	接　　地
TB ▭	接 線 端 子 台	▯	護管鐵、電纜固定夾

圖 1-1-7　第一站第一題：單相三線式 110/220V 屋內線路裝置工作圖

二、施工順序要點

第一站第一題屋內線路裝置工作圖合計共需施工：

1. 電纜的施工：
   (1) 8.0 mm^2×3 C PVC 電纜一條（0.7 公尺）。
   (2) 5.5mm^2×3 C PVC 電纜一條（1.2 公尺）。

2. 可撓金屬管施工：17mm 第二種可撓金屬管一條（1 公尺）。

3. 鍍鋅無螺紋電線管 E19（EMT 管 1.1 公尺）。

4. PVC 線槽 33×33mm 密封式一段（1 公尺）。

5. PVC 導線管 16mm×2.0 t mm 一段（1 公尺）。

6. 鐵質分電盤 250×300×2.0 t mm 施工。

7. 電燈分路的配線。

以下針對各物件的施工分節詳細說明：

（一）電纜的施工

1. 8.0mm^2×3 C PVC 電纜一條（0.7 公尺）

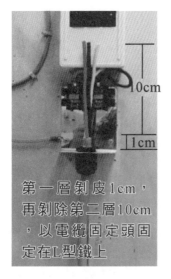

10cm

1cm

第一層剝皮1cm，
再剝除第二層10cm
，以電纜固定頭固
定在L型鐵上

(a) 主電路電纜施工

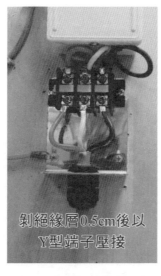

剝絕緣層0.5cm後以
Y型端子壓接

(b) 主電路電纜施工

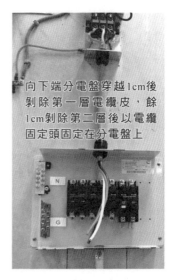

向下端分電盤穿越1cm後
剝除第一層電纜皮，餘
1cm剝除第二層後以電纜
固定頭固定在分電盤上

(c) 主電路電纜施工

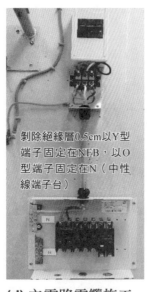

剝除絕緣層0.5cm以Y型
端子固定在NFB，以O
型端子固定在N（中性
線端子台）

(d) 主電路電纜施工

以兩個電纜固
定夾將電纜固
定在板面，兩
端必須施行抬
頭處理

(e) 主電路電纜施工

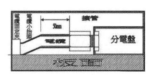

(f) 主電路電纜抬頭施工

圖 1-1-8　第一站第一題：電纜的製作(1)

圖 1-1-9　第一站第一題：電纜成品圖(1)

2. 5.5mm² ×3 C PVC 電纜一條（1.2 公尺）

5.5mm² × 3 C PVC 電纜一條（**1.0** 公尺）

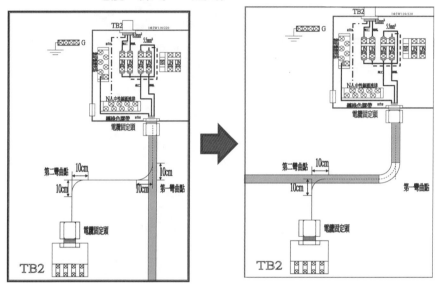

(a) 冷氣機專用 PVC 電纜的製作　　　**(b)** 冷氣專用 PVC 電纜的製作

圖 1-1-10　第一站第一題：電纜的製作(2)

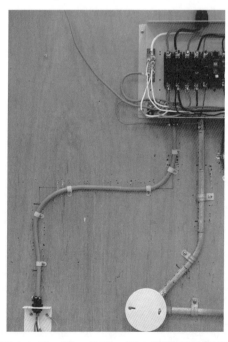

圖 1-1-11　第一站第一題：電纜成品圖(2)

（二） 可撓金屬管施工：17mm 第二種可撓金屬管一條（1 公尺）

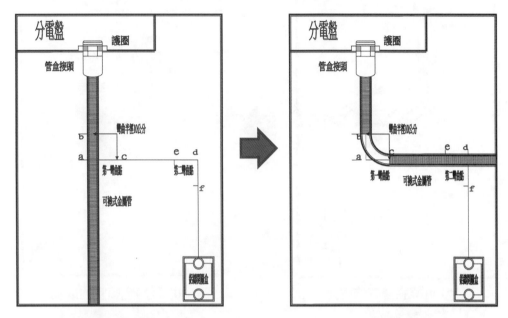

(a) 可撓金屬管的製作　　　　　　　　　**(b)** 可撓金屬管的施工

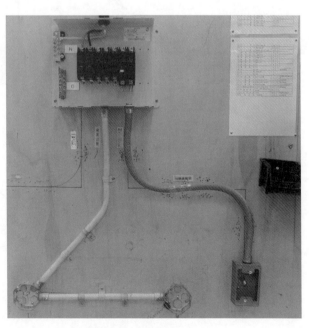

圖 1-1-12　第一站第一題：可撓金屬管的製作

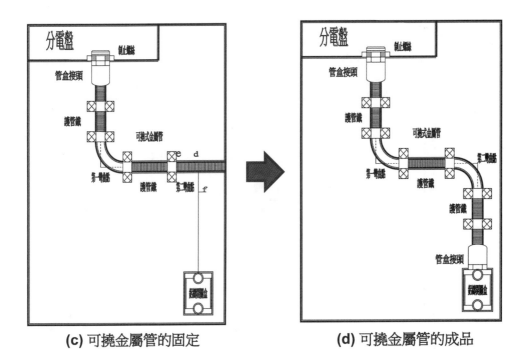

(c) 可撓金屬管的固定　　　　　　　**(d)** 可撓金屬管的成品

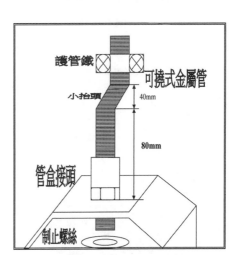

(e) 可撓金屬管小抬頭的施工　　　　**(f)** 可撓金屬管的固定

圖 1-1-12　第一站第一題：可撓金屬管的製作（續）

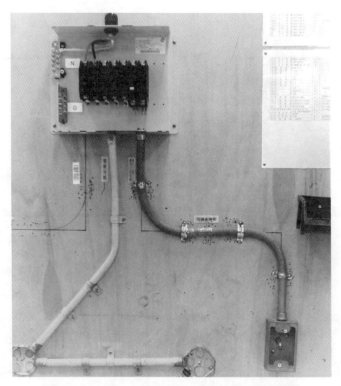

圖 1-1-13　第一站第一題：可撓金屬管成品圖

（三） 鍍鋅無螺紋電線管 E19（EMT 管 1.1 公尺）

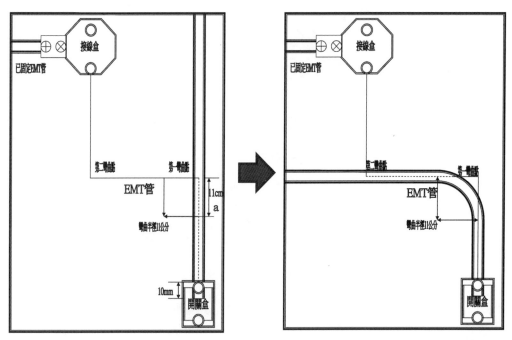

(a) EMT 管大 S 形的畫線　　　　(b) EMT 管大 S 形的第一彎曲的製作

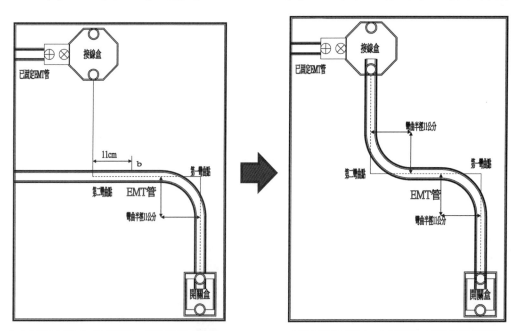

(c) EMT 管大 S 形第二彎曲的畫線　　(d) EMT 管大 S 形第二彎曲的製作

圖 1-1-14　第一站第一題：EMT 管的製作

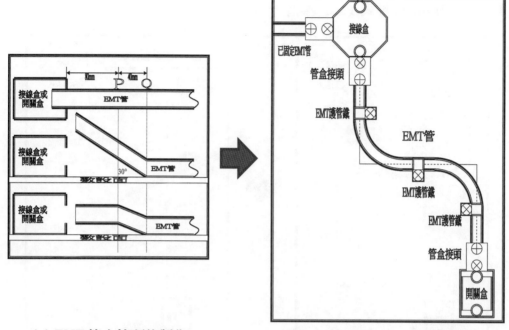

(e) EMT 管小抬頭的製作　　　　**(f) EMT 管大 S 成品圖**

圖 1-1-14　第一站第一題：EMT 管的製作（續）

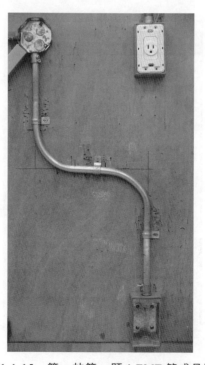

圖 1-1-15　第一站第一題：EMT 管成品圖

（四） 33×33mm 密封式 PVC 線槽一段(1m)

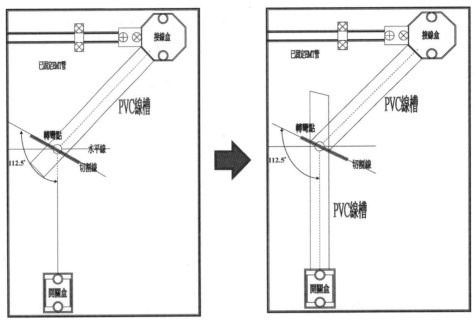

(a) PVC 線槽上端的處理　　　　　　　**(b) PVC 線槽下端的處理**

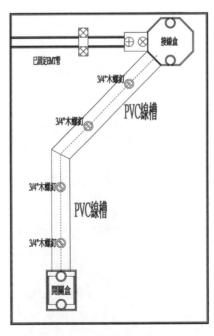

(c)

圖 1-1-16　第一站第一題：密封式 PVC 線槽的製作

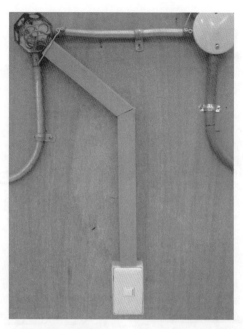

圖 1-1-17　第一站第一題：密封式 PVC 線槽成品圖

（五） 16mm×2.0 t mm PVC 管一段

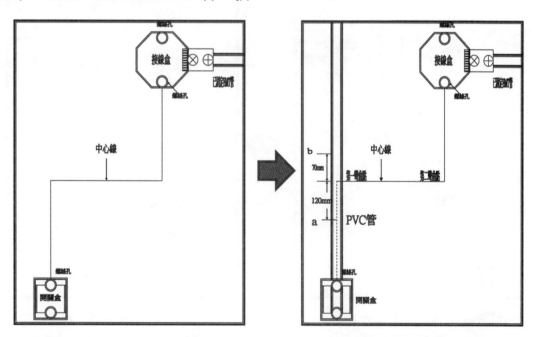

(a) 考場工作板器具與中心線施工圖　　　　**(b) PVC管大S形的畫線**

圖 1-1-18　第一站第一題：PVC 管的製作

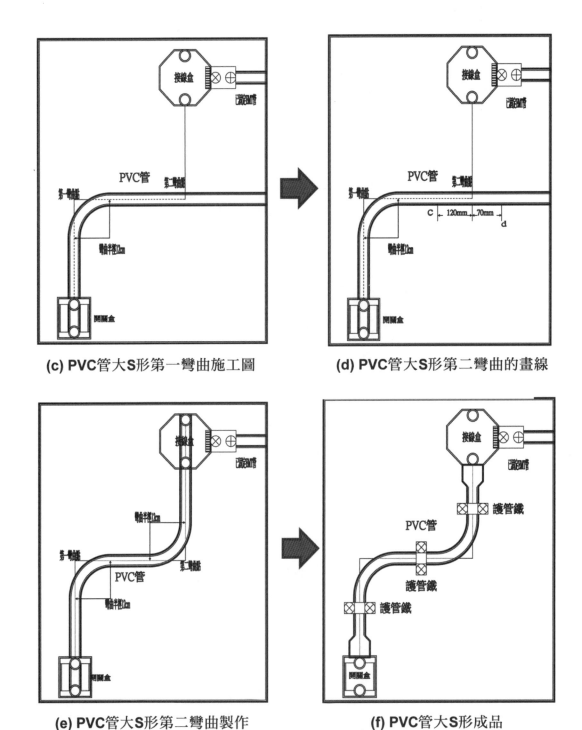

(c) PVC管大S形第一彎曲施工圖

(d) PVC管大S形第二彎曲的畫線

(e) PVC管大S形第二彎曲製作

(f) PVC管大S形成品

圖 1-1-18　第一站第一題：PVC 管的製作（續）

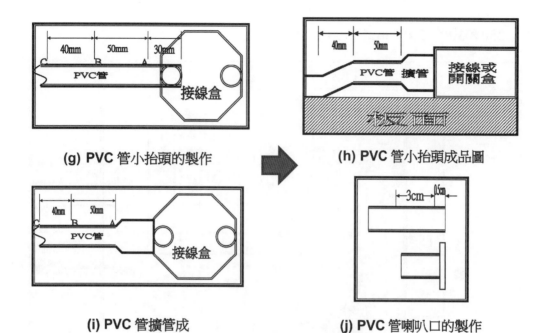

(g) PVC 管小抬頭的製作

(h) PVC 管小抬頭成品圖

(i) PVC 管擴管成

(j) PVC 管喇叭口的製作

圖 1-1-18　第一站第一題：PVC 管的製作（續）

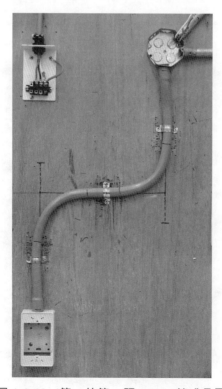

圖 1-1-19　第一站第一題：PVC 管成品圖

（六） 250×300×2.0 t mm 鐵質分電盤施工

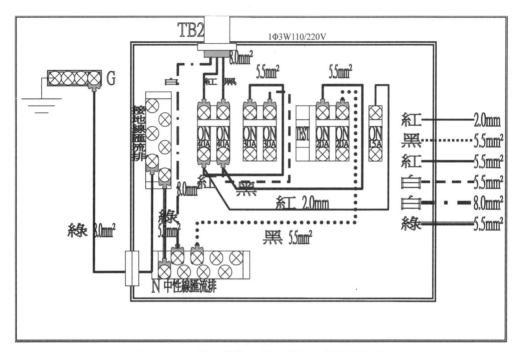

圖 1-1-20　第一站第一題：鐵質分電盤的製作

圖 1-1-21　第一站第一題：鐵質分電盤成品圖

（配線的原則為絞線須壓接，上下端導線顏色需相同，導線水平及垂直兩方向彎曲為原則）

（七）電燈分路的配線

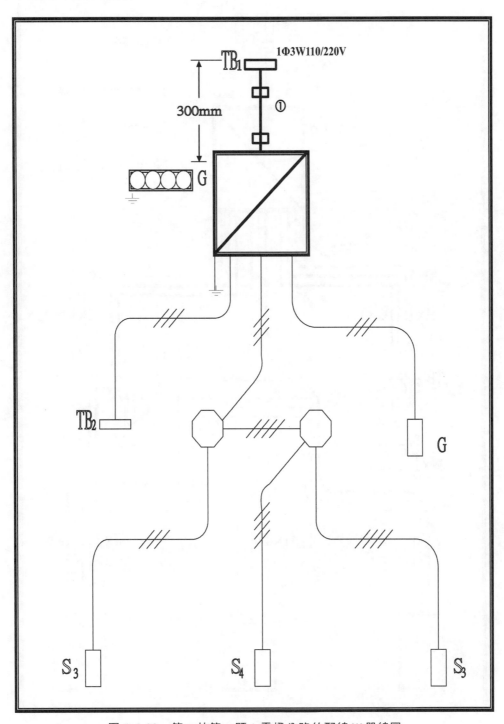

圖 1-1-22　第一站第一題：電燈分路的配線(1)單線圖

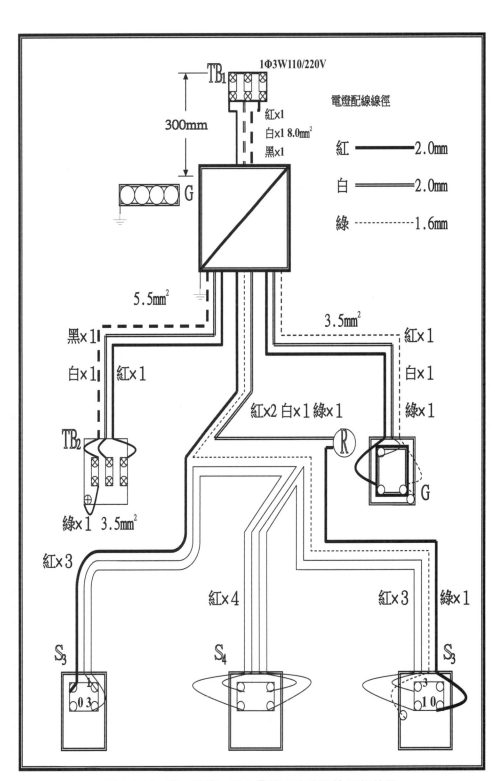

圖 1-1-23　第一站第一題：電燈分路的配線(2)複線圖

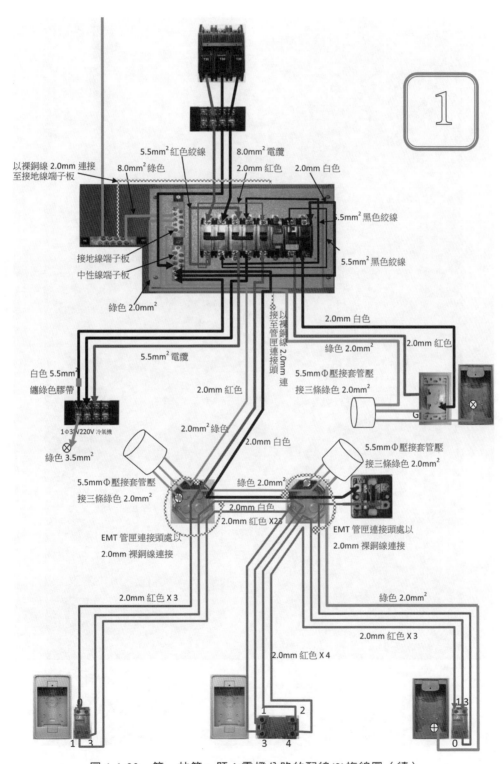

以裸銅線 2.0mm 連接
至接地線端子板

8.0mm² 綠色

5.5mm² 紅色絞線

8.0mm² 電纜

2.0mm 紅色　2.0mm 白色

5.5mm² 黑色絞線

接地線端子板
中性線端子板

5.5mm² 黑色絞線

綠色 2.0mm²

2.0mm 白色

綠色 2.0mm²

2.0mm 紅色

以裸銅線 2.0mm 連接至管匣連接頭

5.5mm² 電纜

白色 5.5mm²
纏綠色膠帶

5.5mmΦ壓接套管壓
接三條綠色 2.0mm²

1Φ3W220V 冷氣機

綠色 3.5mm²

2.0mm 紅色

2.0mm² 綠色

2.0mm 白色

綠色 2.0mm²

5.5mmΦ壓接套管壓
接三條綠色 2.0mm²

5.5mmΦ壓接套管壓
接三條綠色 2.0mm²

2.0mm 白色

2.0mm 紅色 X23

EMT 管匣連接頭處以
2.0mm 裸銅線連接

EMT 管匣連接頭處以
2.0mm 裸銅線連接

2.0mm 紅色 X 3

綠色 2.0mm²

2.0mm 紅色 X 3

2.0mm 紅色 X 4

圖 1-1-23　第一站第一題：電燈分路的配線(2)複線圖（續）

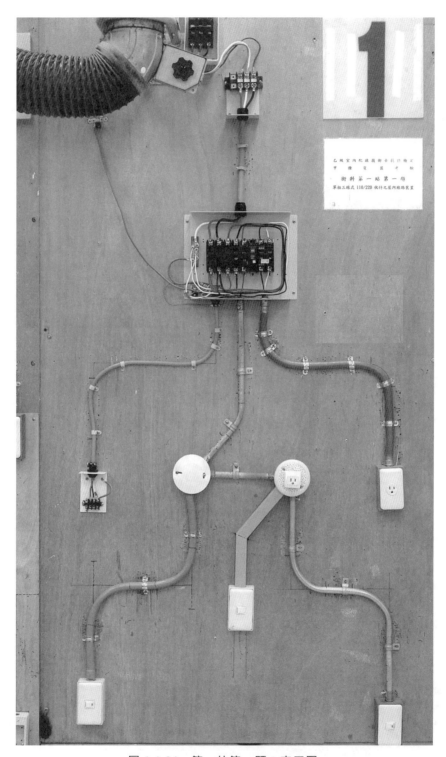

圖 1-1-24　第一站第一題：完工圖

第二題：三相三線式 220 伏之屋內線路裝置

一、檢定試題

（一） 檢定名稱：屋內線路裝置。

（二） 完成時間：160 分鐘。

（三） 試　題：三相三線式 220 伏之屋內線路裝置。

（四） 說　明：

1. 實作說明：

   (1) 依經濟部公布之屋內線路裝置規則施工。

   (2) 依單線圖及工作圖（如附圖）所示，請在配線板上依據現場固定之器具及管路之基準線完成配管、配線。

   (3) 依材料表所供給之器具、材料選用適合之器具、材料，按工作圖所示之位置施工裝置。

   (4) 本裝置接地方式採用設備與系統共同接地。

   (5) 電源為交流三相三線式 220 伏接地系統，電源端子台(TB1)至電力總配電盤之線路已配妥。

   (6) 電熱水器分路為單相二線式 220 伏，額定電流為 30 安。電熱水器以接線端子台(TB2)代替，其分路配線僅配至固定於 L 形鐵之接線端子台(TB2)。且 L 形鐵必須施行設備接地，其設備接地線應先接至端子台(TB2)，再引接至 L 形鐵施行設備接地。其設備接地線兩端引線，須依規定用綠色絕緣膠帶加以識別。

   (7) 電動機分路為三相三線式 220 伏，電動機額定容量為 10 馬力。分路至電磁開關電源側之配線（負載側免裝）、電磁開關盒之設備接地及操作器均已配妥。

   (8) 電燈及插座用變壓器（220/110 伏）額定為 3KVA，係供單相二線式 110 伏之電燈分路、插座分路（本試題不裝置）與廚房專用插座用電。變壓器之一、二次側之配線、二次測電源系統接地線及外殼接地線均已配妥，且其被接地線端子至接地線端子板以及接地線端子板至接地極端子板之接地線均已配妥。

(9) 電燈分路為單相二線式 110 伏，額定電流為 15 安培。其功能為三只開關（附螢光指示）控制一白熾燈之裝置。該白熾燈由三處開關控制，當白熾燈亮時，則各開關之螢光指示燈同時熄；當白熾燈熄時，則各開關之螢光指示燈同時亮，以指示各開關的位置。

(10) 窗型冷氣機專用插座分路為單相二線式 220 伏，額定電流為 20 安培，冷氣機專用插座為 250 伏、20 安、接地型、單連。

(11) 廚房專用插座分路為單相二線式 110 伏，額定電流為 20 安，廚房專用插座為 125 伏、20 安、接地型、單連。

(12) 窗型冷氣機及廚房專用插座係直接裝置於露出型開關盒，其設備接地線應使用壓接套管分歧成兩條接地線，其中一條接至插座接地極；另一條分接至開關盒接地。

(13) 電力總配電盤之斷路器有三極無熔線開關二只、二極漏電斷路器（短路保護兼用型）一只、二極無熔線斷路器二只及接地線端子板一只均已固定於配電盤上。其總開關電源側之線路已由檢定場配妥，且其總開關負載側與各分路開關電源側間之匯流排已組裝完成。為方便電力總配電盤之接線，配電盤之箱門免裝置。

(14) 電燈分電盤之斷路器有二極漏電斷路器（短路保護兼用型）一只、一極無熔線開關二只、接地線端子板一只及被接地線端子板一只均已固定於分電盤上。其電源側至變壓器之線路已配妥。

(15) 分電盤之斷路器應作適當選擇，需有總開關及分路開關之裝置，其接地線端子板須引接至檢定崗位備妥之接地極端子板（即視為已接至接地極）。

(16) 電纜及絞線線端須配合引接器具固定方式，選擇適當之器材或直接固定。

(17) 壓接套管用於導線連接，導線壓接應使用壓接鉗，且不得使用其他工具壓接。

(18) 電纜、PVC 管槽、可撓金屬管與 EMT 管均須固定，其裝置位置如工作圖所示。

(19) PVC 線槽施工工作法：

① 切斷：以鋼鋸依工作圖將線槽（本體及槽蓋）垂直或斜角鋸斷。

② 固定：使用木螺絲釘直接固定在配線板上，如下圖(a)所示。

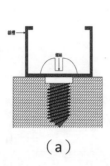

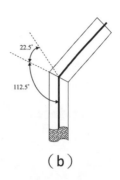

（a）　　　　　　　　　　　（b）

圖 1-2-1

③ 45 度角連接：如上圖(b)所示，將線槽（本體及槽蓋）皆鋸成 22.5 度或 112.5 度，然後緊密接合。

(20) EMT 管與箱盒必須施作接地，其施工方法如下：

① L 形鐵：L 形鐵其構造如下圖所示，其底板鑽孔（已鑽孔並攻螺紋）使用適當之接地線徑－5 "O" 型壓接端子及 M4 螺絲直接固定。

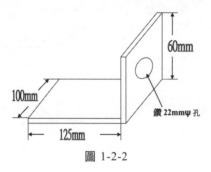

圖 1-2-2

② EMT 管：EMT 管接地線採用 1.6mm 綠色 PVC 電線，固定在接地型管盒連接器，接地裝置如下圖：

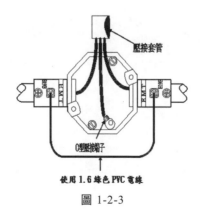

圖 1-2-3

③ 配電盤:配電盤底板使用接地線端子板(接地線端子板已固定)如下圖:

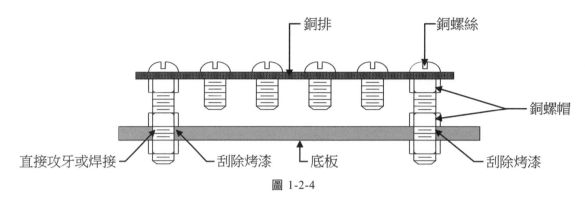

圖 1-2-4

④ 接線盒及開關盒:盒之底板鑽孔(已鑽孔並攻 M4 螺紋)使用 2mm² 綠色導線、2mm²-5 "O" 型壓接端子及 M4 螺絲固定,連接方法如下圖:

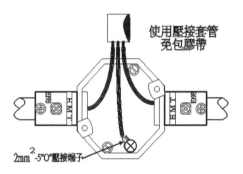
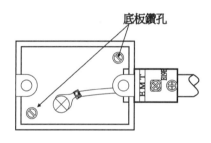

圖 1-2-5

(21) 單線圖如下圖所示：

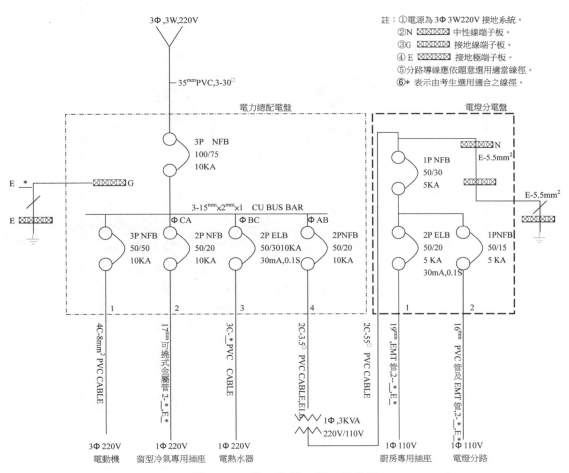

圖 1-2-6　第一站第二題：單線圖

(22) 受檢者應考慮經濟、安全原則及試題要求，選擇適當線徑，以完成線路裝配。

(23) 為方便測試及避免損壞，矮腳燈座得以明插座代替（明插座僅供測試用，勿需採用接地型插座）。

2. 注意事項：

(1) 受檢者在應檢時，須先檢查器具、材料及數量，以確定可用，否則立即申請更換或補發，逾時未提出，由受檢者自行負責。

(2) 受檢者在檢定完畢離場時，應將各器具裝置妥善，線槽並應蓋妥。

(3) 各應檢人，可在實作時間內自行通電測試電路功能。

(4) 其他注意事項，現場說明。

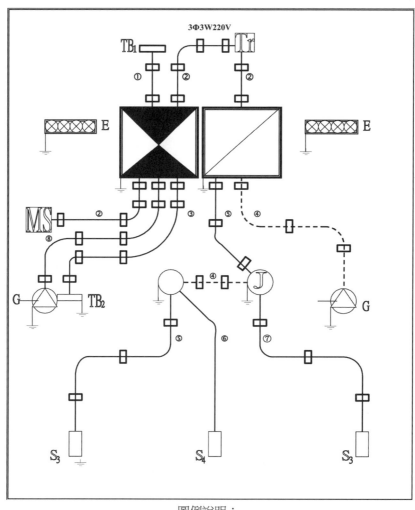

圖例說明：

▓	電 力 總 配 電 盤	Tr	低 壓 變 壓 器	
◪	電 燈 分 電 盤	◯	白 熾 燈	
①	已 固 定 P V C 管	Ⓙ	接 線 盒	
②	已 固 定 電 纜	S₃	三 路 開 關	
③	電 纜	S₄	四 路 開 關	
④	已 固 定 E M T 管	⏚E	接 地 極 端 子 板	
⑤	E M T 管	⏚	接 地	
⑥	P V C 線 槽	MS	電 磁 開 關	
⑦	P V C 管	▯	護管鐵，電纜固定夾	
⑧	金 屬 可 撓 導 線 管	TB ▭	接 線 端 子 台	
⟁G	接地型專用單插座			

圖 1-2-7 第一站第二題：三相三線式 220V 屋內線路裝置工作圖

二、施工順序要點

第一站第二題屋內線路裝置工作圖合計共需施工：

1. 電纜的施工：5.5mm^2×3 C PVC 電纜一條（1.4 公尺）。

2. 可撓金屬管施工：17mm 第二種可撓金屬管一條（1 公尺）。

3. PVC 的施工：16mm×2.0 t mm PVC 管一段（1 公尺）。

4. 線槽的施工：33×33mm 密封式 PVC 一段（1 公尺）。

5. 鍍鋅無螺紋電線管 E19（EMT 管 1.8 公尺）。

6. 分電盤施工：250×300×2.0 t mm 鐵質。

7. 電燈分路的配線。

以下針對各物件的施工分節詳細說明：

（一）電纜的施工：5.5mm²×3 C PVC 電纜一條（1.0 公尺）

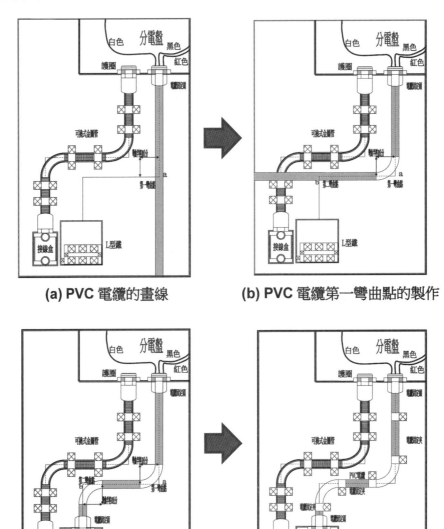

(a) PVC 電纜的畫線　　　　**(b) PVC 電纜第一彎曲點的製作**

(c) PVC 電纜第二彎曲點的製作　　**(d) PVC 電纜的成品**

圖 1-2-8　第一站第二題：電纜的製作

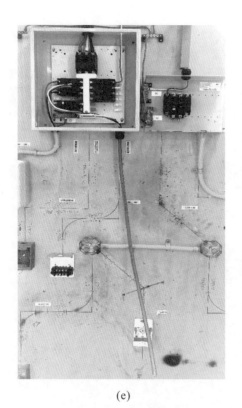
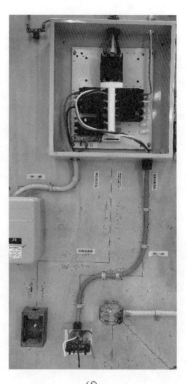

(e)　　　　　　　　　　　　　(f)

圖 1-2-8　第一站第二題：電纜的製作（續）

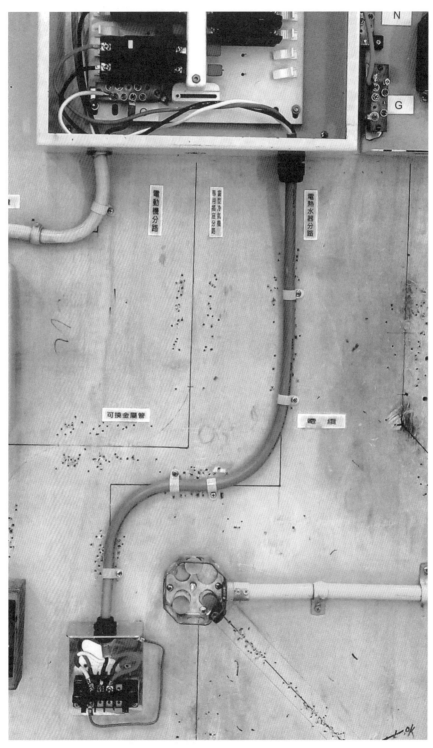

圖 1-2-9　第一站第二題：電纜成品圖

（二）可撓金屬管施工：17mm 第二種可撓金屬管一條（1 公尺）

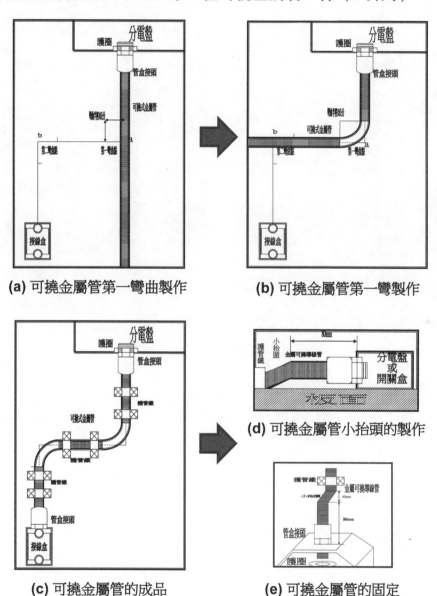

(a) 可撓金屬管第一彎曲製作　　　　**(b)** 可撓金屬管第一彎製作

(c) 可撓金屬管的成品　　　　**(d)** 可撓金屬管小抬頭的製作

(e) 可撓金屬管的固定

圖 1-2-10　第一站第二題：可撓金屬管的製作

(e)

(f)

圖 1-2-10　第一站第二題：可撓金屬管的製作（續）

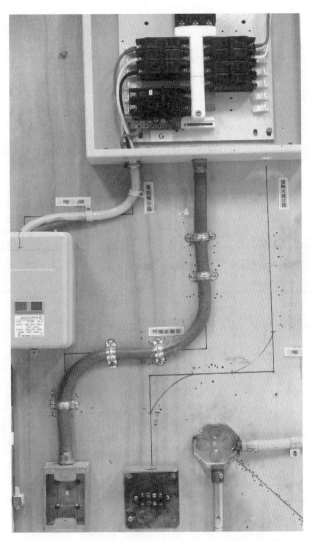

圖 1-2-11　第一站第二題：可撓金屬管成品圖

（三） PVC 的施工：16mm×2.0tmm PVC 管一段（1 公尺）

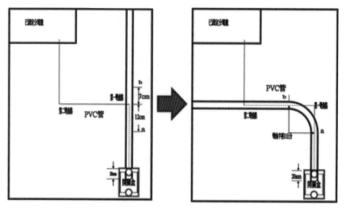

(a) PVC管大S形第一彎曲的畫線　　**(b) PVC管大S形第一彎曲的製作**

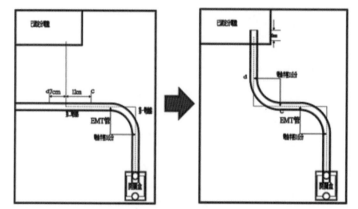

(c) PVC管大S形第二彎曲的畫線　　**(d) PVC管大S形第二彎曲的製作**

圖 1-2-12　第一站第二題：PVC 管的製作

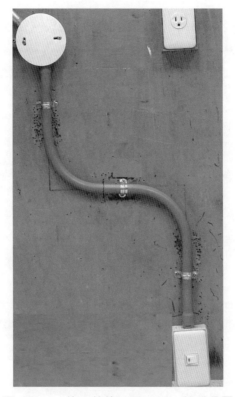

圖 1-2-13　第一站第二題：PVC 管成品圖

（四）線槽的施工：33×33mm 密封式 PVC 一段（1 公尺）

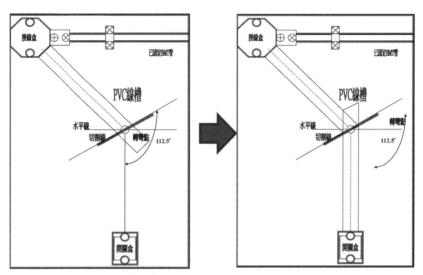

(a) PVC 線槽上端的處理   **(b) PVC** 線槽下端的處理

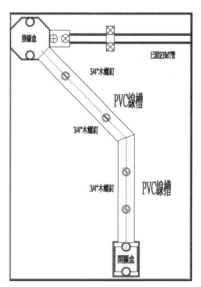

(c) PVC 線槽成品圖

圖 1-2-14　第一站第二題：密封式 PVC 線槽的製作

圖 1-2-15　第一站第二題：密封式 PVC 線槽成品圖

（五）EMT 管的製作：鍍鋅無螺紋電線管 E19（EMT 管 1.1 公尺）

1. 45 度 EMT 管的施工

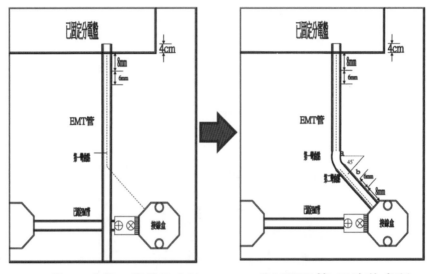

(a) EMT 管 45 度第一彎曲的畫線　　**(b) EMT 管 45 度的處理**

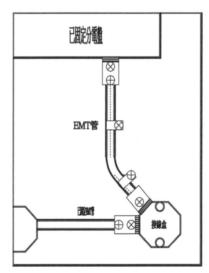

(c) EMT 管 45 度成品圖

圖 1-2-16　第一站第二題：45 度 EMT 管的製作

圖 1-2-17　第一站第二題：45 度 EMT 管成品圖

2. S 形 EMT 管的施工

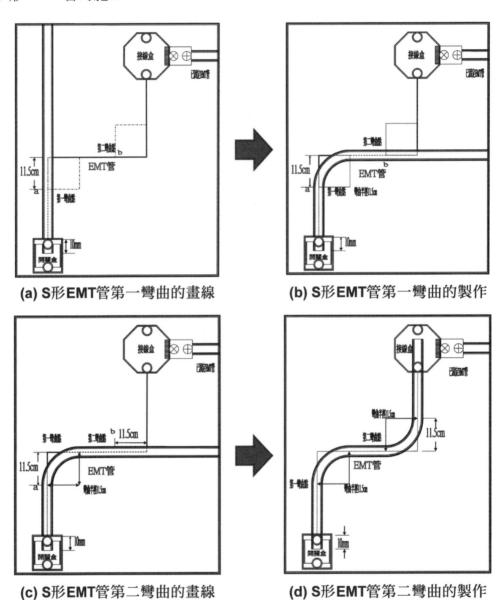

(a) S形EMT管第一彎曲的畫線

(b) S形EMT管第一彎曲的製作

(c) S形EMT管第二彎曲的畫線

(d) S形EMT管第二彎曲的製作

圖 1-2-18　第一站第二題：S 形 EMT 管的製作

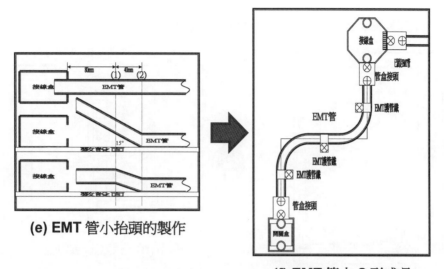

(e) EMT 管小抬頭的製作　　　　　　**(f) EMT 管大 S 形成品**

圖 1-2-18　第一站第二題：S 形 EMT 管的製作（續）

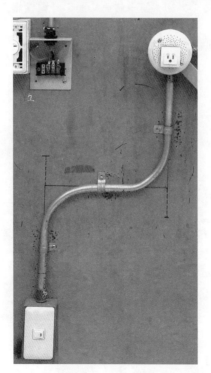

圖 1-2-19　第一站第二題：S 形 EMT 管成品圖

（六）分電盤施工：250×300×2.0 t mm 鐵質

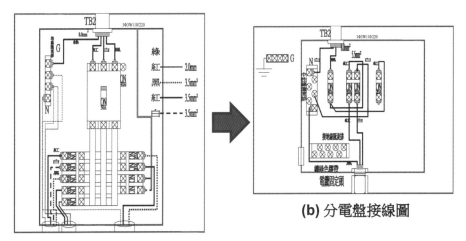

(a) 配電盤接線圖　　　　　**(b)** 分電盤接線圖

圖 1-2-20　第一站第二題：分電盤施工

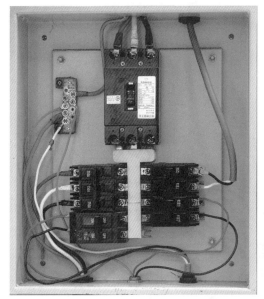

圖 1-2-21　第一站第二題：分電盤施工成品圖

（七）電燈分路的配線

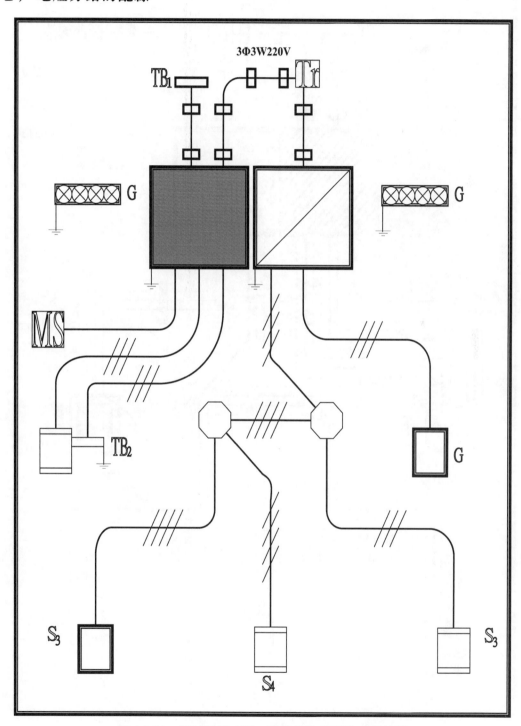

圖 1-2-22　第一站第二題：電燈分路的配線(1)單線圖

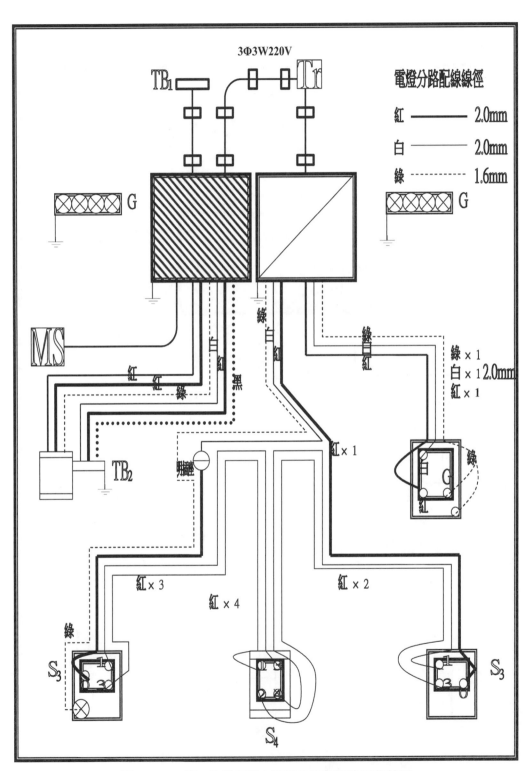

圖 1-2-23　第一站第二題：電燈分路的配線(2)複線圖

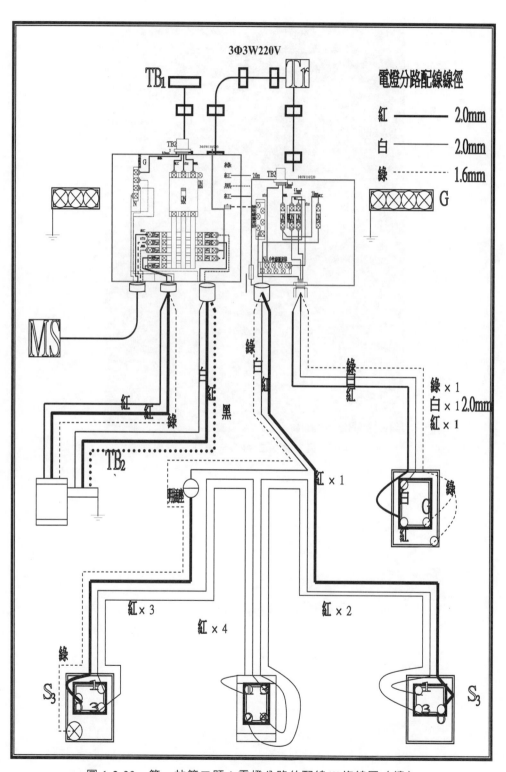

圖 1-2-23　第一站第二題：電燈分路的配線(2)複線圖（續）

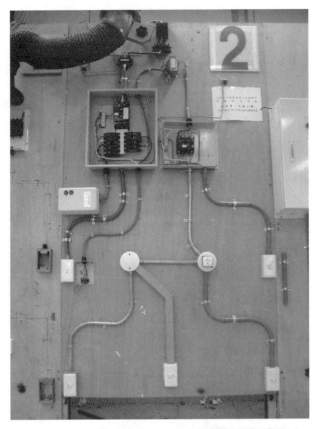

圖 1-2-24　第一站第二題：全線路配線複線圖

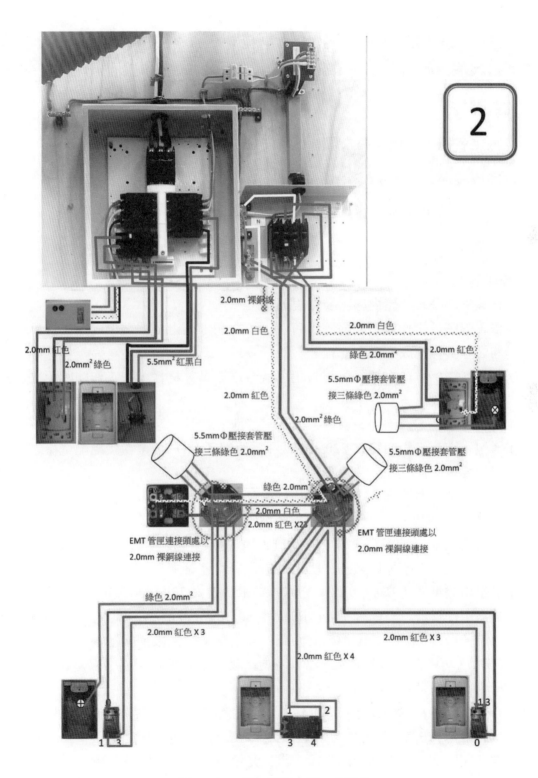

圖 1-2-25　第一站第二題：完工圖

第三題：三相四線式 220/380 伏之屋內線路裝置

一、檢定試題

（一）檢定名稱：屋內線路裝置。

（二）完成時間：160 分鐘。

（三）試題：三相四線式 220/380 伏之屋內線路裝置。

（四）說明：

1. 實作說明：

(1) 依經濟部公布之屋內線路裝置規則施工。

(2) 依單線圖及工作圖（如附圖）所示，請在配線板上依據現場固定之器具及管路之基準線完成配管、配線。

(3) 依材料表所供給之器具、材料選用適合之器具、材料，按工作圖所示之位置施工裝置。

(4) 本裝置接地方式採用設備與系統共同接地。

(5) 電源為交流三相四線式 220/380 伏，電源端子台(TB1)至電燈總配電盤之線路已配妥。

(6) 空調主機（電動機）分路為三相三線式 380 伏，額定電流為 40 安，空調主機容量為 15KW。其分路配線僅配至電磁開關之電源側（負載側免裝配，其操作器已配妥）。且電磁開關盒必須施行設備接地，其電纜白色芯線兩線端必須以藍色絕緣膠帶加以識別，使之成為非識別導線。

(7) 插座用變壓器（220/110 伏）分路為單相二線式 220 伏，額定電流為 20 安，插座用變壓器以接線端子台(TB2)代替，其分路配線僅配至固定於 L 形鐵之接線端子台(TB2)。且 L 形鐵必須施行設備接地，其設備接地線應接至端子台(TB2)，再引接至 L 形鐵施行設備接地。其設備接地線兩端引線，須依規定用綠色絕緣膠帶加以識別。

(8) 日光燈分路為單相二線式 220 伏，額定電流為 15 安。其功能為三只開關（附螢光指示）控制一日光燈之裝置；該日光燈由三處開關控制，當日光燈亮時，則各開關之螢光指示燈同時熄；當日光燈熄時，則各開關之螢光指示燈同時亮，以指示各開關的位置。日光燈，得以露出型接地單插座代替。

(9) 窗型冷氣機專用插座分路為單相二線式 220 伏，額定電流為 20 安，冷氣機專用插座為 250 伏、20 安、接地型、單連。

(10) 窗型冷氣機專用插座係直接裝置於露出型開關盒，其設備接地線應使用壓接套管分歧成兩條接地線，其中一條接至插座接地極，另一條分接至開關盒接地。

(11) 電燈總配電盤之斷路器有二極漏電斷路器（短路保護兼用型）一只、三極無熔線開關二只、一極無熔線開關二只、接地線端子板一只及中性線端子板一只均已固定於分電盤上。其總開關電源側之線路由檢定場配妥。且其總開關負載側與各分路開關電源側之匯流排已組裝完成。為方便電燈總電盤之接線，電燈總電盤之箱門免裝置。

(12) 配電盤之斷路器應作適當選擇，需有總開關及分路開關之裝置，其接地線端子板須引接至檢定崗位備妥之接地極端子板（即視為已接至接地極）。

(13) 電纜及絞線線端須配合引接器具固定方式，選擇適當之器材或直接固定。

(14) 電纜、PVC 管槽、可撓金屬管與 EMT 管均須固定，其裝置位置如工作圖所示。

(15) 壓接套管用於導線連接，導線壓接應使用壓接鉗，且不得使用其他工具壓接。

(16) PVC 線槽施工工作法：

　① 切斷：以鋼鋸依工作圖將線槽（本體及槽蓋）垂直或斜角鋸斷。

　② 固定：使用木螺絲直接固定在配線板上，如下圖(a)所示。

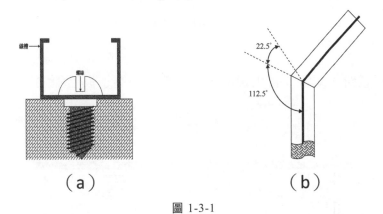

（a）　　　　　　　　（b）

圖 1-3-1

　③ 45 度角連接：如上圖(b)所示，將線槽（本體及槽蓋）皆鋸成 22.5 度或 112.5 度，然後緊密接合。

(17) EMT 管與箱盒必須施作接地，其施工方法如下：

① L 形鐵：L 形鐵其構造如下圖所示，其底板鑽孔（已鑽孔並攻螺紋）使用適當之接地線徑－5 "O" 型壓接端子及 M4 螺絲直接固定。

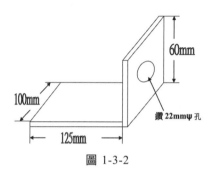

圖 1-3-2

② EMT 管：EMT 管接地線採用 1.6mm 綠色 PVC 電線，固定在接地型管盒連接器上，接地裝置如下圖：

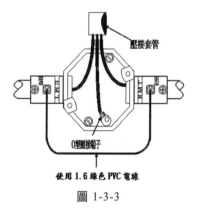

圖 1-3-3

③ 配電盤：配電盤接地線端子板（接地線端子板已固定）如下圖：

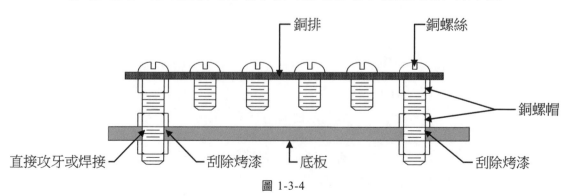

圖 1-3-4

④ 接線盒及開關盒：盒之底板鑽孔（已鑽孔並攻 M4 螺紋）並使用 $2mm^2$ 綠色導線、$2mm^2$-5 "O" 型壓接端子及 M4 螺絲固定，連接方法如下圖：

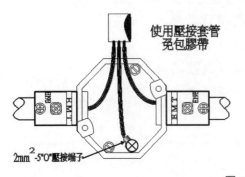

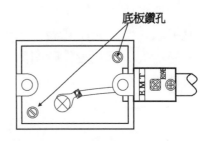

圖 1-3-5

(18) 單線圖如下圖所示：

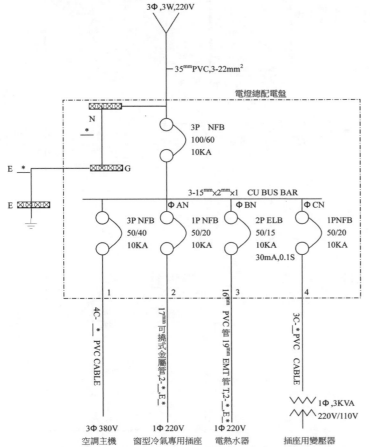

註：① N ▨▨▨▨ 中性線端子板。
　　② G ▨▨▨▨ 接地線端子板。
　　③ E ▨▨▨▨ 接地極端子板。
　　④ 分路導線應依題意選用適當線徑。
　　⑤ * 表示由考生選用適合之線徑。

圖 1-3-6　第一站第三題：單線圖

(19) 受檢者應考慮經濟、安全原則及試題要求，選擇適當線徑，以完成線路裝配。

2. 注意事項：

(1) 應檢人在應檢時，須先檢查器具、材料及數量，以確定可用，否則立即申請更換或補發，逾時未提出，由受檢者自行負責。

(2) 應檢人在檢定完畢離場時，應將各器具裝置妥善，線槽並應蓋妥。

(3) 各應檢人，可在實作時間內自行通電測試電路功能。

(4) 其他注意事項，現場說明。

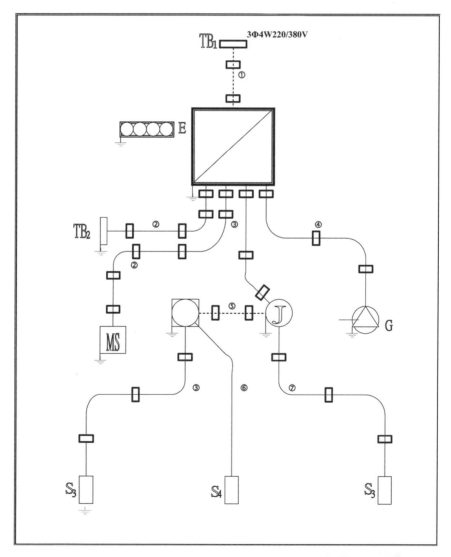

圖 1-3-7　第一站第三題：三相四線式 220/380V 屋內線路裝置工作圖

圖例說明：

符號	名稱	符號	名稱
◪	電燈總配電盤	⊡	日　光　燈
①	已固定 PVC 管	Ⓙ	接　線　盒
②	電　　　纜	S_3	三　路　開　關
③	P　V　C　管	S_4	四　路　開　關
④	金屬可撓導線管	⊞ᴇ	接地極端子板
⑤	已固定 EMT 管	⏚	接　　　地
⑥	P　V　C　線　槽	MS	電　磁　開　關
⑦	P　V　C　管	▯	護管鐵、電纜固定夾
◁Ⓖ	接地型專用單插座	TB ▭	接　線　端　子　台

圖 1-3-7　第一站第三題：三相四線式 220/380V 屋內線路裝置工作圖（續）

二、施工順序要點

第一站第三題屋內線路裝置工作圖合計共需施工：

1. 電纜的施工：$5.5mm^2 \times 3$ C PVC 電纜一條（1.2 公尺）及 $5.5\ mm^2$ PVC×4 C 電纜一條(1.5m)。

2. 可撓金屬管施工：17mm 第二種可撓金屬管一條（1 公尺）。

3. PVC 的施工：16mm×2.0 t mm PVC 管一段（1 公尺）。

4. 線槽的施工：33×33mm 密封式 PVC 一段（1 公尺）。

5. 鍍鋅無螺紋電線管 E19（EMT 管 1.8 公尺）。

6. 分電盤施工：250×300×2.0 t mm 鐵質。

7. 電燈分路的配線。

以下針對各物件的施工分節詳細說明：

（一）電纜製作

1. $3.5mm^2 \times 3$ C PVC 電纜一條(1m)。

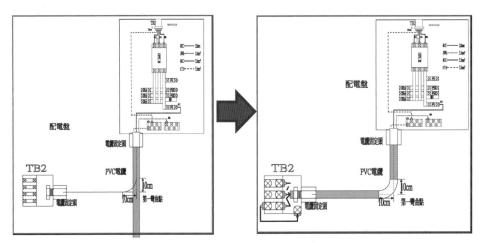

(a) 插座用變壓器分路 PVC 電纜線的施工圖　　**(b)** 插座用變壓器分路 PVC 電纜線的施工成品

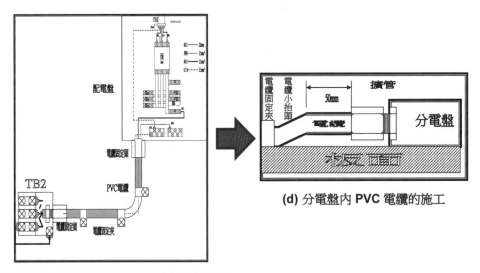

(c) 插座用變壓器分路 PVC 電纜線的成品圖

(d) 分電盤內 PVC 電纜的施工

圖 1-3-8　第一站第三題：插座用變壓器分路電纜的製作

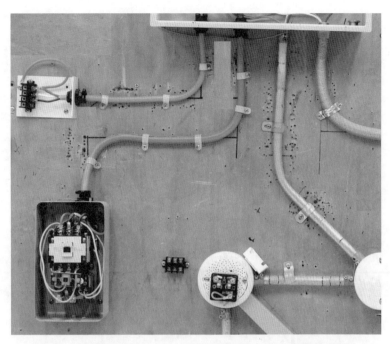

圖 1-3-9　第一站第三題：插座用變壓器分路電纜成品圖

2. 5.5 mm² PVC×4 C 電纜一條(1.2m)

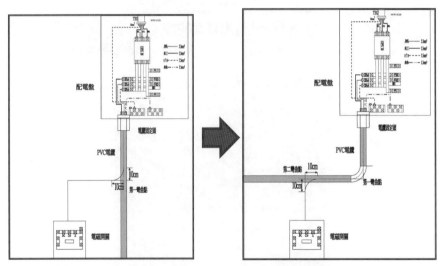

(a) 空調主機分路 **PVC** 電纜線的施工　　**(b)** 空調主機分路 **PVC** 電纜線的施工

圖 1-3-10　第一站第三題：空調主機分路電纜的製作

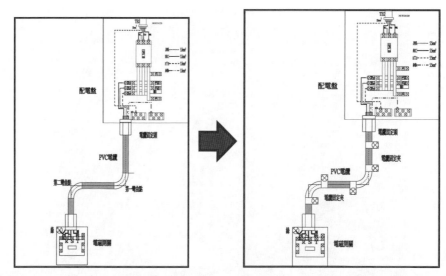

(c) 空調主機分路 **PVC** 電纜線的施工圖　　**(d)** 空調主機分路 **PVC** 電纜線的成品圖

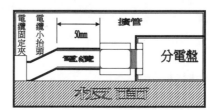

(e) 分電盤內電纜的施工

圖 1-3-10　第一站第三題：空調主機分路電纜的製作（續）

圖 1-3-11　第一站第三題：空調主機分路電纜成品圖

（二）EMT 管的製作：鍍鋅無螺紋電線管 E19（EMT 管 1.8 公尺）

1. 45 度 EMT 管的彎曲

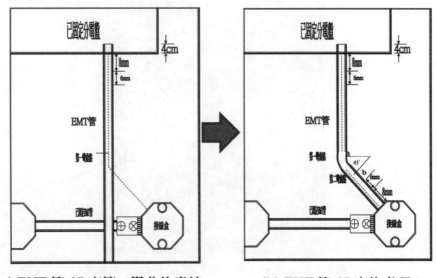

(a) EMT 管 45 度第一彎曲的畫線　　**(b) EMT 管 45 度的處理**

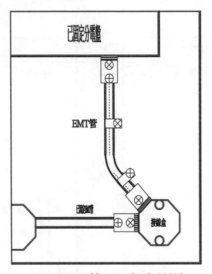

(c) EMT 管 45 度成品圖

圖 1-3-12　第一站第三題：45 度 EMT 管的製作

圖 1-3-13　第一站第三題：45 度 EMT 管成品圖

2. S 型 EMT 管的彎曲

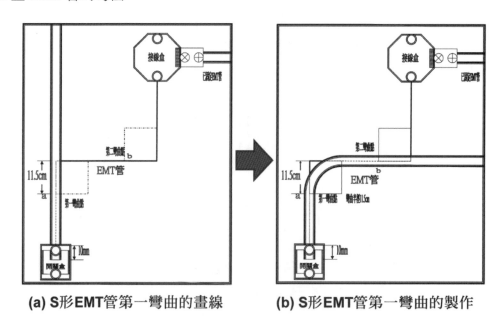

(a) S形EMT管第一彎曲的畫線　　**(b) S形EMT管第一彎曲的製作**

圖 1-3-14　第一站第三題：S 型 EMT 管的製作

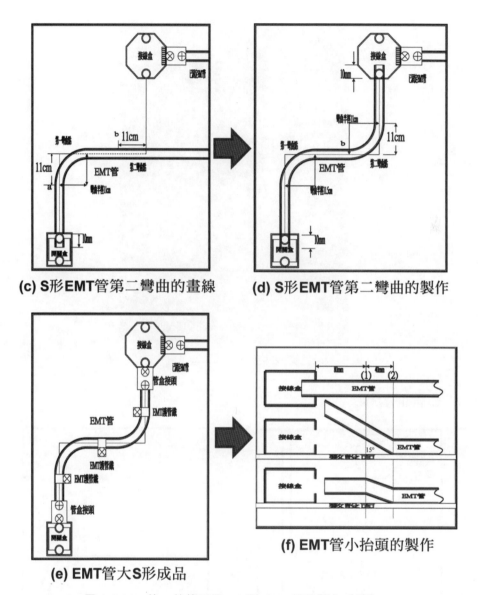

(c) S形EMT管第二彎曲的畫線

(d) S形EMT管第二彎曲的製作

(e) EMT管大S形成品

(f) EMT管小抬頭的製作

圖 1-3-14　第一站第三題：S 型 EMT 管的製作（續）

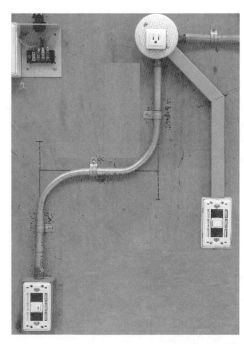

圖 1-3-15　第一站第三題：S 型 EMT 管成品圖

（三）PVC 管的製作

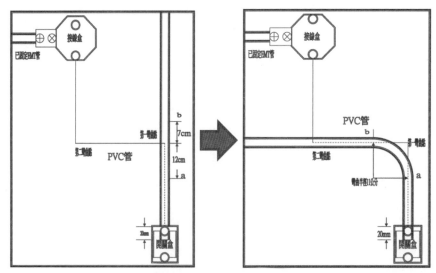

(a) PVC管大S形第一彎曲的畫線　　　**(b) PVC管大S形第一彎曲的製作**

圖 1-3-16　第一站第三題：PVC 管的製作

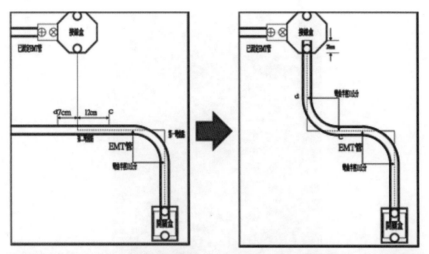

(c) PVC管大S形第二彎曲的畫線　　**(d) PVC管大S形第二彎曲的製作**

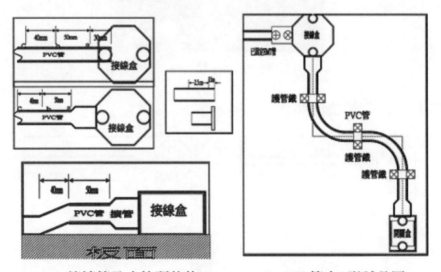

(e) PVC管擴管及小抬頭的施工　　**(f) PVC管大S形誠品圖**

圖 1-3-16　第一站第三題：PVC 管的製作（續）

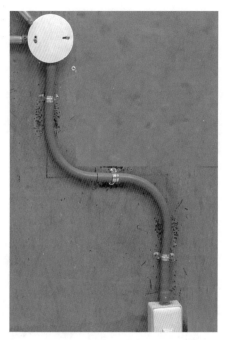

圖 1-3-17　第一站第三題：PVC 管成品圖

（四）密封式 PVC 線槽的製作

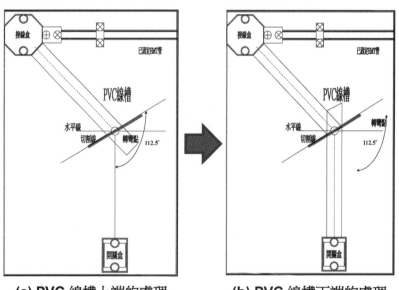

(a) PVC 線槽上端的處理　　　　**(b) PVC 線槽下端的處理**

圖 1-3-18　第一站第三題：密封式 PVC 線槽的製作

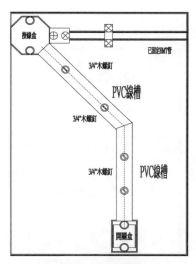

(c) PVC 線槽成品圖

圖 1-3-18　第一站第三題：密封式 PVC 線槽的製作（續）

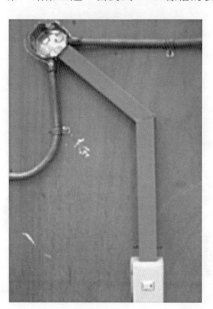

圖 1-3-19　第一站第三題：密封式 PVC 管成品圖

（五）可撓金屬管的製作

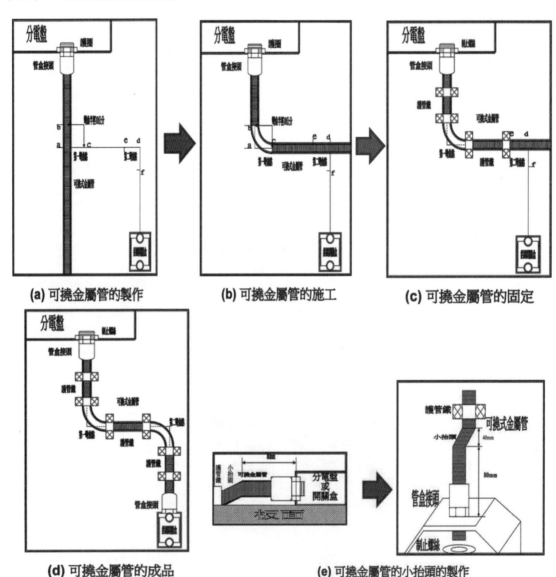

(a) 可撓金屬管的製作

(b) 可撓金屬管的施工

(c) 可撓金屬管的固定

(d) 可撓金屬管的成品

(e) 可撓金屬管的小抬頭的製作

圖 1-3-20　第一站第三題：可撓金屬管的製作

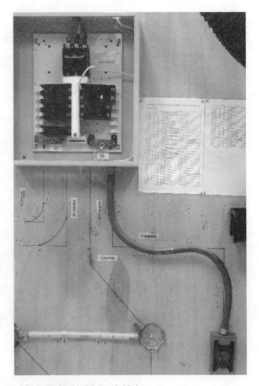

圖 1-3-20　第一站第三題：可撓金屬管的製作（續）

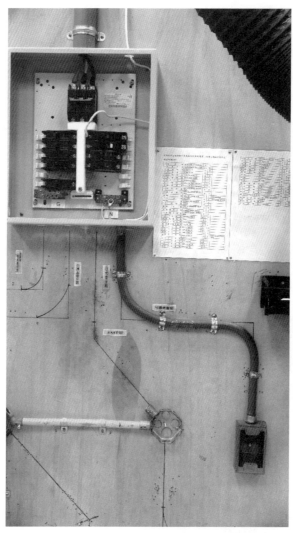

圖 1-3-21　第一站第三題：可撓金屬管成品圖

（六）分電盤的製作

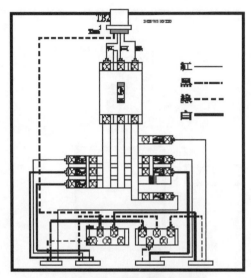

第一站第三題配電盤接線圖

圖 1-3-22　第一站第三題：分電盤的製作

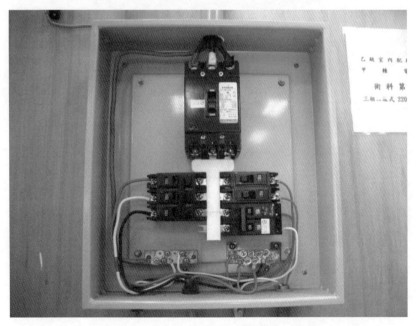

圖 1-3-23　第一站第三題：分電盤成品圖

（七）電燈分路的配線

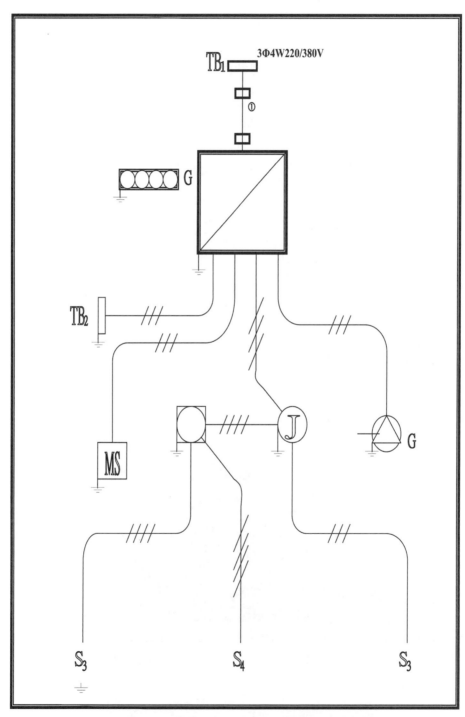

圖 1-3-24　第一站第三題：電燈分路的配線(1)單線圖

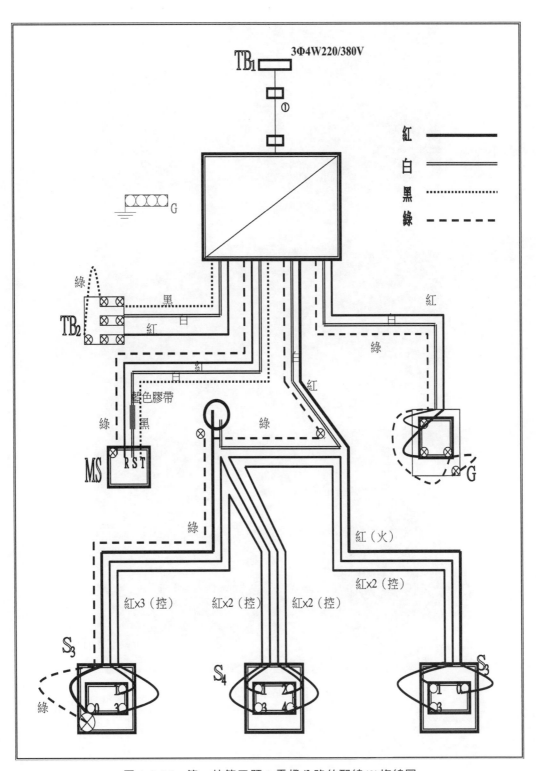

圖 1-3-25　第一站第三題：電燈分路的配線(2)複線圖

圖 1-3-26　第一站第三題：成品圖(1)

3

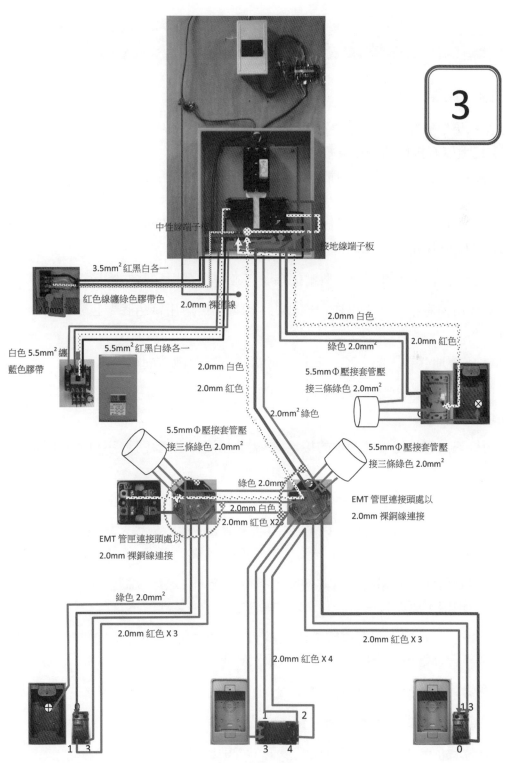

中性線端子板

接地線端子板

3.5mm² 紅黑白各一

紅色線纏綠色膠帶色

2.0mm 裸銅線

2.0mm 白色

綠色 2.0mm²

2.0mm 紅色

白色 5.5mm² 纏
藍色膠帶

5.5mm² 紅黑白綠各一

2.0mm 白色

2.0mm 紅色

5.5mmΦ壓接套管壓
接三條綠色 2.0mm²

2.0mm² 綠色

5.5mmΦ壓接套管壓
接三條綠色 2.0mm²

綠色 2.0mm²

2.0mm 白色

2.0mm 紅色 X2

5.5mmΦ壓接套管壓
接三條綠色 2.0mm²

EMT 管匣連接頭處以
2.0mm 裸銅線連接

EMT 管匣連接頭處以
2.0mm 裸銅線連接

綠色 2.0mm²

2.0mm 紅色 X 3

2.0mm 紅色 X 3

2.0mm 紅色 X 4

1　3

1　2

3　4

1　3

0

圖 1-3-27　第一站第三題：成品圖(2)

注意事項

一、第一站第一題

1. 需注意接地線線徑大小與位置，不可錯接或漏接，線徑大小如下：
   (1) 接地極至接地端子板為綠色 8mm^2。
   (2) 接地端子板至冷氣專用插座為白色 5.5mm^2。
   (3) 冷氣專用分路 TB2 至 L 型角鐵為綠色 3.5mm^2。
   (4) 接地端子板至廚房專用插座與電燈分路為綠色 2.0mm^2。
   (5) EMT 管使用綠色 1.6mm 接地線。

2. 設備接地線均需使用〝O〞型壓接端子，並注意選用適當的壓接端子。

3. 冷氣專用插座路接地線以白色線代用，兩端均需使用綠色膠帶包紮作為接地線的識別。

4. EMT 管接地共有三處，不可漏接，並需注意順時鐘方向纏繞。

5. 中性線與接地線的接線需注意中性線端子板及接地線端子板的位置不可錯接，否則以重大缺點論。

6. 八角接線盒與鋁鑄接線盒中的接地線，需使用壓接套管壓接，不可使用膠帶包紮，否則以重大缺點論。

7. 8mm^2×3C 電源電纜白色中性線直接接至中性線端子板，需注意其長度。

8. 分電盤分路配線需注意 NFB、ELB 的額定值，並注意線徑、顏色及負載平衡，並使用適當的壓接端子，NFB 一及二次側線色必須相同。

9. 三路開關與四路開關需注意其接點，不可錯接，白熾燈以插座代替，需注意非接地線與地線不可錯接。

10. 護管鐵、護管帶、電纜固定夾的數量如工作圖所示，不可整支 EMT、PVC、可撓金屬管及電纜全未固定，否則以重大缺點論。

11. 注意彎管方向及材質不可弄錯。

12. 注意評審評審表中內容，不可有一項重大缺點。

13. 器具位置依考場指示，不可任意變更，否則以無功能論。

14. 配電盤中導線配置應按垂直及水平彎曲的原則，並應壓接，且上下端導線顏色應相同。

二、第一站第二題注意事項

1. 需注意接地線線徑大小與位置，不可錯接或漏接，線徑大小如下：
   (1) 接地極至接地端子板為綠色 $8mm^2$。
   (2) 接地端子板致電動機 MS 為綠色 $8mm^2$（已配妥）。
   (3) 接地端子板至電熱水器 TB2 為白色 $5mm^2$ 代接地線用，並於兩端纏綠色膠帶。
   (4) 接地端子板至冷氣專用插座為綠色 $2.0mm^2$。
   (5) 接地端子板至被接地端子板為綠色 $5.5mm^2$（已配妥）。
   (6) 電熱水器 TB_2 至 L 型角鐵為綠色 $3.5mm^2$。
   (7) 接地端子板廚房專用插座及電燈分路為綠色 $2.0mm^2$。
   (8) EMT 管使用綠色 1.6mm 接地線。
   (9) 冷氣專用插座與廚房專用插座接地需使用綠色 $2.0mm^2$。

2. 設備接地線均需使用 "O" 型壓接端子，並注意選用適當的壓接端子。

3. 電熱水器專用分路接地線以白色線代用，兩端均需使用綠色膠帶包紮作為接地線的識別。

4. EMT 管接地共有四處，不可漏接，並需注意順時鐘方向。

5. 動力及電燈接地線、中性線，需注意動力接地線端子板，電燈接地線端子板及電燈被接地線的位置不可錯接，否則以重大缺點論。

6. 八角接線盒與鋁鑄接線盒中的接地線，需使用壓接套管壓接，不可使用膠帶包紮，否則以重大缺點論。

7. 分電盤分路配線需注意 NFB、ELB 的額定值，並注意線徑、顏色及負載平衡，並使用適當的壓接端子，NFB 一及二次側線色必須相同。

8. 三路開關與四路開關需注意其接點，不可錯接，白熾燈以插座代替，需注意非接地線與地線不可錯接。

9. 護管鐵、護管帶、電纜固定夾的數量如工作圖所示，不可整支 EMT、PVC、可撓金屬管及電纜全未固定，否則以重大缺點論。

10. 冷氣專用插座額定電壓為 250V，廚房專用插座額定電壓為 120V，注意不可互換。

11. 注意彎管方向及材質不可弄錯。

12. 注意評審評審表中內容，不可有一項重大缺點。

13. 器具位置按考場指示，不可任意變更，否則以無功能論。

三、第一站第三題注意事項

1. 需注意接地線線徑大小與位置，不可錯接或漏接，線徑大小如下：
   (1) 接地極至接地端子板為綠色 8mm^2。
   (2) 接地端子板至中性線端子板為綠色 8mm^2。
   (3) 接地端子板至空調主機為綠色 5.5mm^2。
   (4) 接地端子板至插座用變壓器 TB2 為綠色 5.5mm^2。
   (5) 插座用變壓器至 L 型角鐵為綠色 2.0mm^2。
   (6) 接地端子板至冷氣專用插座及日光燈分路為綠色 2.0mm^2。
   (7) EMT 管使用綠色 1.6mm 接地線。

2. 設備接地線均需使用 "O" 型壓接端子，並注意選用適當的壓接端子。

3. 插座用變壓器路接地線以白色線代用，兩端均需使用綠色膠帶包紮作為接地線的識別。

4. EMT 管接地共有三處，不可漏接，並需注意順時鐘方向。

5. 中性線與接地線的接線需注意中性線端子板及接地線端子板的位置不可錯接，否則以重大缺點論。

6. 八角接線盒與鋁鑄接線盒中的接地線，需使用壓接套管壓接，不可使用膠帶包紮，否則以重大缺點論。

7. 空調主機使用 5.5mm^2×4C 電纜白色線，兩端均需使用藍色膠帶包紮，作為非接地線之識別導線。

8. 分電盤分路配線需注意 NFB、ELB 的額定值，並注意線徑、顏色及負載平衡，並使用適當的壓接端子，NFB 一及二次側線色必須相同。

9. 三路開關與四路開關需注意其接點，不可錯接，白熾燈以插座代替，需注意非接地線與地線不可錯接。

10. 護管鐵、護管帶、電纜固定夾的數量如工作圖所示，不可整支 EMT、PVC、可撓金屬管及電纜全未固定，否則以重大缺點論。

11. 注意彎管方向及材質不可弄錯。

12. 注意評審評審表中內容，不可有一項重大缺點。

13. 器具位置依考場指示，不可任意變更，否則以無功能論。

2

PART

術科試題第二站：
電機控制裝置

前置作業

前置作業

一、第二站檢定設備表

項次	名稱	規格	單位	數量	備註
1	控制箱	750×550×200×2.0tmm 鐵質烤漆	個	7	
2	控制箱	750×550×200×2.0tmm 鐵質烤漆	個	1	ATS 盤
3	控制箱	850×550×200×2.0tmm 鐵質烤漆	個	1	
4	電源	3φ3W220V（線徑 8 mm²）	式	1	每崗位
5	電動機	1φ2W110/220V3/4HP4P 電容起動式感應型	台	1	代替電動門專用馬達及剎車機構裝置
6	電動機	3φ3W3HP4P 三引線感應型	台	1	
7	電動機	3φ3W5HP4P 三引線感應型	台	4	
8	電動機	3φ3W15HP4P 三引線感應型	台	2	可用 7.5HP 代替
9	夾式電流表	0-150A	只	1	第一題檢定用
10	塑膠盒		只	若干	
11	負載器	3φ3W10KVA	套	1	長時間負載

二、第二站檢定工具參考表

（一）檢定場提供工具

項次	名稱	規格	單位	數量	備註
1	壓接鉗	1.25-8 mm2	支	1	
2	乾電池	9V，3V 或 1.5V	只	1	
3	電工安全帽	耐壓 20KV	頂	1	

（二）考生自備工具

項次	名稱	規格	單位	數量	備註
1	三用電表	V、A、Ω	只	1	
2	一字起子	100mm	支	1	
3	十字起子	100mm	支	1	

項次	名稱	規格	單位	數量	備註
4	電工鉗	200mm 或 150mm	支	1	
5	剝線鉗	1.0-3.2mm	支	1	

二、第二站檢定評審表

檢定崗位編號		術科考試檢定編號				本站評審結果	監評長簽章
姓名		檢　　定　　日　　期					
		年　　月　　日　　午					
乙級	題別	站別	第　　　　二　　　　站				A

項目	評　　審　　標　　準		及格	不及格	備註
	一、有下列十一項情形之一者為不及格。				(1) 不及格打「×」。
重大缺點	（一）	未能在限定時間內完工（線槽全未蓋、器具至少 1 只未使用）			(2) 及格打「○」。
	（二）	功能錯誤或無功能。			(3) 小計記「及格」及「不及格」統計數字。
	（三）	1.有載導線線徑以小代大。2.接地線以小代大或設備未接地達 2 處者。3.綠色線使用在接地線以外之配線。4.更改已配妥之線路或器具。5.未依規定以直流法施作電動機極性判斷。			
	（四）	主電路未使用規定之壓接鉗壓接或主電路未使用壓接端子達 5 只者。			(4) 本站評審結果欄依據評審結果及格者填「○」，不及格者填「×」。
	（五）	因施工不良而損壞器具以致無法通電。			
	（六）	導線有中間連接且未依內規規定處理。			
	（七）	導線端子固定不當（未鎖）達 2 處者。			
	（八）	控制線全未壓接端子，全未放入線槽或全未經端子台者。			(5) 評審表需需列出錯誤之處所。
	（九）	器材容量選用錯誤（電磁接觸器或栓型保險絲）。			(6) 「請勿於測試結束
	（十）	未按試題電路圖接線(含第八題未配紮 U 形過門線或束線)。			

檢定崗位編號		術科考試檢定編號	本站評審結果	監評長簽章
（十一）具有舞弊行為，經監評人員在表內登記有具體事實者。				前先行簽名」。

二、雖第一大項各項均及格，但如配線部分 10 項情形中有達 5 個以上缺點，或工作態度部分 8 項情形中有達 3 個以上缺點，仍為不及格。又配線部分與工作態度部分之缺點合計達 6 個以上者，仍為不及格。

配	（一）因施工不良而損壞器具，但不影響通電。		
	（二）下列缺失每條導線記 1 個缺點：1.線徑以大代小。2.接續不良(含線與器具之固定)。3.接地線以外之導線線色選擇錯誤。4.控制線接點未裝於主電路接點上方。5.主電路放入線槽。6.導線有中間連接而未依內規規定處理。		
	（三）下列缺失每只記 1 個缺點：1.主電路未使用壓接端子。2.線槽蓋未蓋或未蓋妥。		
	（四）下列缺失每 2 只記 1 個缺點：1.控制線路未使用壓接端子。2.壓接端子選用錯誤。		
	（五）壓接端子壓接不良，每 2 只記 1 個缺點：1.無明顯凹陷痕跡。2.反面壓接。3.壓到絕緣皮。4.影響螺絲固定。5.壓接位置不當。		
線	（六）下列缺失每 2 條記 1 個缺點：1.導線未放入線槽。2.導線佈線未水平或垂直。		
	（七）下列缺失每 5 只記 1 個缺點 1.剝線不良。2.壓接端子固定不良（含反面固定）。		
	（八）導線未經端子台，每條記 3 個缺點。		
	（九）導線端子固定不當(未鎖)，每處記 3 個缺點。		
	（十）未接地或接地線以小代大者，每處記 3 個缺點。		
小　　　　　　　　　　　　　　　　計			

三、工作態度部分 8 項情形中有 3 個以上缺點為不及格。

工作態度	（一）未戴安全帽，未穿棉質工作服、長褲、安全工作鞋或未配帶工具皮帶。		
	（二）未注意工作安全而致傷人或傷物。		
	（三）工具使用不正確。		

檢定崗位 編號		術科考試檢定編號	本站評審 結果	監評長簽章
工作態度（續）	（四）工具、材料隨意放置。			
	（五）工作程序、操作方法錯誤。			
	（六）工作疏忽致污、毀、損傷場地設備。			
	（七）工作結束未清理場地、收拾器具。			
	（八）工作不專心，舉止不良、不聽勸導。			
	小　計			
監評人員簽章				

第一題：電動機正反轉兼 Y-Δ 啓動控制電路

一、檢定試題

（一）檢定名稱：電機控制裝置。

（二）完成時間：90 分鐘。

（三）試題：電動機正反轉兼 Y-Δ 啟動控制電路。

（四）實作說明

1. 本檢定依據中華民國國國家標準(CNS)及經濟部公布之屋內線路裝置規則有關規定，並按照試題上之圖說施工。

2. 本檢定之電動機容量以控制電路圖上所標示為準，且電動機及控制箱均須施作設備接地。電機控制箱之接地線端子板 G 必須接至檢定崗位備妥之接地極端子板 E，此即視為已接至接地線。

3. 受檢者必須依據試題之「實作說明」、「控制電路圖」、「器具位置圖」、「檢定材料表」、負載容量大小及經濟原則，選擇適合之器具材料，完成各器具間之接線，經端子台及主電路之線端均須使用壓接端子。

4. 控制箱之過門線（TB3 與 TB4 之配線）與電路之主回路虛線部分均已配妥。

5. 受檢者必須以直流法施作電動機極性判斷，再完成電動機之接線，否則以重大缺點論。

6. 控制電路必須接至無熔線開關負載側，受無熔線開關控制，且每一器具均需配線使用，否則以未完工論。

7. 導線不得有中間連接，導線壓接端子之壓接必須使用壓接鉗，不得使用其他工具壓接，否則以重大缺點論。

8. 受檢者在檢定完畢離場時，應將各器具插妥及配線完畢，且線槽並應蓋妥。

9. 各種電驛參考圖貼在檢定崗位，請注意廠牌、規格參考選用。

10. 檢定場器具均依器具位置圖裝置，受檢者應事先自行檢視器具及位置，如有問題須在清點器具時間內提出聲明，否則自行負責。

11. 受檢者對檢定場之器具位置不得擅自更動，否則以無功能論。

12. 受檢者應在規定時間內自行測試電路功能。

13. 其他注意事項，現場另行說明。

（五）乙級室內配線技術士技能檢定術科試題第二站第一題檢定材料表

1. 考場已固定材料

項次	材料名稱	規格	單位	數量	備註
1	無熔線開關	3P，220V，100AF，75AT，10KA	只	1	NFB
2	栓型保險絲	500V，2A，含腳座	只	2	D-F
3	電磁接觸器	AC 220V，5.5KW(7.5HP)，coil 220V，3P，輔助接點 2a2b	只	1	MCS
4	電磁接觸器	AC 220V，7.5KW(10HP)，coil220V 3P，輔助接點 2a2b	只	1	MCD
5	電磁接觸器	AC 220V，11KW(15HP)，coil 220V，3P，輔助接點 2a2b 共二只，可逆式，機械互鎖	組	1	MCF 及 MCR
6	積熱電驛	24A，可調型，三加熱子	只	1	TH-RY
7	限時電驛	AC220V，Y-Δ專用，0-30sec 瞬時接點 1c，附底座	只	1	TR
8	按鈕開關	30mmφ，600V，1a1b，綠 2 只，紅 1 只	只	3	FWD，REV，OFF
9	指示燈	AC220V/15V，燈泡 18V，30mmφ 紅、黃、綠各一只	只	3	R，Y，G
10	蜂鳴器	AC220V，30mmφ，埋入式	只	1	BZ
11	端子台	3P，600V，50A	只	1	TB1
12	端子台	8P，600V，30A	只	1	TB2
13	端子台	16P，600V，20A	只	2	TB3，TB4
14	PVC 線槽	33×40mm	公尺	2.4	
15	扣式護線套	13mmφ	只	1	
16	接地線端子板	銅質 5P	只	1	G，固定於控制箱
17	接地極端子板	銅質 4P	只	1	E，固定於檢定崗位

項次	材料名稱	規格	單位	數量	備註
18	圓頭螺絲	M4×3/8 吋	支	2	
19	圓頭螺絲	M4×3/8 吋，銅質，含螺帽 3 只	支	2	
20	木螺絲	1 吋	支	6	固定控制箱用
21	鋁軌	35mm	公尺	0.5	

2. 考生檢定用材料

項次	材料名稱	規格	單位	數量	備註
1	壓接端子	8mm^2-5 "O"	只	4	設備接地線用
2	PVC 電線	600V，1.25mm^2，黃	捲	1	
3	PVC 電線	600V，5.5mm^2，黑	公尺	5	代替主電路 14mm^2 及 8mm^2 配線
4	PVC 電線	600V，8mm^2，綠	公尺	1	
5	壓接端子	1.25mm^2-4Y 裸	只	50	
6	壓接端子	5.5mm^2-5Y 裸	只	36	
7	自黏標籤	⊖→ 箭頭符號	張	1	滑牙標示用

二、動作測試

（一）靜態測試（三用電表撥至歐姆檔）

1. NFB 向下 OFF，三用電表測試棒紅接 NFB 負載端左下黑接負載端右下，兩端電路為通路狀態，因 G 成通路。

2. 拉起 TH-RY，BZ 成通路。

3. 三用電表測試棒紅接 NFB 負載端左下黑接 TH-RY(96)按下 FWD 成通路。

4. 三用電表測試棒紅接 NFB 負載端左下黑接 TH-RY(96)按下 REV 成通路。

5. 三用電表測試棒紅接 NFB 負載端左下黑接 TH-RY(96)按下 MCF 激磁拉桿 TR、MCS、Y 成通路。

6. 三用電表測試棒紅接 NFB 負載端左下黑接 TH-RY(96)按下 MCR 激磁拉桿 TR、MCS、Y 成通路。

7. 三用電表測試棒紅接 TR6 黑接 TH-RY(96)，MCD、R 成通路。

（二）動態測試

1. → （**NFB** 向上扳）→ G 亮→ TR（Y-Δ 設定時間為 3 秒）。

2. 按下 FWD：

    (1) MCF 激磁自保→ MCS 接序激磁（電動機 Y 啟動正轉）→ Y 亮→ G 滅→ TR 激磁開始計時。

    (2) TR 計時完成（3 秒）→ MCS 失磁→ MCD 激磁（電動機 Δ 正轉）→ Y 滅→ R 亮。

    (3) 按下 OFF 按鈕開關→電動機停止運轉→ Y → R 滅→ G 亮。

    (4) TH-RY（過載）向上拉→ BZ 響→ G 亮→其他燈均滅。

    (5) TH-RY 向下按→ BZ 停止響→ G 亮→其他燈均滅。

3. 按下 REV：

    (1) MCR 激磁自保→ MCS 接序激磁→電動機 Y 啟動反轉→ Y 亮→ G 滅→ 激磁開始計時。

    (2) TR 計時完成（3 秒）→ MCS 失磁→ MCD 激磁（電動機 Δ 反轉）→ Y 滅→ R 亮。

    (3) 按下 OFF 按鈕開關→電動機停止運轉→ Y → R 滅→ G 亮。

    (4) TH-RY（過載）向上拉→ BZ 響→ G 亮→其他燈均滅。

    (5) TH-RY 向下按→ BZ 停止響→ G 亮→其他燈均滅。

4. 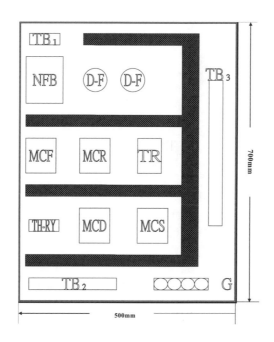 → （NFB 向下扳）→ Ⓖ G 滅。

三、圖片說明

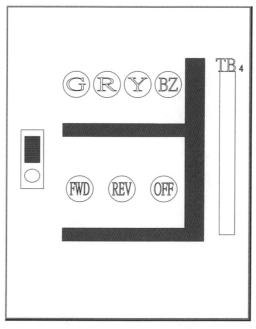

圖 2-1-1　第二站第一題：電動機正反轉兼 Y-△ 啟動控制電路內部器具布置圖

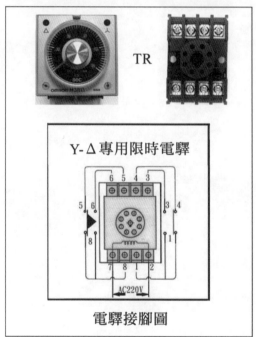

圖 2-1-2　第二站第一題：器具布置圖及電驛接腳圖

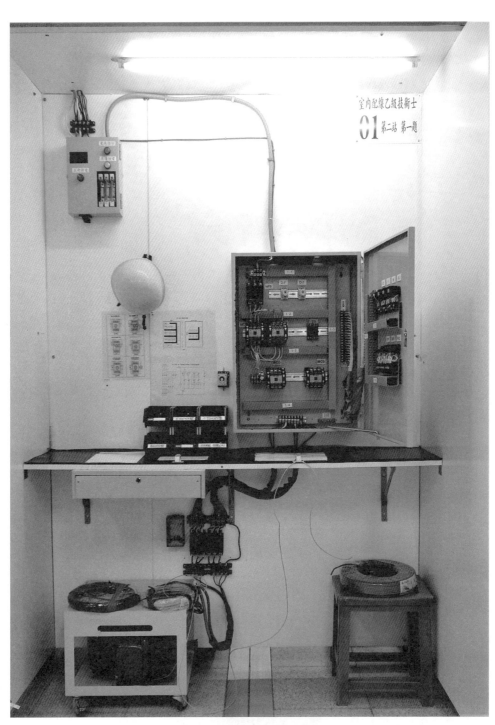

圖 2-1-3　器具現場布置圖

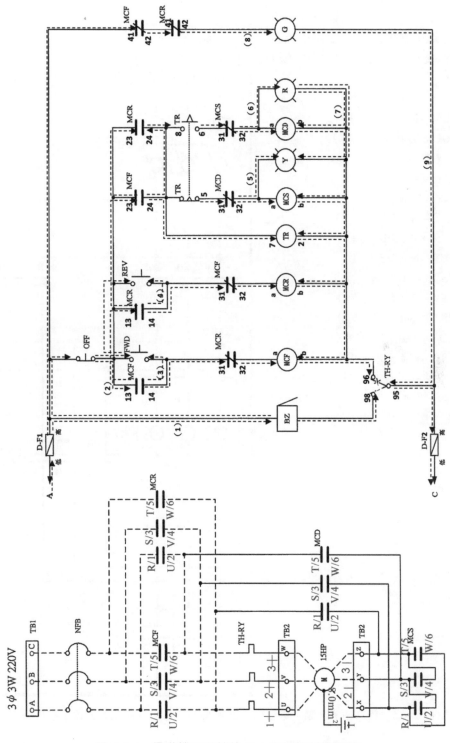

圖 2-1-4　電動機正反轉兼 Y-Δ 啟動控制電路圖

主線路共有十五條黑色絞線 5.5mm² 均需以 Y 形端子壓接。（實際應使用黑色 8.0mm2Y 接端子壓接，考場以黑色絞線 5.5mm2 代替）

(1) MCR/W→MCD/R（黑）

(2) MCR/V→MCD/S（黑）

(3) MCR/Uv→MCD/T（黑）

(4) TH-RY/U→端子①（黑）

(5) TH-RY/V→端子②（黑）

(6) TH-RY/W→端子③（黑）

(7) MCD/U→MCS/T（黑）

(8) MCD/S→MCS/R（黑）

(9) MCD/T→MCS/S（黑）

(10) MCS/R→MCS/W（黑）

(11) MCS/S→MCS/U（黑）

(12) MCS/T→MCS/V（黑）

(13) MCD/U→端子⑥（黑）

(14) MCS/V→端子②（黑）

(15) MCS/W→端子④（黑）

(16) 主線路接地線採用綠色 8.0mm²O 形端子壓接。

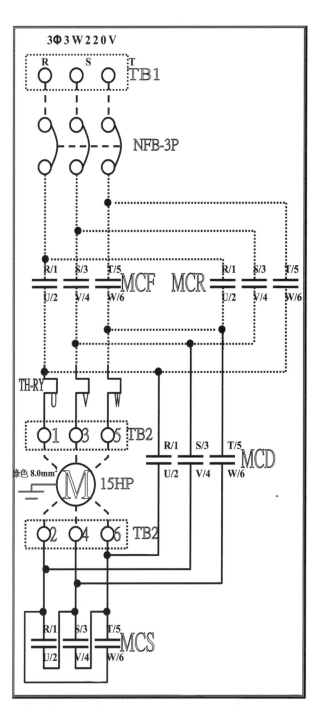

圖 2-1-5　第二站第一題：電動機正反轉兼 Y-△ 啟動控制電路主線路接線圖

(a) 正轉主線路電源（MCF 動作）　　(b) 反轉主線路電源（MCR 動作）

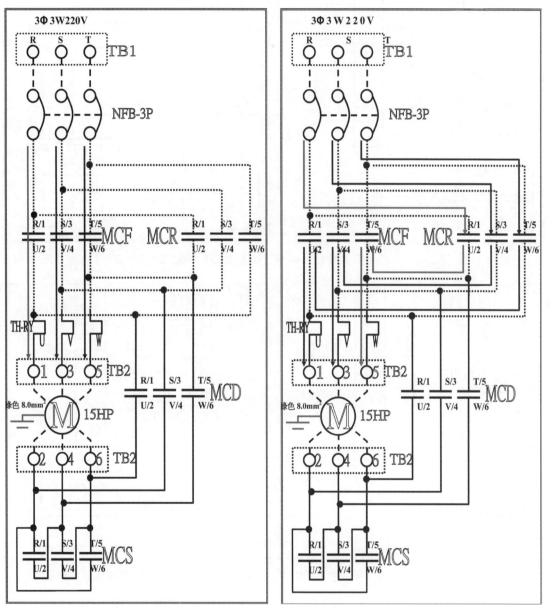

圖 2-1-6　第二站第一題：電動機正反轉兼 Y-△ 啟動控制電路正反轉主線路接線圖（細部）

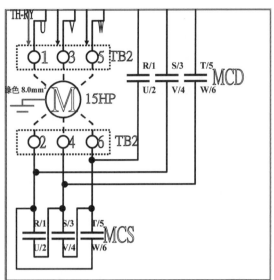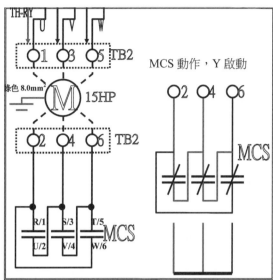

圖 2-1-7　第二站第一題：電動機正反轉兼 Y-△ 啟動控制電路正反轉主線路 Y 動作圖

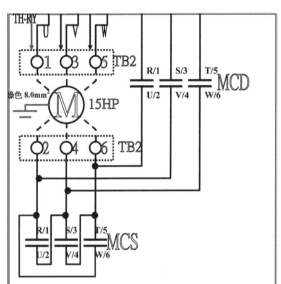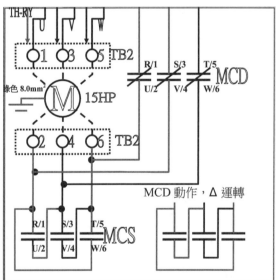

圖 2-1-8　第二站第一題：電動機正反轉兼 Y-△ 啟動控制電路正反轉主線路 △ 動作圖

※ 三相電動機極性判斷

1. 繞組處理

   (1) 將三用電表中間旋轉開關轉至 Ω 檔(×1)，作歸零調整。

   (2) 將六根導線兩兩量出同一組繞組，同組線圈均呈現出有電阻狀態，得到 A、B、C 三組線圈。

   (3) 以膠帶黏在端子台上，並將三組繞組編成 A(1-2)，B(3-4)，C(5-6)並將編號以簽字筆標示在膠帶上。

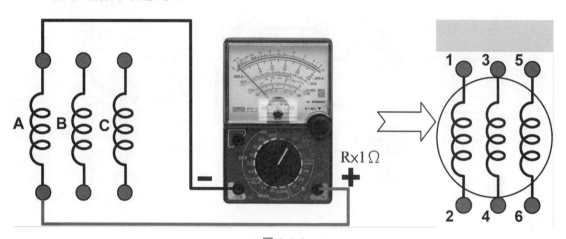

圖 2-1-9

2. 極性處理

   (1) 將三用電表中間旋轉開關轉至 DCV 的 0.5V（或 DCmA 0.5mA）檔，並將膠帶上編號 1 螺絲接在紅色測試棒，編號 2 螺絲接黑色測試棒，9V 乾電池的負端(－)接在編號 4 的螺絲上，另一端以瞬間碰觸編號 3 螺絲（不可持續超過一秒），同時注意三用電表指針偏轉的方向，如果三用電表偏轉方向為逆時鐘方向（反轉，或往負端偏轉），此時電池正端（紅色測試棒所連接的線端）3 為正極，電池負端（黑色測試棒所連接的線端）4 為負極，如果三用電表指針偏轉方向為順時鐘方向（順轉），則將 9V 電池紅、黑兩端互換再測試一次，確定正負極後將結果(＋、－)記錄在膠帶上。

   (2) 接下來將測試線端(5-6)，方法同(1)，三用電表測試棒（1 紅－2 黑）不動。

   (3) 積熱電驛 TH-RY(U、V、W)接至(+1, +3, +5)，MCD(U、V、W)接至(-6, -2, -4)。

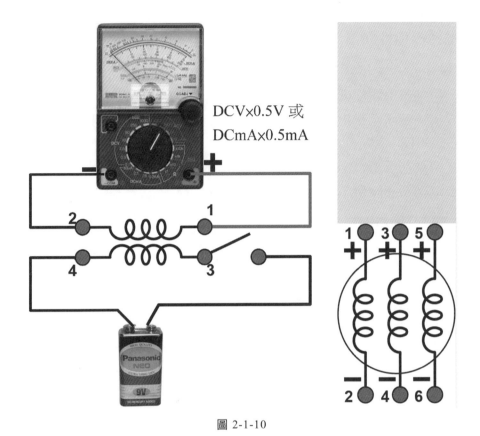

DCV×0.5V 或
DCmA×0.5mA

圖 2-1-10

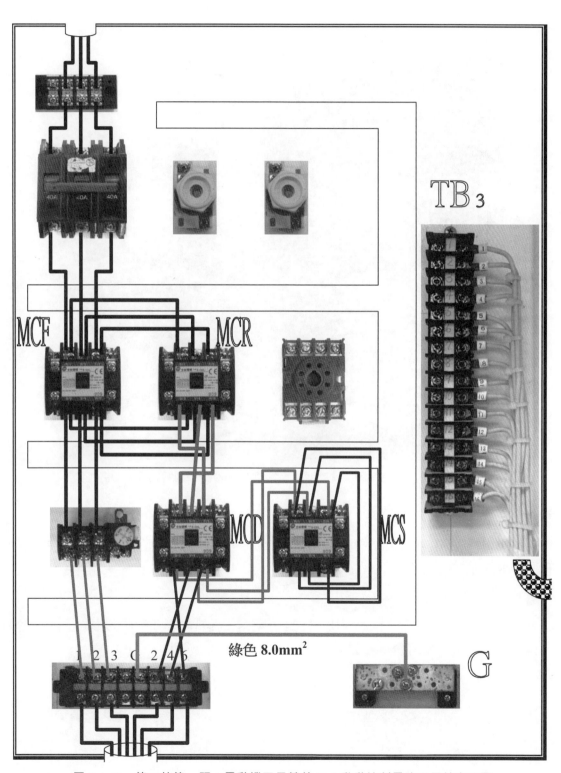

圖 2-1-11　第二站第一題：電動機正反轉兼 Y-Δ 啟動控制電路正反轉完工圖

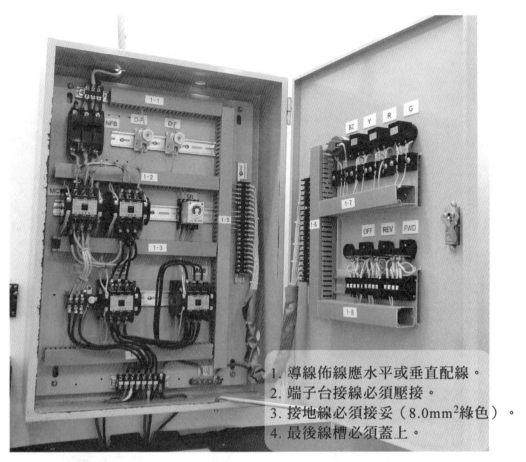

1. 導線佈線應水平或垂直配線。
2. 端子台接線必須壓接。
3. 接地線必須接妥（8.0mm²綠色）。
4. 最後線槽必須蓋上。

圖 2-1-12　第二站第一題：電動機正反轉兼 Y-△ 啟動控制電路正反轉完工圖

第一題注意事項

　　PVC 電線線徑及顏色為主線路黑色 5.5mm²，控制線路黃色 1.25 mm²，設備接地線與主接地均為綠色 8mm²。（主線路原應接黑色 8.0mm² 導線，現場採用黑色 5.5mm²）

1. 使用三用電表檢視 D-F 栓形保險絲，是否斷路，積熱電驛 TH-RY 須按壓向下（復歸狀態），TR、X 電驛接點是否正常，檢查電源是否正常。

2. TR 為通電延遲式 ON Delay Time 設定時間為 3 秒。

3. 需先施作電動機外殼及控制箱體接地端子板 G 設備接地線，使用 O 形壓接端子。

4. 控制電路完成後先測試動作有無錯誤，測試沒有問題，再配線接主電路，完成後再整體測試一次。

5. 此題過門線為 9 條（要注意對號入端子台），控制線配妥後先檢視其接點、相對點、線圈、電驛號碼…，是否遺漏或鎖錯地方。

6. 主線路正反轉部分（虛線部分），考場已用黑色絞線配妥，只需配置正反轉下方電路，使用黑色 5.5mm^2 絞線合計有 15 條，且要用 Y 形端子壓接，接地線必須使用綠色 8.0mm^2 絞線以 O 形端子壓接。

7. 所有主電路及過門線、TB 端子台部分一律使用 Y 形端子壓接，綠色接地線一律使用 O 形端子壓接，且必須使用壓接鉗壓接。

8. 馬達接線要作極性判別測試完成配線。

9. 最後需將全部線槽蓋蓋上，接地線條數確定無誤，再做一次測試馬達正常運轉，確定無誤，完工繳交。

第二題： 電動機正反轉兼 Y－Δ啟動附瞬間停電 保護控制電路

一、檢定試題

（一） **檢定名稱：電機控制裝置。**

（二） **完成時間：90 分鐘。**

（三） **試題：電動機正反轉兼 Y-Δ 啟動附瞬間停電保護控制電路。**

（四） **實作說明**

1. 本檢定依據中華民國國家標準(CNS)及經濟部公布之屋內線路裝置規則有關規定，並按照試題上之圖說施工。

2. 本檢定之電動機容量以控制電路圖上所標示為準，且電動機及控制箱均須施作設備接地。電機控制箱之接地線端子板 G 必須接至檢定崗位備妥之接地極端子板 E，此即視為已接至接地極。

3. 受檢者必須依據試題之「實作說明」、「控制電路圖」、「器具位置圖」、「檢定材料表」、負載容量大小及經濟原則，選擇適合之器具材料，完成各器具間之接線，經端子台之線端須使用壓接端子。

4. 控制箱之過門線（TB3 與 TB4 之配線）與電路主回路之虛線部分均已配妥。

5. 控制電路必須接至無熔線開關負載側，受無熔線開關控制，且每一器具均需配線使用，否則以未完工論。

6. 控制電路當電動機運轉中，如欲按 OFF 按鈕開關（雙層接點）使電動機停止時，須壓按 OFF 按鈕開關使其 a 接點閉合，方能使其正常停止。

7. 導線不得有中間連接，導線壓接端子之壓接必須使用壓接鉗，不得使用其他工具壓接，否則以重大缺點論。

8. 受檢者在檢定完畢離場時，應將各器具插妥及配線完畢，且線槽並應蓋妥。

9. 各種電驛參考圖貼在檢定崗位，請注意廠牌、規格參考選用。

10. 檢定場器具均依器具位置圖裝置，受檢者應事先自行檢視器具及位置，如有問題須在清點器具時間內提出聲明，否則自行負責。

11. 受檢者對檢定場之器具位置不得擅自更動，否則以無功能論。

12. 受檢者應在規定的時間內自行測試電路功能。

13. 其他注意事項，現場另行說明。

（五） 乙級室內配線技術士技能檢定術科試題第二站第二題檢定材料表

1. 考場已固定材料

項次	材料名稱	規格	單位	數量	備註
1	無熔線開關	3P，220V，100AF，75AT，IC10KA	只	1	NFB
2	栓型保險絲	500V，2A，含腳座	只	2	D-F
3	電磁接觸器	AC 220V，5.5KW(7.5HP)，coil 220V，3P，輔助接點 2a2b	只	1	MCS
4	電磁接觸器	AC 220V，7.5KW(10HP)，coil 220V，3P，輔助接點 2a2b	只	1	MCD
5	電磁接觸器	AC220V，11KW(15HP)，coil 220V，3P，輔助接點 2a2b，共兩只，可逆式，機械連鎖	組	1	MCF 及 MCR
6	積熱電驛	24A，可調型，三加熱子	只	1	TH-RY
7	按鈕開關	30mmϕ，600V，1a1b，綠 2 只，紅 1 只	只	3	FWD，REV，OFF
8	緊急按鈕開關	30mmϕ，600V，1a1b，押扣式紅色，非復歸式	只	1	EMS
9	限時電驛	AC220V，Y-△專用，0~30sec，限時接點 1c，附底座	只	1	TR1
10	限時電驛	AC220V，0~10sec，OFF Delay，限時接點 1c，附底座	只	2	TR2，TR3
11	保持電驛	AC220V，5A，2c，附底座	只	1	KR
12	指示燈	AC220V/15V，燈泡 18V，30mmϕ，紅三只，綠一只	只	4	R1，R2，R3，G
13	端子台	3P，600V，50A	只	1	TB1

項次	材料名稱	規格	單位	數量	備註
14	端子台	8P，600V，30A	只	1	TB2
15	端子台	16P，600V，20A	只	2	TB3，TB4
16	PVC 線槽	33mm×40mm	公尺	2.4	
17	扣式護線套	13mm ϕ	只	1	
18	接地極端子板	銅質，4P	只	1	E，固定於檢定崗位
19	接地線端子板	銅質，5P	只	1	G，固定於控制箱
20	圓頭螺絲	M4×3/8 吋	支	2	
21	圓頭螺絲	M4×3/4，銅質，含螺帽 3 只	支	2	
22	木螺絲釘	4×25mm，平頭十字	支	6	固定控制箱用
23	鋁軌	35mm，DIN	支	0.6	
24	壓接端子	5.5mm²-5Y	只	58	
25	PVC 電線	5.5mm²，600V，黑	公尺	5.5	代替主電路 14mm² 及 8mm² 配線

2. 考生檢定用材料

項次	材料名稱	規格	單位	數量	備註
1	PVC 電線	600V，1.25mm²，黃	捲	1	
2	PVC 電線	600V，8mm²，綠	公尺	1	
3	壓接端子	1.25mm²-4 "Y"	只	50	
4	壓接端子	8mm²-5 "O"	只	6	設備接地線用
5	自黏貼紙	⊕→ 箭頭符號	張	1	滑牙標示用

二、動作測試

（一）靜態測試（三用電表撥至歐姆檔）

1. NFB 向下 OFF，三用電表測試棒紅接 NFB 負載端左下黑接負載端右下，兩端電路為通路狀態，因 G 成通路。

2. 拉起 TH-RY，三用電表測試棒紅接 NFB 負載端左下黑接負載端 TH-RY(96)，按下 OFF 則 TR3 成通路。

3. 三用電表測試棒紅接 NFB 負載端左下黑接負載端 TH-RY(96)，按下 MCD 則 TR2 成通路。

4. 三用電表測試棒紅接 NFB 負載端左下黑接負載端 TH-RY(96)，按下 FWD 則 KR(SC)、MCF 成通路。

5. 三用電表測試棒紅接 NFB 負載端左下黑接負載端 TH-RY(96)，按下 REV 則 KR(RC)、MCR 成通路。

6. 三用電表測試棒紅接 NFB 負載端左下黑接負載端 TH-RY(96)，按下 MCF 則 KR(SC)、MCF、TR1、MCS、R2 成通路。

7. 三用電表測試棒紅接 NFB 負載端左下黑接負載端 TH-RY(96)，按下 MCR 則 KR(RC)、MCF、TR1、MCS、R2 成通路。

8. 三用電表測試棒紅接 TR2(6)黑接 TH-RY(96)，則 KR(RC)、MCR 成通路。

9. 三用電表測試棒紅接 MCR(14) 黑接 TH-RY(96)，則 R3 成通路。

（二）動態測試

1. →（**NFB** 向上扳）→ G 亮→ TR1（Y-Δ 設定時間為 3 秒）→ TR2 與 TR3（TR2OFFTimeRelay 設定 5 秒，TR3 OFFTimeRelay 設定 10 秒）。

2. 按下 FWD：

   (1) MCF 激磁→KR(SC)激磁→ MCS 激磁→電動機（Y 啟動正轉）→ R2 亮→ G G 滅→ TR1 激磁開始計時。

   (2) TR1 計時完成（3 秒）→ MCS 失磁→ MCD 激磁（電動機 Δ 正轉）→ R2 R2 滅→ R1 亮→ TR2 激磁開始計時。

   (3) TR2 計時完成（5 秒）→電動機持續正轉→ R1 持續亮。

   (4) ① 按下(EMS)或(OFF)或拉起→(TH-RY)→電動機速度變慢→ TR2 激磁開始計時→KR(SC)接點維持導通→若按下的時間在 5

秒內復歸→ G 亮→電動機由 Y 啟動正轉→ R2 亮→ G 滅→電動機 Δ 反轉→ R1 亮→ R2 滅。（按下 (OFF)則由 TR3 激磁開始計時超過 10 秒則馬達停止運轉）

② 若按下 (EMS)或 (OFF)或拉起 (TH-RY)時間超過 3 秒→ G 亮，其他燈滅。

3. 按下 REV：

(1) MCR 激磁→ KR(SC)失磁→ KR(RC)激磁→ MCS 激磁→電動機（Y 啟動反轉）→ R2 亮→ G 滅→ TR1 激磁開始計時。

(2) TR1 計時完成（3 秒）→ MCS 失磁→ MCD 激磁（電動機 Δ 反轉）→ R2 滅→ R3 亮→ TR2 激磁開始計時。

(3) TR2 計時完成（5 秒）→電動機持續正轉→ R1 持續亮。

(4) ① 按下 (EMS)或 (OFF)或拉起 (TH-RY)→電動機速度變慢→ TR2 激磁開始計時→ KR(SC)接點維持導通→若按下的時間在 5 秒內復歸→ G 亮→電動機由 Y 啟動反轉→ R2 亮→ G 滅→電動機 Δ 反轉→ R3 亮→ R2 滅。

② 若按下 (EMS)或 (OFF)或拉起 (TH-RY)的時間超過 5 秒→ G 亮，其他燈滅。（按下 (OFF)則由 TR3 激磁開始計時超過 10 秒則馬達停止運轉）

4. → （NFB 向下扳）→ G 滅。

三、圖片說明

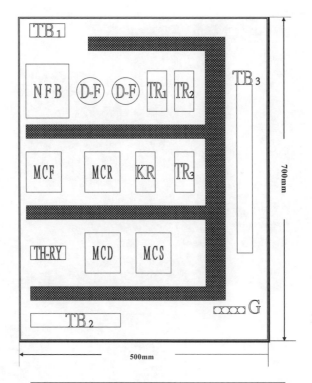

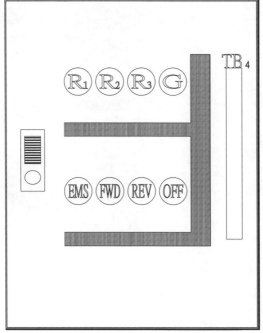

圖 2-2-1　第二站第二題：器具布置圖

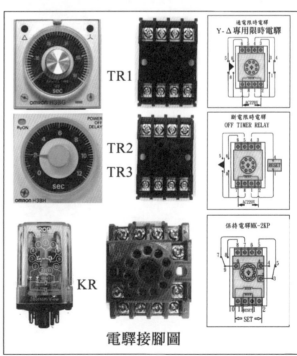

圖 2-2-2　第二站第二題：器具布置圖及電驛接腳圖

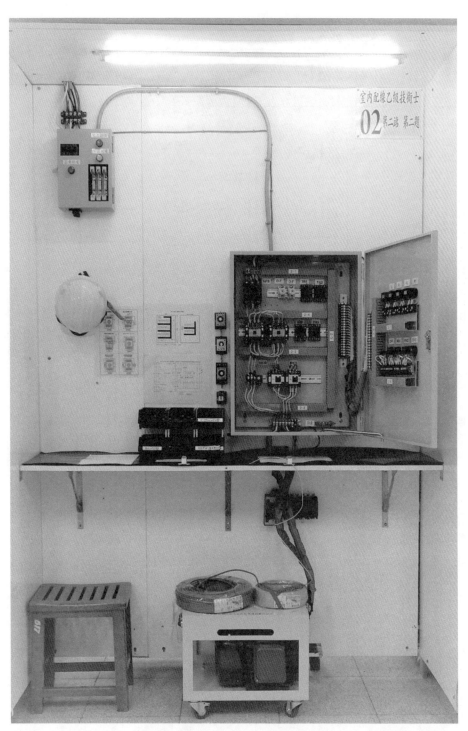

圖 2-2-3　第二站第二題：電動機正反轉兼 Y-△ 啟動附瞬間停電保護控制電路器具布置圖

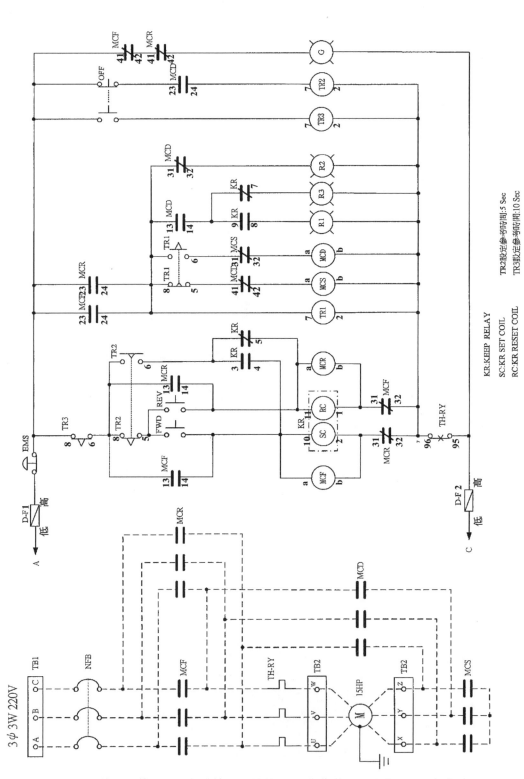

圖 2-2-4　第二站第二題：電動機正反轉兼 Y-△ 啟動附瞬間停電保護控制電路圖

1. 導線佈線應水平或垂直配線。
2. 端子台接線必須壓接。
3. 接地線必須使用綠色8mm²。
   並以O型端子壓接。
4. 最後線槽必須全部蓋上。

圖 2-2-5　第二站第二題：電動機正反轉兼 Y-Δ 啟動附瞬間停電保護控制電路器具完工

第二題注意事項

1. 本題主線路已接妥，控制線路黃色 1.25 mm²，設備接地線與主接地均為綠色 8mm²。

2. 使用三用電表檢視 D-F 栓形保險絲是否斷路，積熱電驛 TH-RY 在復歸狀態，TR、X 電驛接點是否正常，檢查電源是否正常（NFB 一次側）。

3. 需先施作電動機外殼及控制箱體接地端子板 G 設備接地線，使用 O 形壓接端子。

4. 此題有三個 TR，TR1 為 Y-Δ 專用限時電驛（通電延時 ON Delay Time 設定 3 秒），TR2（設定 5 秒）及 TR3（設定 10 秒）為 OFF 限時電驛（斷電延時），要注意裝置位置。

5. 保持電驛 KR，注意腳號位置，SC 與 RC 不可混淆（TR2-5 秒，TR7-10 秒），TR1 設定時間與第一題相同（3 秒）。

6. 主線路部分（虛線部分）表示已接妥，因此本題全部不用接主線路，如果試場遺漏沒接或固定不良，應接箭頭標籤標示或向試場工作人員反應。

7. 黃色控制線經過 TB（端子台）時均需壓接使用 Y 型壓接端子。

8. 此題過門線為 13 條（要注意對號入端子），控制線配妥後，先檢視其接點、相對點、線圈、電驛號碼…等，是否遺漏或鎖錯地方。

9. TR2、TR3 的限時接點，非常容易損壞及接觸不良，可使用電表或聽看看接點有無動作。

10. 最後需將全部線槽蓋蓋上，接地線條數確定無誤，再做一次測試，馬達正常運轉，確定無誤完工。

第三題：兩台抽水泵手動、自動交替控制電路

一、檢定試題

（一） 檢定名稱：電機控制裝置。

（二） 完成時間：90 分鐘。

（三） 試題：兩台抽水泵手動、自動交替控制電路。

（四） 實作說明

1. 本檢定應依據中華民國國家標準(CNS)及經濟部公布之屋內線路裝置規則有關規定，並按照試題上之圖說施工。

2. 本檢定之電動機容量以控制電路圖上所標示為準，且電動機及控制箱均須施作設備接地。電機控制箱之接地線端子板 G 必須接至檢定崗位備妥之接地極端子板 E，此即視為已接至接地極。

3. 受檢者必須依據試題之「實作說明」、「控制電路圖」、「器具位置圖」、「檢定材料表」、負載容量大小及經濟原則，選擇適合之器具材料，完成各器具間之接線，經端子台及主電路之線端均須使用壓接端子。

4. 控制箱之過門線（TB3 與 TB4 之配線）與電路主回路及控制回路之虛線部分已配妥。

5. 浮球開關(FS)係裝置於給水源，其與電極棒之引線已配置 TB6；液面控制器(61F-G)引線已配置至 TB7。受檢者必須完成液面控制器及電極棒之配線，且 E3 需施行接地。

6. 控制電路必須接至無熔線開關負載側，受無熔線開關控制，且每一器具均需配線使用，否則以未完工論。

7. 導線不得有中間連接，導線壓接端子之壓接必須使用壓接鉗，不得使用其他工具壓接，否則以重大缺點論。

8. 受檢者在檢定完畢離場時，應將各器具插妥及配線完畢，且線槽並應蓋妥。

9. 各種電驛及液面控制器參考圖貼在檢定崗位，請注意廠牌、規格參考選用。

10. 檢定場器具均依器具位置圖裝置,受檢者應事先自行檢視器具及位置,如有問題須在清點器具時間內提出聲明,否則自行負責。

11. 受檢者對檢定場之器具位置不得擅自更動,否則以無功能論。

12. 受檢者應在規定時間內自行測試電路功能。

13. 切換開關 COS 以檢定場之標示為準。

14. 其他注意事項,現場另行說明。

(五)乙級室內配線技術士技能檢定術科試題第二站第三題檢定材料表

1. 考場已固定材料

項次	材料名稱	規格	單位	數量	備註
1	無熔線開關	3P,220V,50AF,30AT,IC10KA	只	1	NFB
2	栓型保險絲	500V,2A,含腳座	只	2	D-F
3	電磁開關	AC220V,3.7Kw(7.5HP),coil 220V 3P,輔助接點 2a2b,附 15A 可調型二加熱子積熱電驛	只	2	MS1,MS2
4	輔助電驛	AC 220V,5A,2c,附底座	只	1	X
5	棘輪電驛	AC 220V,5A,2c,附底座	只	1	MR
6	按鈕開關	30mmϕ,1a1b,600V,綠 2 只,紅 2 只	只	4	ON1,ON2,OFF1,OFF2
7	切換開關	30mmϕ,1a1b,600V,非復歸型,二段式	只	1	COS
8	浮球開關	110-220V1HP,1a1b 雙球式	只	1	FS,給水源用
9	指示燈	AC220V/15V,燈泡 18V,30mmϕ 紅、綠各二只	只	4	R1,R2,G1,G2
10	液面控制器	AC220V,單用型,附電極棒	組	1	61F-G
11	蜂鳴器	AC220V,30mmϕ,埋入式	只	1	BZ
12	端子台	3P,600V,30A	只	1	TB1
13	端子台	4P,600V,30A	只	2	TB2,TB5
14	端子台	8P,600V,20A	只	2	TB6,TB7
15	端子台	16P,600V,20A	只	2	TB3,TB4
16	PVC 線槽	33mm×40mm	公尺	2.4	

項次	材料名稱	規格	單位	數量	備註
17	扣式護線套	13mmϕ	只	1	
18	接地極端子板	銅質，4P	只	1	G，固定於檢定崗位
19	接地線端子板	銅質，5P	只	1	E，固定於控制箱
20	圓頭螺絲	M4×3/8 吋	支	2	
21	圓頭螺絲	M4×3/4 吋，銅質，含螺帽 3 只	支	2	
22	木螺絲釘	4×25mm，平頭十字	支	6	固定控制箱用
23	鋁軌	35mm，DIN	公尺	0.6	

2. 考生檢定用材料

項次	材料名稱	規格	單位	數量	備註
1	PVC 電線	600V，1.25mm^2，黃	捲	1	
2	PVC 電線	600V，3.5mm^2，黑	公尺	5	
3	PVC 電線	600V，2mm^2，綠	公尺	1.5	
4	PVC 電線	600V，3.5mm^2，綠	公尺	1	
5	壓接端子	1.25mm^2-4，"Y"	只	50	
6	壓接端子	3.5mm^2-5，"Y"	只	30	
7	壓接端子	2mm^2-5 "O"	只	4	設備接地線用
8	壓接端子	3.5mm^2-5 "O"	只	6	設備接地線用
9	自黏標籤	⊖→ 箭頭符號	張	1	滑牙標示用

二、動作測試

（一）靜態測試（三用電表撥至歐姆檔）

1. NFB 向下扳 OFF，三用電表測試棒紅接 NFB 負載端左下黑接負載端右下，兩端電路為通路狀態，因 G2 成通路。

2. 拉起 TH-RY1，三用電表測試棒紅接 NFB 負載端左下黑接負載端右下，則 G2、BZ 成通路。

3. COS 切至 M，三用電表測試棒紅接 NFB 負載端左下黑接 TH-RY1(96)，按下 ON1 則 MC1、R1 成通路。

4. 拉起 TH-RY2，三用電表測試棒紅接 NFB 負載端左下黑接 TH-RY2(96)，按下 ON2 則 MC2、R2 成通路。

5. COS 切至 A，三用電表測試棒紅接 NFB 負載端左下黑接 TH-RY1(96)，則 MC1、R1 成通路。

6. 三用電表測試棒紅接 Ta，黑接 NFB 負載端左下，則 G1、MR、X 成通路。

（二）動態測試

1. COS 轉至（M 手動）→ → （**NFB** 向上扳）→ G2 亮→ (FS) 浮球開關於閉合狀態。

(1) 按下 ON1 開關：

① MC1 激磁自保→M1 電動機運轉→ R1 亮→ G2 滅。

② 按下 OFF1 開關→ MC1 失磁→M1 電動機停止運轉→ R1 滅→ G2 亮。

③ 拉起 (TH-RY)→ BZ 響→ G2 亮→ (TH-RY)按下復歸→ G2 亮→ BZ 停止響。

(2) 按下 ON2 開關：

① MC2 激磁自保→M_2 電動機運轉→ R2 亮→ G2 滅。

② 按下 OFF2 開關→ MC2 失磁→M2 電動機停止運轉→ R2 滅 → G2 亮。

③ 拉起 (TH-RY)→ BZ 響→ G2 亮→ (TH-RY)按下復歸→ G2 亮→ BZ 停止響。

(3) 上述 M₁ 或 M₂ 運轉狀態下，(FS)浮球開關下拉→M1 或 M2 電動機停止運

轉→ G2（綠燈）亮→(FS)浮球開關復歸→M1 或 M2 恢復運轉。

2. COS 扳至自動(A)位置→ R1 亮→M1 電動機運轉狀態：

(1) 電極棒短中長三根分開→下拉一次(FS)浮球開關→ G2 亮→

R1 滅→M1 或 M2 電動機停止運轉。

(2) 電極棒長短相碰→MR 棘輪電驛激磁→ X 輔助電驛激磁→

MC2 激磁→ R2 亮→ G2 滅→M₂電動機運轉→ 電極棒長短分開

→ G2 亮→ R2 滅。

(3) 電極棒長短相碰→MR 棘輪電驛激磁→ X 輔助電驛激磁→

MC1 激磁→ R1 亮→ G2 滅→M1 電動機運轉→ 電極棒長短分

開→ G1 亮→ R1 滅。

(4) 交替電極棒長短相碰分開→M1 或 M2 電動機自動交替運轉。

4. 電極棒長短相碰→MC1 激磁→ R1 亮→M1 電動機運轉→ G1

滅→ 積熱電驛(TH-RY1) 向上拉→BZ 響→M1 電動機停止運轉→

R1 滅→ G2 亮→ 積熱電驛(TH-RY1) 向下壓（復歸）→BZ

不響→ G2 亮。

5. 電極棒長短相碰→MC2 激磁→ R2 亮→M2 電動機運轉→ G2

滅→ 積熱電驛(TH-RY2) 向上拉→BZ 響→M2 電動機停止運轉→R2

（紅燈）滅→ G2 亮→ 積熱電驛(TH-RY2) 向下壓（復歸）→BZ

不響→ G2 亮。

6. （NFB 向下扳）→ G2 滅。

三、圖片說明

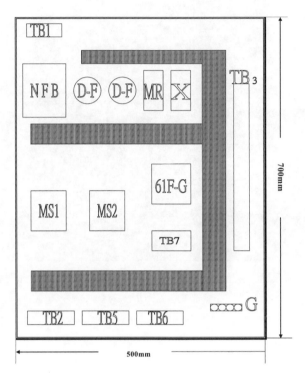

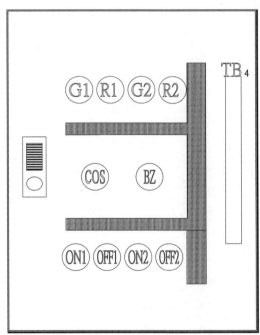

圖 2-3-1　第二站第三題：兩台抽水泵手動、自動交替控制電路內部器具布置圖

圖 2-3-1　第二站第三題：兩台抽水泵手動、自動交替控制電路內部器具布置圖（續）

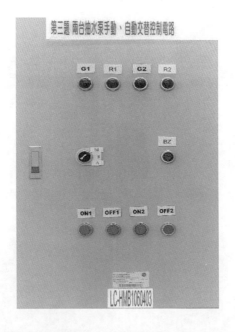

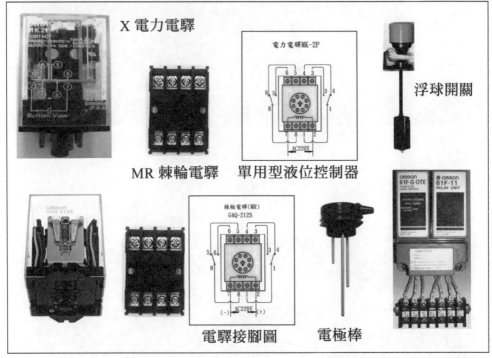

圖 2-3-2　第二站第三題器具布置圖及電驛接腳圖

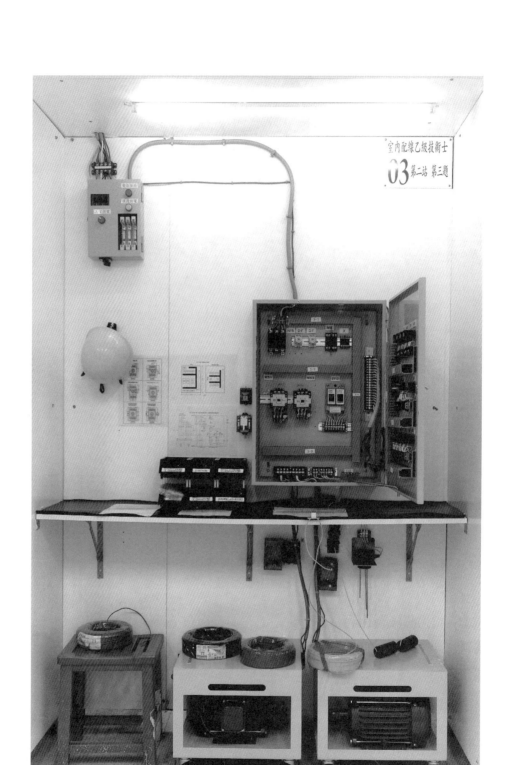

圖 2-3-3　第二站第三題：兩台抽水泵手動、自動交替控制電路器具布置圖

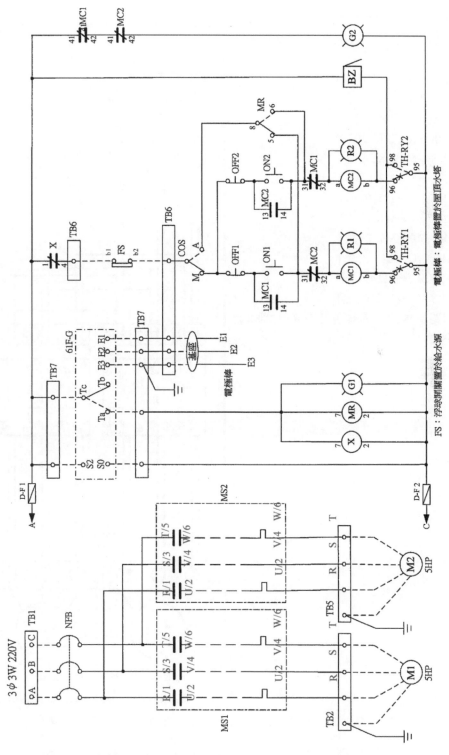

圖 2-3-4　第二站第三題：兩台抽水泵手動、自動交替控制電路圖

主線路共有十二條黑色絞線 3.5mm² 均需以
Y 形端子壓接，接地線兩條以綠色 3.5mm²
連接。

(1) NFB/R(下)→MC1/R [黑]

(2) NFB/S(下)→MC1/S [黑]

(3) NFB/T(下)→MC1/T [黑]

(4) MC1/R→MC2/R [黑]

(5) MC1/S→MC2/S[黑]

(6) MC1/T→MC2/T [黑]

(7) TH-RY1/U→M1/R[黑]

(8) TH-RY1/S→M1/S [黑]

(9) TH-RY1/T→M1/T [黑]

(10) TH-RY2/U→M2/R[黑]

(11) TH-RY2/S→M2/S [黑]

(12) TH-RY2/T→M2/T [黑]

(13) 主線路接地線採用綠色 3.5mm²O 形端
     子壓接。

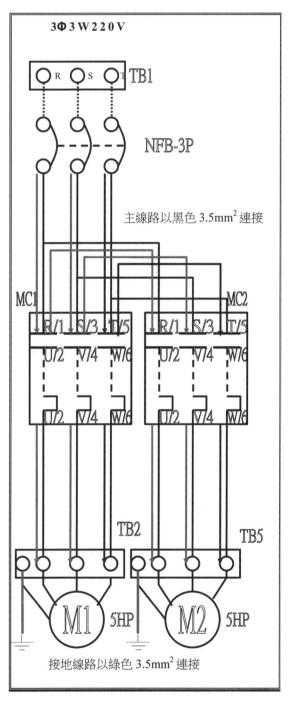

圖 2-3-5　第二站第三題：兩台抽水泵手動、自動交替主線路控制電路

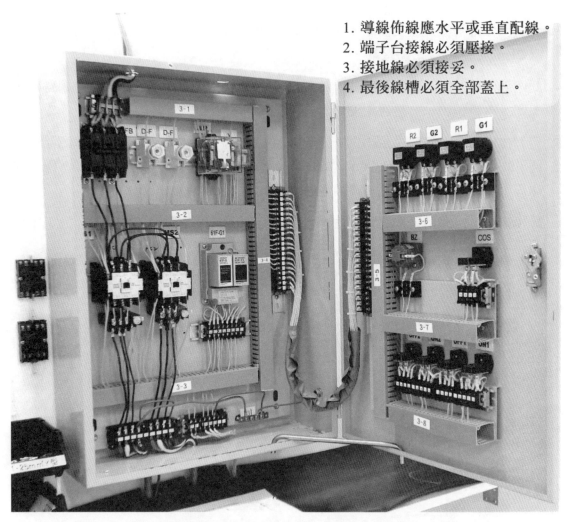

1. 導線佈線應水平或垂直配線。
2. 端子台接線必須壓接。
3. 接地線必須接妥。
4. 最後線槽必須全部蓋上。

圖 2-3-6　第二站第三題：兩台抽水泵手動、自動交替主線路控制電路完工圖

第三題注意事項

1. 主線路為黑色 3.5mm² 導線，控制線路黃色 1.25 mm²，液面控制器 E3 接地線為綠色 2.0mm²，電動機外殼及控制箱接地為綠色 3.5mm²，並需個別接至接地線端子板。

2. 使用三用電表檢視 D-F 栓形保險絲，是否斷路，積熱電驛 TH-RY1 與積熱電驛 TH-RY2 於復歸狀態，X 電驛接點是否正常，檢查電源是否正常（NFB 一次側），FS 浮球開關是否於閉合狀態。

3. 需先施作電動機外殼及控制箱體接地端子板 G 設備接地線，液面控制器 E3 接地線 2mm²，使用 O 形壓接端子。

4. 此題過門線為 15 條（要注意對號入端子），控制線配妥後先檢視其接點、相對點、線圈、電驛號碼…，是否遺漏或鎖錯地方。

5. 液面控制器 61F-G 三支腳先行配線，其中 E1 短、E2 中、E3 長，給水源浮球開關 FS 接點（注意 A 與 A 表示 FS 的 a 接點，B 與 B 表示 FS 的 b 接點），應與浮球浮上來導通的接點連接，應特別注意此處很容易接錯。

6. 最後需將全部線槽蓋蓋上，接地線條數確定無誤，再接電動機做測試，完工確定無誤。

第四題： 污排水泵手動、自動交替兼異常水位並列
運轉控制電路

一、檢定試題

（一） 檢定名稱：**電機控制裝置**。

（二） 完成時間：**90 分鐘**。

（三） 試題：**污排水泵手動、自動交替兼異常水位並列運轉控制電路。**

（四） 實作說明

1. 本檢定依據應中華民國國家標準(CNS)及經濟部公布之屋內線路裝置規則有關規定，並按照試題上之圖說施工。

2. 本檢定之電動機容量以控制電路圖上所標示為準，且電動機及控制箱均須施作設備接地。電機控制箱之接地線端子板 G 必須接至檢定崗位備妥之接地極端子板 E，此即視為已接至接地極。

3. 受檢者必須依據試題之「實作說明」、「控制電路圖」、「器具位置圖」、「檢定材料表」、負載容量大小及經濟原則，選擇適合之器具材料，完成各器具間之接線，經端子台及主電路之線端均須使用壓接端子。

4. 控制箱之過門線（TB3 與 TB4 之配線）與電路主回路及控制回路之虛線部分已配妥。

5. 液面控制器(61F-G2)及電極棒之引線已配至控制箱內端子台（TB5 及 TB7）。水位控制用之電極棒，為配合實際污水檢測，採用水銀式浮球開關替代，受檢者必須完成液面控制器(61F-G2)之配線，且 E3 需施行接地。

6. 控制電路必須接至控制箱內無熔線開關(NFB3)之負載側，且每一器具均需配線使用，否則以未完工論。

7. 導線不得有中間連接，導線壓接端子之壓接必須使用壓接鉗，不得使用其他工具壓接，否則以重大缺點論。

8. 受檢者在檢定完畢離場時，應將各器具插妥及配線完畢，且線槽並應蓋妥。

9. 各種電驛及液面控制器之參考圖貼在檢定崗位，請注意廠牌、規格參考選用。

10. 檢定場器具均依器具位置圖裝置，受檢者應事先自行檢視器具及位置，如有問題須在清點器具時間內提出聲明，否則自行負責。

11. 受檢者對檢定場之器具位置不得擅自更動，否則以無功能論。

12. 受檢者應在規定時間內自行測試電路功能。

13. 切換開關 COS 以檢定場之標示為準。

14. 其他注意事項，現場說明。

（五）乙級室內配線技術士技能檢定術科試題第二站第四題檢定材料表

1. 考場已固定材料

項次	材料名稱	規格	單位	數量	備註
1	無熔線開關	3P，220V，50AF，30AT，IC5KA	只	2	NFB1，NFB2
2	無熔線開關	3P，220V，50AF，40AT，IC5KA	只	1	NFB3
3	栓型保險絲	500V，2A，含腳座	只	2	D-F
4	電磁接觸器	AC220V，3.7Kw(5HP)，coil 220V 3P 輔助接點，2a2b	只	2	MC1，MC2
5	輔助電驛	AC 220V 5A，2c，附底座	只	2	X
6	積熱電驛	15A，可調型，二加熱子	只	2	TH-RY1，TH-RY2
7	按鈕開關	30mmϕ，600V，1a1b，綠 2 只，紅 2 只	只	4	ON1，ON2，OFF1，OFF2
8	切換開關	30mmϕ，600V，1a1b 非復歸型二段式	只	1	COS
9	指示燈	AC220V/15V，燈泡 18V，30mmϕ，綠	只	2	G1，G2
10	指示燈	AC220V/15V，燈泡 18V，30mmϕ，紅	只	2	R1，R2
11	指示燈	AC220V/15V，燈泡 18V，30mmϕ，黃	只	1	Y
12	蜂鳴器	AC220V，30mmϕ，埋入式	只	1	BZ
13	端子台	3P，600V，30A	只	1	TB1
14	端子台	4P，600V，30A	只	2	TB2，TB6
15	端子台	6P，600V，20A	只	2	TB7
16	端子台	20P，600V，20A	只	2	TB3，TB4

項次	材料名稱	規格	單位	數量	備註
17	端子台	12P，600V，20A	只	1	TB5
18	液面控制器	AC220V，雙用型，附電極棒	組	1	61F-G2
19	交互電驛	AC220V，2c	組	1	61F-APN2　得以棘輪電驛替代
20	水銀浮球開關	600V，1a，仰角式，詳細如註	組	2	BS1，BS2
21	PVC 線槽	33×40mm	公尺	2.7	
22	扣式護線套	13mm φ	只	1	
23	接地極端子板	銅質，4P	只	1	E，固定於檢定崗位
24	接地線端子板	銅質，5P	只	1	G，固定於控制箱
25	圓頭螺絲	M4×3/8 吋	支	2	
26	圓頭螺絲	M4×3/4 吋，銅質，含螺帽 3 只	支	2	
27	木螺絲釘	4×25mm，平頭十字	支	6	固定控制箱用
28	鋁軌	35mm，DIN	支	0.5	

2. 考生檢定用材料

項次	材料名稱	規格	單位	數量	備註
1	PVC 電線	600V，$1.25mm^2$，黃	捲	1	
2	PVC 電線	600V，$3.5mm^2$，黑	公尺	3	
3	PVC 電線	600V，$5.5mm^2$，綠	公尺	0.5	
4	PVC 電線	600V，$3.5mm^2$，綠	公尺	1	
5	PVC 電線	600V，$2mm^2$，綠	公尺	1	
6	壓接端子	$1.25mm^2$-4，"Y"	只	50	
7	壓接端子	$5.5mm^2$-5 "O"	只	2	設備接地線用
8	壓接端子	$3.5mm^2$-5 "O"	只	6	設備接地線用
9	壓接端子	$2mm^2$-5 "O"	只	4	設備接地線用
10	壓接端子	$3.5mm^2$-5 "Y"	只	30	
11	自黏標籤	⊖→ 箭頭符號	張	1	滑牙標示用

註：本電路係污排水專用水銀式浮球開關，以上下仰角來控制水銀接點的 ON 與 OFF，作為水位控制，在作自動式測試時，應注意浮球開關之控制角度（如下圖所示）。

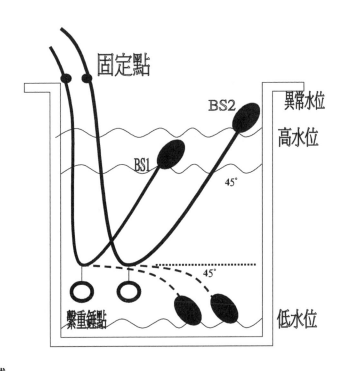

二、動作測試

(一) 靜態測試（三用電表撥至歐姆檔）

1. NFB 向下 OFF，三用電表測試棒紅接 NFB 負載端左下黑接負載端右下，兩端電路為通路狀態，因 G1、G2 成通路。

2. 拉起 TH-RY1，BZ、G1、G2 成通路，拉起 TH-RY2，BZ、G1、G2 成通路。

3. COS 切至 M（手動），三用電表測試棒紅接 NFB 負載端左下黑接 TH-RY1(96)，按下 ON1 則 R1、MC1 成通路。

4. 三用電表測試棒紅接 NFB 負載端左下黑接 TH-RY2(96)，按下 ON2 則 R2、MC2 成通路。

5. 三用電表測試棒紅接 APN2(4)，黑接 TH-RY2(96)，則 R2、MC2 成通路。

6. 三用電表測試棒紅接 APN2(5)，黑接 TH-RY2(96)，則 R2、MC2 成通路。

（二）動態測試

1. COS 轉至（M 手動）→ → （NFB 向上扳）→ G1 亮→ G2 亮：

(1) 按下 ON1 開關→ MC1 激磁自保→ G1 滅→ R1 亮→ G2 亮→M1 電動機運轉。

(2) 按下 OFF1 開關→ MC1 失磁→M1 電動機停止運轉→ R1 滅→ G1 亮→ G2 亮。

(3) 拉起 (TH-RY1)→ BZ 響→ G1 亮→ G2 亮。

(4) (TH-RY1)按下復歸→ G1 亮→ G2 亮→ BZ 停止響。

(5) 按下 ON2 開關→ MC2 激磁自保→ G2 滅→ R2 亮→ G1 亮→M2 電動機運轉。

(6) 按下 OFF2 開關→ MC2 失磁→M2 電動機停止運轉→ R2 滅→ G1 亮→ G2 亮。

(7) 拉起 (TH-RY2)→ BZ 響→ G1 亮→ G2 亮。

(8) (TH-RY2)按下復歸→ G1 亮→ G2 亮→ BZ 停止響。

2. COS 扳至自動(A)位置→ G1 亮→ G2 亮：

(1) BS1（水銀浮球開關）向上→ MC1 吸持→ R1 亮→ G2 亮→ G1 熄→M1 電動機運轉。

(2) BS1 放下→ MC1 失磁→ G1 亮→ G2 亮→ R1 熄→M1 電動機停止運轉。

(3) BS1（水銀浮球開關）向上→MC2 吸持→ R2 亮→ G1 亮
→G2 熄→M2 電動機運轉。

(4) BS1 放下→MC2 失磁→ G1 亮→ G2 亮→ R2 熄
→M2 電動機停止運轉。

(5) (TH-RY2) 拉起→BZ 響→ G1 亮→ G2 亮。

(6) (TH-RY2)按下復歸→ G1 亮→ G2 亮→BZ 停止響。

3. 將 BS1、BS2 向上→ R1 亮→ R2 亮→ Y 亮→ G1 熄
→ G2 熄→M1M2 電動機同時運轉。

4. 將 BS1、BS2 向下→ R1 滅→ R2 滅→ Y 滅→G1 亮→
G2 亮。

5. →（NFB 向下扳）→ G1 熄→ G2 滅。

三、圖片說明

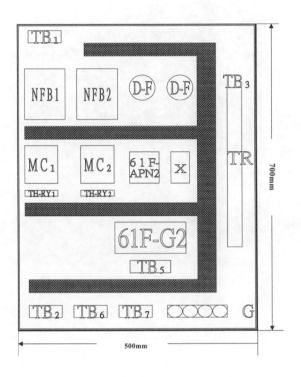

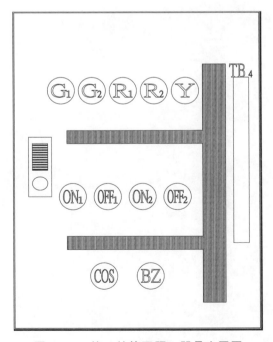

圖 2-4-1　第二站第四題：器具布置圖

圖 2-4-1　第二站第四題：器具布置圖（續）

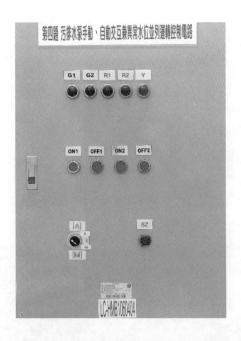

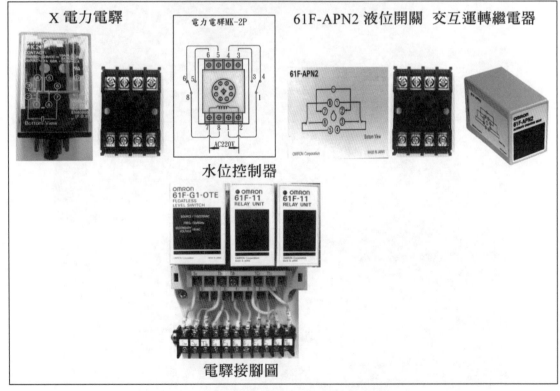

圖 2-4-2　第二站第四題器具布置圖及接腳圖

圖 2-4-3　第二站第四題：污排水水泵手動、自動交替兼異常水位並列運轉控制電路現場器具布置圖

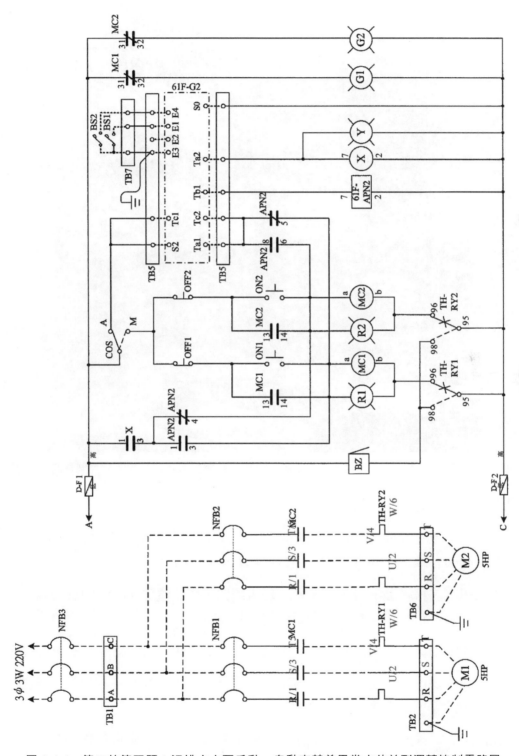

圖 2-4-4　第二站第四題：污排水水泵手動、自動交替兼異常水位並列運轉控制電路圖

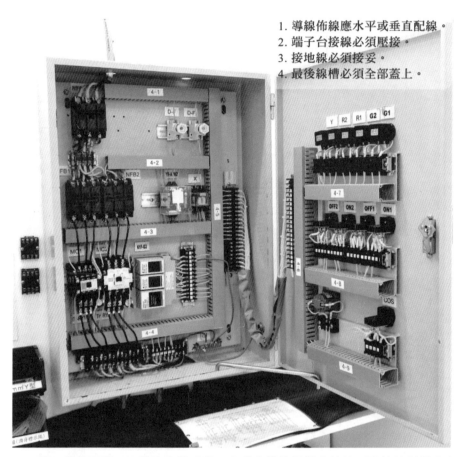

圖 2-4-5　第二站第四題：污排水水泵手動、自動交替兼異常水位並列運轉控制電路完工圖

第四題注意事項

1. 主線路為黑色 3.5mm² 導線，控制線黃色 1.25 mm²，液面控制 E3 綠色 2.0 mm²，電動機外殼為綠色 3.5mm²，控制箱 G 為綠色 5.5mm²。

2. 使用三用電表檢視 D-F 栓形保險絲，是否斷路，積熱電驛 TH-RY 為復歸狀態，X 電驛接點是否正常，手動或自動視現場作接點測試。

3. 需先施作電動機外殼及控制箱體接地端子板 G 設備接地線，使用 O 形壓接端子。

4. 此題過門線要注意對號入端子，控制線配妥後先檢視其接點、相對點、線圈、電驛號碼…等等，是否遺漏或鎖錯地方。

5. 最後需將全部線槽蓋蓋上，接地線條數確定無誤，再做電動機運轉測試，完工確定無誤。

第五題：沖床機自動計數直流煞車控制電路

一、檢定試題

（一）檢定名稱：電機控制裝置。

（二）完成時間：90 分鐘。

（三）試題：沖床機自動計數直流煞車控制電路。

（四）實作說明

1. 本檢定應依據中華民國國家標準(CNS)及經濟部公布之屋內線路裝置規則有關規定，並按照試題上之圖說施工。

2. 本檢定電動機容量以控制電路圖上所標示為準，電動機及控制箱均須施作設備接地。電機控制箱之接地線端子板 G 必須接至檢定崗位備妥之接地極端子板 E，此即視為已接至接地極。

3. 受檢者必須依據試題之「實作說明」、「控制電路圖」、「器具位置圖」、「檢定材料表」、負載容量大小及經濟原則，選擇適合之器具材料，完成各器具間之接線，經端子台及主電路之線端均須使用壓接端子。

4. 控制箱之過門線（TB3 與 TB4 之配線）與電路主回路之虛線部分均已配妥。

5. 本題直流煞車控制主電路（藍色）及變壓器電源側（黑色）配置在線槽內，其餘主電路與控制電路必須分離配線。直流控制電路用黃色絕緣電線配線。變壓器直接固定於控制箱底板（烤漆刮除）即視為已施行設備接地。

6. 控制電路必須接至無熔線開關負載側，受無熔線開關控制，且每一器具均需配線使用，否則以未完工論。

7. 導線不得有中間連接，導線壓接端子之壓接必須使用壓接鉗，不得使用其他工具壓接，否則以重大缺點論。

8. 受檢者在檢定完畢離場時，應將各器具插妥及配線完畢，且線槽並應蓋妥。

9. 各種電驛與計數器之參考圖貼在檢定崗位，請注意廠牌、規格參考選用。

10. 檢定場器具均依器具位置圖裝置，受檢者應事先自行檢視器具及位置，如有問題須在清點器具時間內提出聲明，否則自行負責。

11. 受檢者對檢定場之器具位置不得擅自更動，否則以無功能論。

12. 受檢者應在規定的時間內自行測試電路功能。

13. 其他注意事項，現場另行說明。

（五）乙級室內配線技術士技能檢定術科試題第二站第五題檢定材料表

1. 考場已固定材料

項次	材料名稱	規格	單位	數量	備註
1	無熔線開關	3P，220V，50AF，20AT，IC5KA	只	1	NFB
2	栓型保險絲	500V，10A，含腳座	只	1	D-F2
3	栓型保險絲	500V，2A，含腳座	只	3	D-F1， D-F3， D-F4
4	電磁接觸器	AC220V，2.2KW(3HP)，coil 220V3P，輔助接點，2a2b	只	2	MC，MCB
5	限時電驛	AC220V，0~30sec，1c，ON DELAY，附底座	只	2	TR1，TR2
6	輔助電驛	AC220V，5A，2c，附底座	只	2	X1，X2
7	積熱電驛	10A，可調型，二加熱子	只	1	TH-RY
8	按鈕開關	30mmψ，600V，1a1b，綠 1 只，紅 1 只	只	2	ON，OFF
9	限制開關	1a1b，10A，250V，柱塞型	只	1	LS
10	橋式整流器	10A，100V	只	1	REC
11	變壓器	AC220/24V，300VA	只	1	T.r
12	計數器	AC220V，30CPS，外部復歸，控制接點 1c	只	1	COUNTER
13	指示燈	AC220V/15V，燈泡 18V，30mmψ，紅	只	1	R
14	指示燈	AC220V/15V，燈泡 18V，30mmψ，黃	只	1	Y
15	蜂鳴器	AC220V，30mmψ，埋入式	只	1	BZ

項次	材料名稱	規格	單位	數量	備註
16	端子台	3P，600V，20A	只	3	TB1，TB5，TB6
17	端子台	4P，600V，20A	只	1	TB2
18	端子台	16P，600V，20A	只	2	TB3，TB4
19	PVC 線槽	33×40mm	公尺	2.6	
20	扣式護線套	13mmψ	只	1	
21	接地極端子板	銅質，4P	只	1	E，固定於檢定崗位
22	接地線端子板	銅質，5P	只	1	G，固定於控制箱
23	圓頭螺絲	M4×3/8 吋	支	2	
24	圓頭螺絲	M4×3/4 吋，銅質，含螺帽 3 只	支	2	
25	木螺絲釘	4×25mm 平頭十字	支	6	固定控制箱用
26	鋁軌	35mm，DIN	公尺	0.7	

2.考生檢定用材料

項次	材料名稱	規格	單位	數量	備註
1	PVC 電線	600V，1.25mm^2，黃	捲	1	
2	PVC 電線	600V，3.5mm^2，黑	公尺	2	
3	PVC 電線	600V，3.5mm^2，藍	公尺	4.5	
4	PVC 電線	600V，2mm^2，綠	公尺	1	
5	壓接端子	1.25mm^2-4 "Y"	只	50	
6	壓接端子	2mm^2-5 "O"	只	4	設備接地線用
7	壓接端子	3.5mm^2-5 "Y"	只	20	
8	自黏標籤	⊖→箭頭符號	張	1	滑牙標示用

二、動作測試

（一）靜態測試（三用電表撥至歐姆檔）

1. NFB 向下 OFF 時，三用電表測試紅棒接 NFB 負載端左下黑接負載端右下，兩端電路為通路狀態（COUNTER 短路）。

2. 將 X2 及 TR2 取下，TH-RY 拉起，三用電表測試紅棒接 A 黑接 C，則 BZ 通路。

3. 按下按鈕開關 ON，三用電表測試紅棒接 A 黑測試棒接 MC(b)、R 均為通路。

4. 按下 MC 激磁連桿，三用電表測試棒紅接 A 黑測試棒接 X1、MCB、TR1 為通路。

5. 按下 MCB 激磁連桿，三用電表測試棒紅接 A 黑測試棒接 Y 為通路。

6. 三用電表測紅試棒移至 X1(3)，則 MCB 及 TR1 通路。

7. X2 及 TR2 裝上，三用電表紅測試棒移至 COUNTER 則 X2 及 TR2 通路。

（二）動態測試（COUNTER 計數器設定為 5 次）

1. →（NFB 向上扳）→COUNTER（計數器）燈亮（設定為五次）→ TR1 設定 5 秒→TR2 設定 5 秒。

2. ON 按下→ R 亮→ MC 激磁→電動機運轉→ X1 激磁。

3. OFF 按下→ R 熄→MC 失磁→X1 自保持→MCB 激磁→ Y 亮→TR1 計時（5 秒）完成→X1 失磁→MCB 失磁→TR1 失磁→ Y 熄→電動機停轉。。

4. ON 按下→ R 亮→ MC 激磁→電動機運轉→ X1 激磁→ LS（極限開關）按下 5 次→X2 失磁→TR1 計時（5 秒）完成→TR2 計時（5 秒）完成→電動機停轉。

5. (TH-RY) 拉起→BZ 響→ X1 激磁→MCB 激磁→TR1 激磁→ Y 亮。

6. TH-RY 復歸→ BZ 不響→TR1 計時完成→TR2 計時（5 秒）完成→其他燈熄。

7. →（NFB 向下扳）→COUNTER（計數器）滅。

三、圖片說明

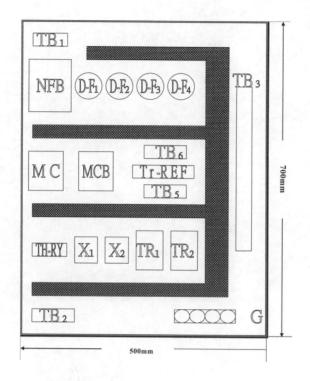

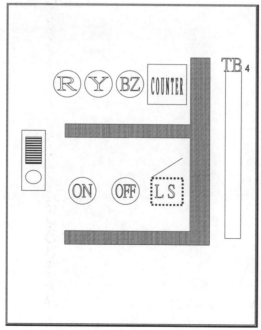

圖 2-5-1　第二站第五題：沖床機自動計數直流煞車控制電路內、外部器具布置圖

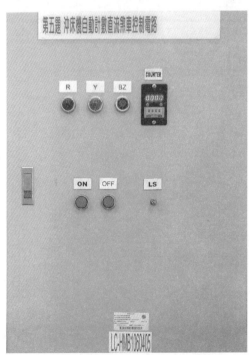

圖 2-5-1　第二站第五題：沖床機自動計數直流煞車控制電路內、外部器具布置圖（續）

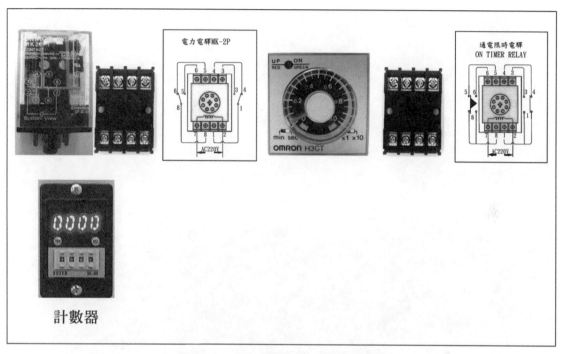

圖 2-5-2　第二站第五題：電驛接腳圖

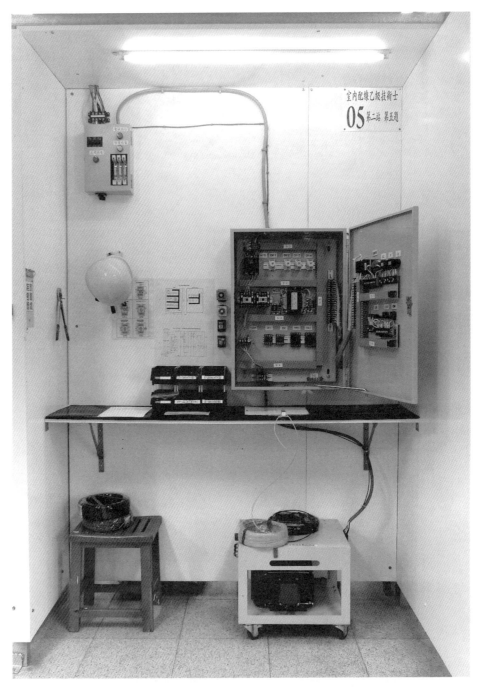

圖 2-5-3　第二站第五題：沖床機自動計數直流煞車控制電路器具布置圖

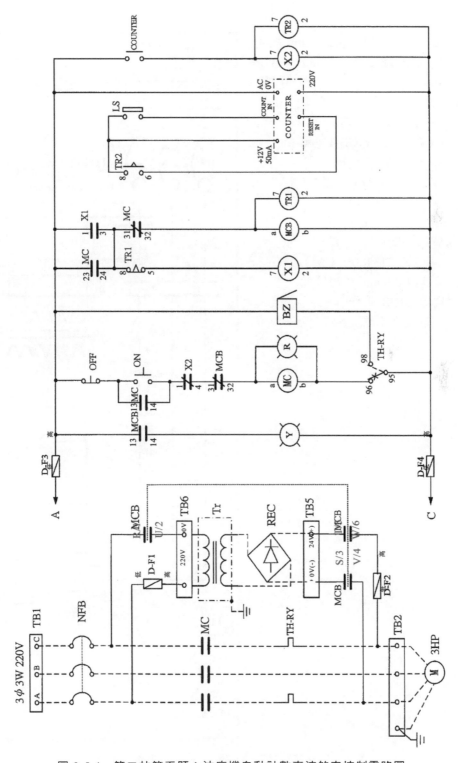

圖 2-5-4　第二站第五題：沖床機自動計數直流煞車控制電路圖

主線路共有四條黑色 3.5mm² 絞接
(1)(2)(3)(4) 及 五 條 藍 色 3.5mm² 絞線
(5)(6)(7)(8)(9)組成，均需以 Y 形端子壓接。

(1) NFB/R(左下)→D-F1（低）（黑）

(2) D-F1（高）→Tr(220V)（黑）

(3) NFB/T（右下）→MCB/T（黑）

(4) MCB/W→Tr(0V)（黑）

(5) 直流 REC(-)→MCB/R（藍）

(6) MCB/U→TH-RY/R（藍）

(7) 直流 REC(+)→MCB/S（藍）

(8) MCB/V→D-F2（低）（藍）

(9) D-F2（高）→TH-RY/T（藍）

(10) 馬達接地以 2.0mm²絞線接地。

當電磁接觸器 MCB 動作時，交流電源經
橋式整流器整成直流電，達成直流制動的
效果。

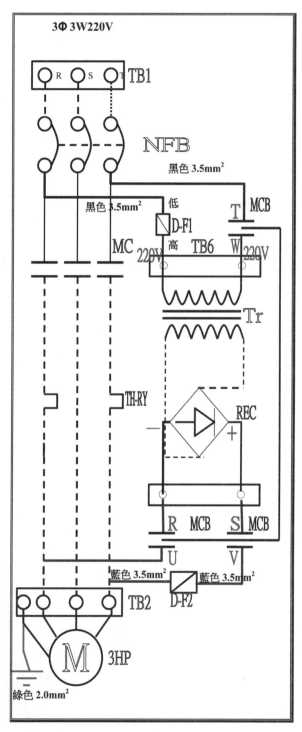

圖 2-5-5　第二站第五題：直流煞車主線路接線圖

圖 2-5-6　第二站第五題：沖床機自動計數直流煞車控制電路完工圖

第五題注意事項

1. 主線路為黑色 3.5mm² 導線，控制線黃色 1.25 mm²，接地線為綠色 2.0 mm²，變壓器一次側線路黑色 3.5mm²，直流剎車主線路藍色 3.5mm²。

2. 剎車主線路接線不接負載但需配置在線槽內。

3. 計數器之接線及動作特性須注意，注意其是否有復歸功能。

4. 栓形保險絲共有四只其中 D-F1 為 Tr 變壓器一次側，D-F2 為直流主迴路，D-F3、D-F4 為控制迴路。

5. 剎車用電磁接觸器內含有交流及直流迴路需特別注意。

6. 直流主迴路正負方向以控制圖為準，並需接於負載端，注意其正負接點是否正確。

7. 主迴路已配妥且不接負載，馬達外殼接地需特別注意不可漏接。

8. 電動機外殼控制箱接地端子板 G 均需設備接地。

9. 使用三用電表檢視 D-F 栓形保險絲，是否斷路，積熱電驛 TH-RY 是否復歸，X 電驛接點是否正常，檢查電源是否正常（NFB 一次側）。

10. 需先施作電動機外殼及控制箱體接地端子板 G 設備接地線，液面控制器 E3 接地線綠色 $2mm^2$，使用 O 形壓接端子。

11. 最後需將全部線槽蓋蓋上，接地線條數確定無誤，再做電動機運轉測試，完工確定無誤。

第六題： 大門控制電路

一、檢定試題

（一） 檢定名稱：電機控制裝置。

（二） 完成時間：90 分鐘。

（三） 試題：大門控制電路。

（四） 實作說明

1. 本檢定應依據中華民國國家標準(CNS)及經濟部公布之屋內線路裝置規則有關規定，並按照試題上之圖說施工。

2. 本檢定之電動機容量以控制電路圖上所標示為準，電動機及控制箱均須施作設備接地。電機控制箱之接地線端子板 G 必須接至檢定崗位備妥之接地極端子板 E，此即視為已接至接地極。

3. 受檢者必須依據試題之「實作說明」、「控制電路圖」、「器具位置圖」、「檢定材料表」、負載容量大小及經濟原則，選擇適合之器具材料，完成各器具間之接線，經端子台之線端須使用壓接端子。

4. 控制箱之過門線（TB3 與 TB4 之配線）與電路主回路之虛線部分均已配妥。

5. 光電開關已全部固定於配線板上，其電源線（已全部並聯）、控制接點及配線板接地線全部引接到控制箱 TB5。

6. 控制電路必須接至無熔線開關負載側，受無熔線開關控制。且每一器具均需配線使用，否則以未完工論。

7. 導線不得有中間連接，導線壓接端子之壓接必須使用壓接鉗，不得使用其他工具壓接，否則以重大缺點論。

8. 受檢者在檢定完畢離場時，應將各器具插妥及配線完畢，且線槽並應蓋妥。

9. 各種電驛之參考圖貼在檢定崗位，請注意廠牌、規格參考選用。

10. 檢定場器具均依器具位置圖裝置，受檢者應事先自行檢視器具及位置，如有問題須在清點器具時間內提出聲明，否則自行負責。

11. 受檢者對檢定場之器具位置不得擅自更動，否則以無功能論。

12. 受檢者應在規定時間內自行測試電路功能。

13. 其他注意事項，現場另行說明。

（五）乙級室內配線技術士技能檢定術科試題第二站第六題檢定材料表

1. 考場已固定材料

項次	材料名稱	規格	單位	數量	備註
1	配線板	900×600×1.6tmm，鐵質烤漆	塊	1	
2	無熔線開關	2P，220V，50AF，15AT，IC5KA	只	1	NFB
3	栓型保險絲	500V，2A，含腳座	只	2	D-F
4	電磁接觸器	AC1φ 220V，2.2Kw(3HP)，coil 220V，3P，輔助接點 2a2b，共 2 只，可逆式，機械互鎖	只	2	MCF 及 MCR
5	光電開關	紅外線式，AC220V，接點 1c，透過型，含投光器及受光器	組	2	PH1，PH2
6	限制開關	1a1b，10A，250V，柱塞型	只	2	LS1，LS2
7	緊急按鈕開關	30mmφ，600V，1a1b，壓扣式，紅色，非復歸式	只	1	EMS
8	積熱電驛	6.8A，可調式，二加熱子	只	1	TH-RY
9	輔助電驛	AC220V，5A，2c，附底座	只	2	X1，X2
10	輔助電驛	AC220V，5A，3c，附底座	只	2	X3，X4
11	限時電驛	AC 220V，0~10sec，限時接點 1c，瞬時接點 1a，ON DELAY，附底座	只	2	TR1，TR2，TR3，TR4，TR5
12	指示燈	AC220V/15V，燈泡 18V，30mmφ，紅 2 只/黃 2 只	只	4	R1，R2，Y1，Y2
13	端子台	3P，600V，20A	只	1	TB1
14	端子台	4P，600V，20A	只	1	TB2
15	端子台	16P，600V，20A	只	2	TB3，TB4
16	端子台	10P，600V，20A	只	2	TB5
17	PVC 電線	600V，3.5mm²，黑	公尺	3	
18	壓接端子	3.5mm²-5 "Y"	只	30	

項次	材料名稱	規格	單位	數量	備註
19	PVC 線槽	33×40mm	公尺	2.4	
20	扣式護線套	13mmψ	只	1	
21	接地極端子板	銅質，4P	只	1	E，固定於檢定崗位
22	接地線端子板	銅質，5P	只	1	G，固定於控制箱
23	圓頭螺絲	M4×3/8 吋	支	2	
24	圓頭螺絲	M4×3/4 吋，銅質，含螺帽 3 只	支	2	
25	木螺絲釘	4×25mm，平頭十字	支	6	固定控制箱用
26	木螺絲釘	3.5×15mm，平頭十字	支	4	
27	鋁軌	35mm，DIN	支	4	

2. 考生檢定用材料

項次	材料名稱	規格	單位	數量	備註
1	PVC 電線	600V，$1.25mm^2$，黃	捲	1	
2	PVC 電線	600V，$2mm^2$，綠	公尺	1	
3	壓接端子	$1.25mm^2$-4 "Y"	只	50	
4	壓接端子	$2mm^2$-5 "O"	只	6	設備接地線用
5	自黏標籤	⊕ 箭頭符號	張	1	

二、動作測試

（一）靜態測試（三用電表撥至歐姆檔）

1. NFB 向下 OFF 時，三用電表測試紅棒接 NFB 負載端左下黑棒接 TH-RY(95)，兩端電路為通路狀態（PH 成通路）。

2. 按下 EMS，三用電表測試紅棒接 EMS 右端黑棒接 TH-RY(95)，按下 MCF 激磁連桿，MCF 線圈、R1 為通路狀態。

3. 按下 MCR 激磁連桿，MCR 線圈、R2 為通路狀態。

4. 三用電表測試紅棒接 X3(4)黑棒接 TH-RY(95)，則 Y1、TR1 為通路狀態。

5. 三用電表測試紅棒接 X4(4)黑棒接 TH-RY(95)，則 Y2、TR2 為通路狀態。

6. 三用電表測試紅棒接 PH1(a)黑棒接 TH-RY(95)，則 X3 為通路狀態。

7. 三用電表測試紅棒接 PH2(a)黑棒接 TH-RY(95)，則 X4 為通路狀態。

（二） 動態測試

1. → NFB 向上扳（TR1、TR2 設定時間為 2 秒，TR3TR4 設定時間為 3 秒）。

2. 以手遮住 PH1→MCF 激磁→ Y1 亮→ R1 亮→TR1 計時完成→X1 激磁→ Y1 熄→ R1 亮。

3. 按住 LS1 超過設定時間 3 秒→ R1 熄→TR5 計時完成→MCR 吸持→ R2 亮→ R1 滅→放開 LS1→按下 LS2→ R2 滅。

4. 以手遮住 PH2→MCF 激磁→ Y2 亮→ R1 亮→TR2 計時完成→X2 激磁→ Y2 熄→ R1 亮。

5. 按住 LS1 超過設定時間 3 秒→ R1 熄→TR5 計時完成→MCR 吸持→ R2 亮→ R1 滅→放開 LS1→按下 LS2→ R2 滅。

6. 以手遮住 PH1→MCF 激磁→ Y1 亮→ R1 亮→TR1 計時完成→X1 激磁→ Y1 熄→ R1 亮→按下EMS→ R1 滅。

7. 以手遮住 PH1→MCF 激磁→ Y1 亮→ R1 亮→TR1 計時完成→X1 激磁→ Y1 熄→ R1 亮→ (TH-RY) 拉起→ Y1 熄。

8. → （NFB 向下扳）。

三、圖片說明

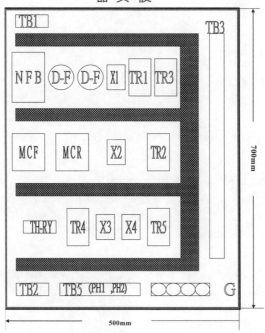

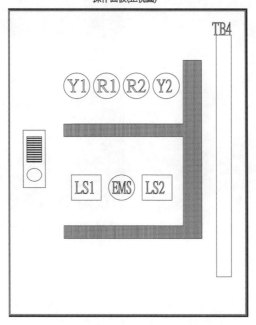

圖 2-6-1　第二站第六題：器具布置圖

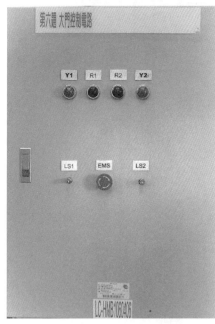

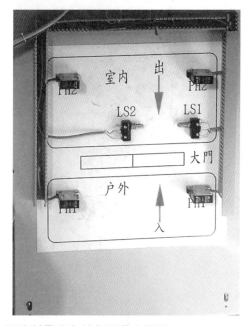

圖 2-6-2　第二站第六題：大門控制電路內外部器具布置圖

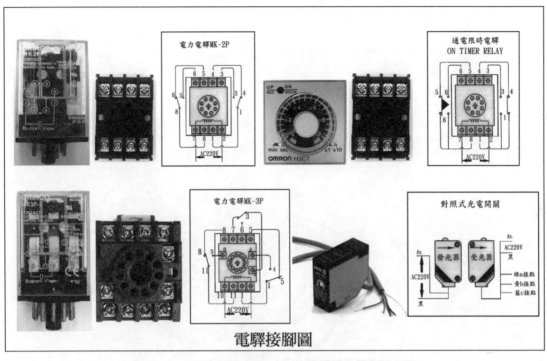

電驛接腳圖

圖 2-6-3　第二站第六題：大門控制電路電驛接腳圖

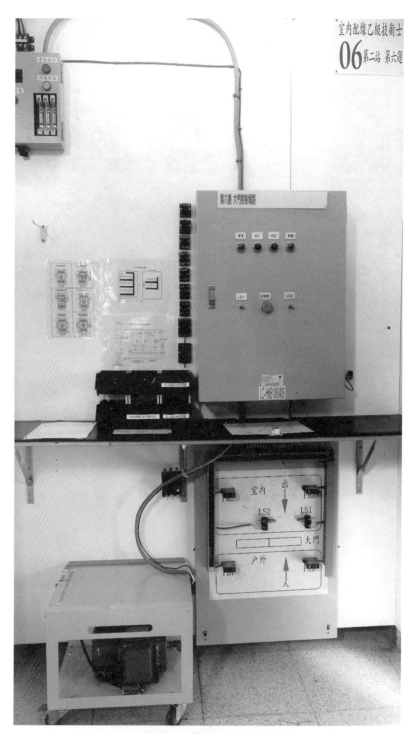

圖 2-6-4　第二站第六題：大門控制電路現場器具布置圖

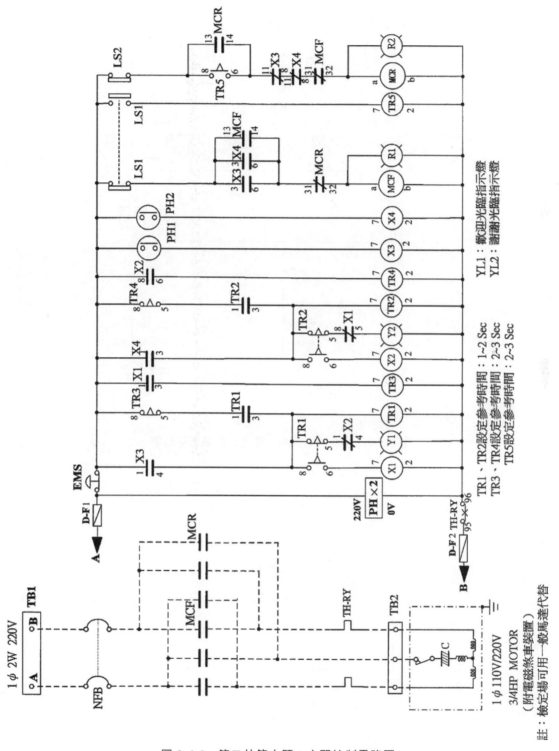

圖 2-6-5　第二站第六題：大門控制電路圖

169

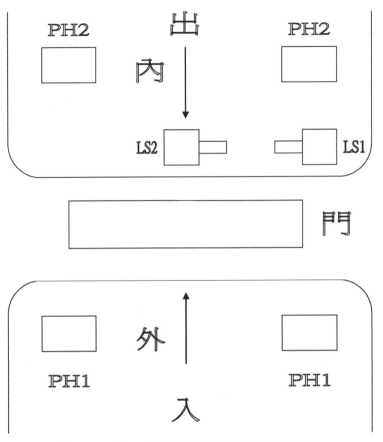

圖 2-6-6　第二站第六題：器具實際裝置平面圖

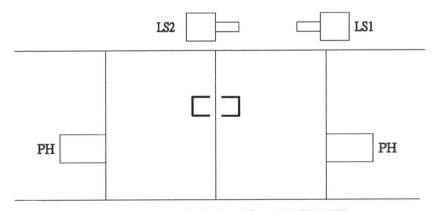

圖 2-6-7　第二站第六題：器具實際裝置立面圖

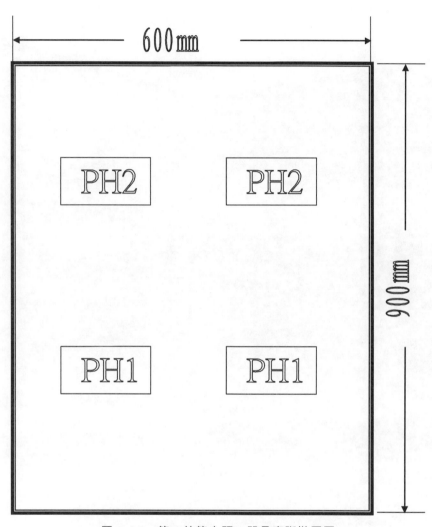

圖 2-6-8　第二站第六題：器具實際裝置圖

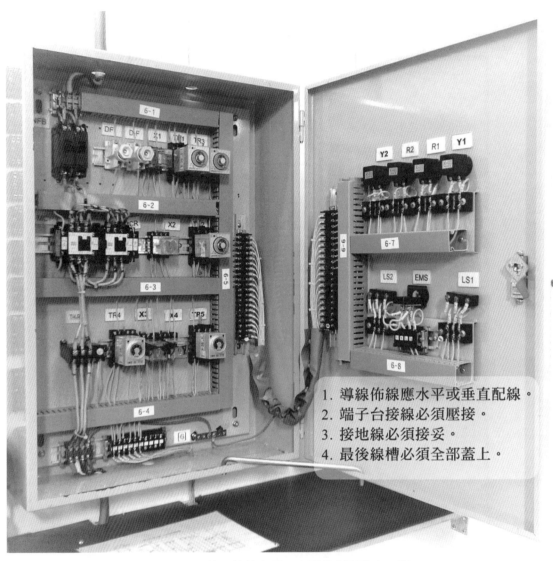

圖 2-6-9　第二站第六題：大門控制電路完工圖

第六題注意事項

1. PVC 電線線徑及顏色主線路為黑色 3.5mm^2，控制線黃色 1.25 mm^2，接地線為綠色 2.0 mm^2。

2. 光電開關的電源與 C、A、B 接點須注意。

3. LS1、LS2 的接點位置與動作狀態須注意。

4. EMS 的接線須注意。

5. 電動機外殼控制箱接地端子 G 須進行設備接地。

6. 主迴路已配妥需注意其線路，是否有漏接，並注意馬達外殼接地，不可漏接。

7. 測試時，光電開關之光遮必須確實，以免造成誤動作。

8. 電動機為單相 110/220 伏需注意。

9. 限時電驛時間之設定請依電路圖。

10. 電力電驛 X3、X4 為 3P（11 接腳）須注意其接腳。

11. 最後需將全部線槽蓋蓋上，接地線條數確定無誤，再做一次測試，完工確定無誤。

第七題： 常用電源與備用電源供電自動切換控制電路

一、檢定試題

（一） 檢定名稱：電機控制裝置。

（二） 完成時間：90 分鐘。

（三） 試題：常用電源與備用電源供電自動切換控制電路。

（四） 實作說明

1. 本檢定應依據中華民國國家標準(CNS)及經濟部公布之屋內線路裝置規則有關規定，並按照試題上之圖說施工。

2. 本檢定之主電路不接負載，ATS 盤及控制箱均須施作設備接地。電機控制箱及 ATS 盤之接地線端子板 G 必須接至檢定崗位備妥之接地極端子板 E，此即視為已接至接地極。

3. 受檢者必須依據試題之「實作說明」、「控制電路圖」、「器具位置圖」、「檢定材料表」及經濟原則，選擇適合之器具材料，完成各器具間之接線，經端子台之線端均須使用壓接端子。

4. 控制箱之過門線（TB3 與 TB4 之配線）與電路主回路及控制回路之虛線部分已配妥。

5. ATS 盤器具接線均已配妥，並將引線接至箱內端子台 TB2，TB2 至控制箱之 TB1 間配線亦已配妥，且由檢定場加以編號識別。送電測試時，請由 NFB1、NFB2 操作；發電機運轉狀態，經由發電機模擬指示燈 Y2 之顯示。

6. 控制電路必須接至無熔線開關負載側，受無熔線開關(NFB1、NFB2)控制，且每一器具均需配線使用，否則以未完工論。

7. 導線不得有中間連接，導線壓接端子之壓接必須使用壓接鉗，不得使用其他工具壓接，否則以重大缺點論。

8. 受檢者在檢定完畢離場時，應將各器具插妥及配線完畢，且線槽並應蓋妥。

9. 各種電驛參考圖貼在檢定崗位，請注意廠牌、規格參考選用。

10. 檢定場器具均依器具位置圖裝置，受檢者應事先自行檢視器具及位置，如有問題須在清點器具時間內提出聲明，否則自行負責。

11. 受檢者對檢定場之器具位置不得擅自更動，否則以無功能論。

12. 受檢者應在規定的時間內自行測試電路功能。

13. 其他注意事項，現場另行說明。

（五）乙級室內配線技術士技能檢定術科試題第二站第七題檢定材料表

1. 考場已固定材料

項次	材料名稱	規格	單位	數量	備註
1	無熔線開關	3P，220V，50AF，30AT，IC5KA	只	2	NFB1，NFB2
2	栓型保險絲	500V，2A，含腳座	只	5	DF
3	輔助電驛	AC 220V，5A，2c，附底座	只	4	X1，X2，X3，X4
4	限時電驛	AC 220V，0~10sec，1c，OFF DELAY，附底座	只	1	TR1
5	限時電驛	AC 220V，0~30sec，1c，ON DELAY，附底座	只	2	TR2、TR4
6	限時電驛	AC 220V，0~5min，1c，ON DELAY，附底座	只	1	TR3
7	指示燈	AC220V/15V，燈泡 18V，30mmϕ，白 1 只，紅 1 只，黃 2 只	只	4	W，R，Y1，Y2
8	端子台	3P，600V，30A	只	2	TB5，TB6
9	端子台	16P，600V，20A	只	4	TB1，TB22、TB3，TB4
10	自動切換開關	3P，600V，100A，附電氣及機械連鎖、手動操作桿，470mmW×220mmL×210mmH	組	1	ATS
11	匯流排	10mm×2mm	式	1	
12	PVC 線槽	33×40mm	公尺	2.6	
13	PVC 導線管	20mm×2.0mmt	公尺	0.6	

項次	材料名稱	規格	單位	數量	備註
14	扣式護線套	13mm ϕ	只	1	
15	接地極端子板	銅質，4P	只	2	E，固定於檢定崗位
16	接地線端子板	銅質 5P	只	2	G，固定於控制箱及 ATS 盤
17	圓頭螺絲	M4×3/8 吋	支	4	
18	圓頭螺絲	M4×3/4 吋，銅質，含螺帽 3 只	支	4	
19	木螺絲釘	4×25mm，平頭十字	支	12	固定控制箱於檢定崗位
20	鋁軌	35mm， DIN	支	0.9	

2. 考生檢定用材料

項次	材料名稱	規格	單位	數量	備註
1	PVC 電線	600V，1.25mm^2，黃	捲	1	
2	PVC 電線	600V，3.5mm^2，綠	公尺	1	
3	壓接端子	1.25mm^2-4，"Y"	只	50	
4	壓接端子	3.5mm^2-5，"O"	只	8	設備接地線用
5	自黏標籤	⊖箭頭符號	張	1	滑牙標示用

二、動作測試

1. OFF（NFB1 下扳）→ OFF（NFB2 下扳）→ ATS 盤轉至市電端→ Y2 ATS 盤黃燈 Y2 亮。（TR1，TR2，TR3，TR4 均設定時間 5 秒）。

2. ON（NFB1 上扳）→ Y2 ATS 盤黃燈 Y2 滅→X1 激磁→ TR1 激磁→ TR2 經設定時間 5 秒→X2 激磁→ Y 黃燈 Y 亮→TM 轉半圈→ Y 黃燈 Y 滅→ TR3 經設定時間 5 秒→ W W（白燈）亮。

3. OFF（NFB1 下扳）→ TR1 經設定時間 5 秒→ ATS 盤黃燈 Y2 亮 → X1 激磁→ W（白燈）滅→ TR2 失磁→ TR3 失磁。

4. ON（NFB2 上扳）→ ATS 盤黃燈 Y2 滅→ X4 激磁→ TR4 經設定時間 5 秒→ X3 激磁→ 黃燈 Y 亮→TM 轉半圈→ 黃燈 Y 滅→ TR3 經設定時間 5 秒→ R（紅燈）亮→ ATS 盤黃燈 Y2 亮。

5. ON（NFB1 上扳）→ X1 激磁→ TR1 激磁→ TR2 激磁→ TR4 失磁→ X3 失磁→ ATS 盤黃燈 Y2 亮→ 經 TR2 設定時間→ X2 激磁 TM 轉半圈→ R（紅燈）熄→ TR3 激磁→ W（白燈）亮→ ATS 盤黃燈 Y2 滅。

三、圖片說明

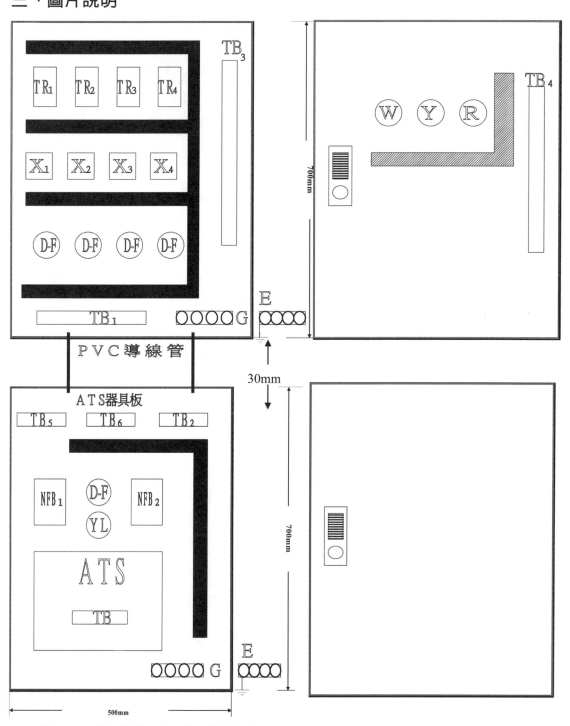

圖 2-7-1　第二站第七題：常用電源與備用電源供電自動切換控制電路內外部器具布置圖

圖 2-7-2　第二站第七題：常用電源與備用電源供電自動切換控制電路具布置圖

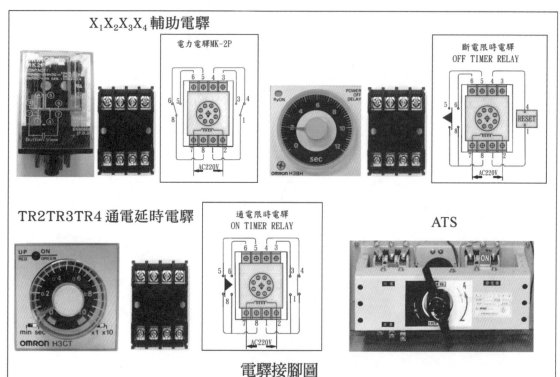

圖 2-7-2　第二站第七題：常用電源與備用電源供電自動切換控制電路具布置圖（續）

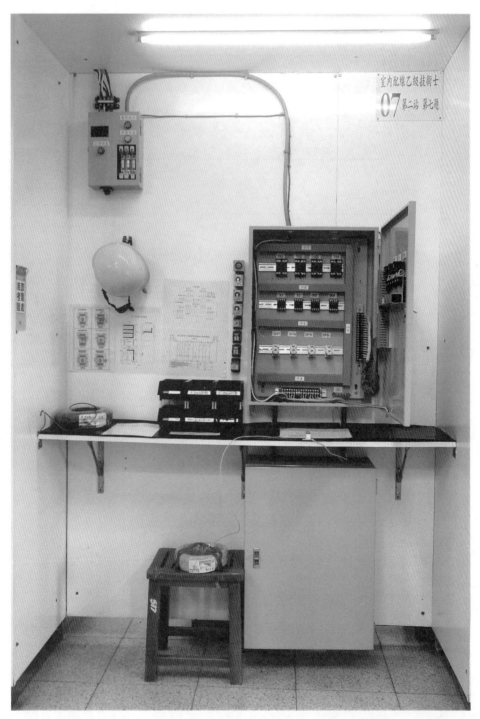

圖 2-7-3　第二站第七題：常用電源與備用電源供電自動切換控制電路現場部器具布置圖

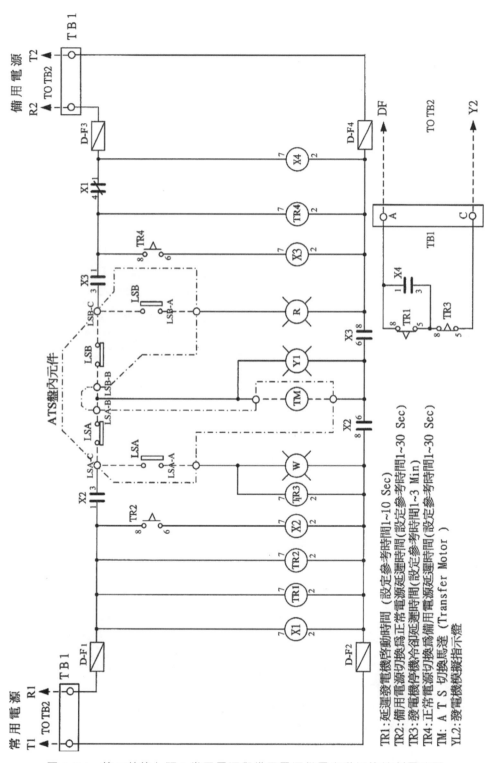

圖 2-7-4　第二站第七題：常用電源與備用電源供電自動切換控制電路圖

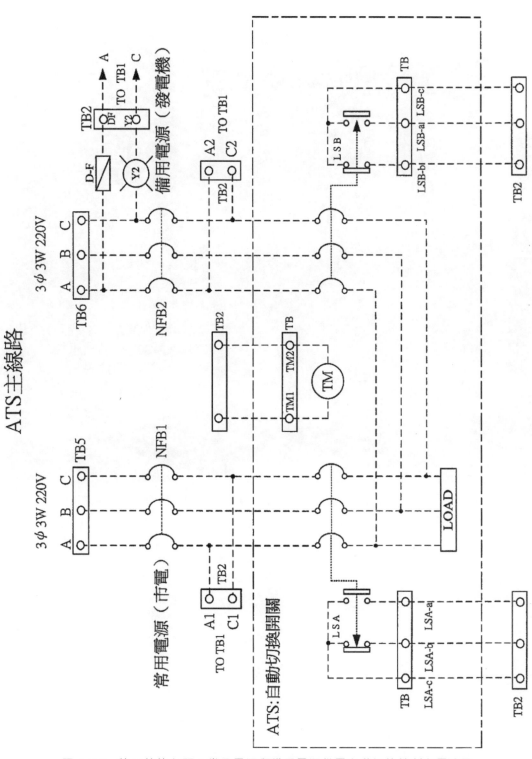

圖 2-7-5　第二站第七題：常用電源與備用電源供電自動切換控制主電路圖

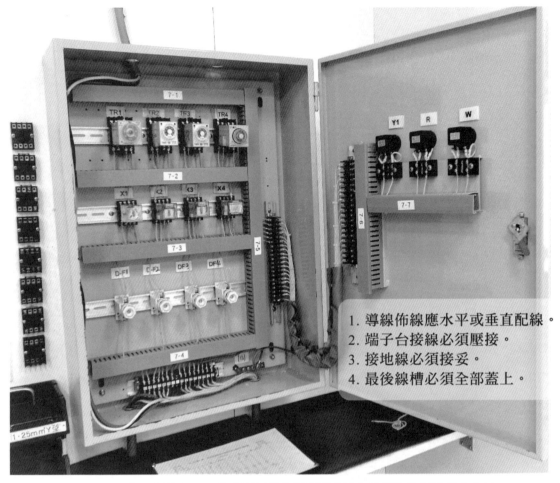

1. 導線佈線應水平或垂直配線。
2. 端子台接線必須壓接。
3. 接地線必須接妥。
4. 最後線槽必須全部蓋上。

圖 2-7-6　第二站第七題：常用電源與備用電源供電自動切換控制電路完工圖

圖 2-7-7　第二站第七題：常用電源與備用電源供電自動切換控制電路完工圖

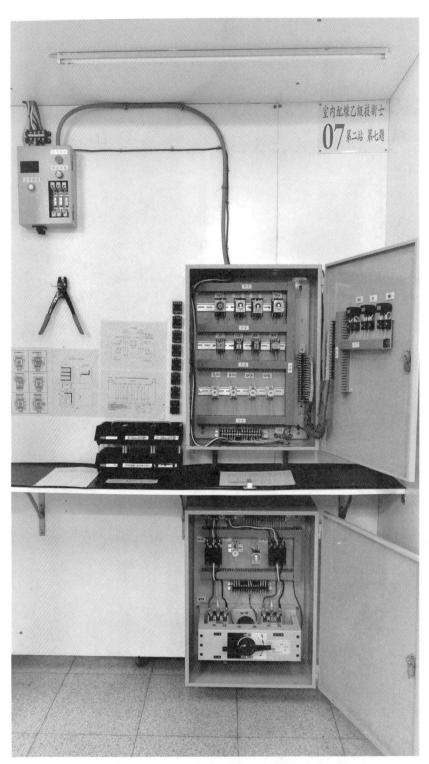

圖 2-7-7　第二站第七題：常用電源與備用電源供電自動切換控制電路完工圖（續）

第七題注意事項

1. 控制線路黃色 $1.25mm^2$，接地線路為綠色 $3.5mm^2$。

2. 限時電驛 TR1 為斷電延遲式，TR2 與 TR3 及 TR4 為通電延遲式須注意其位置。

3. ATS 盤器具均已配妥，並已引接至控制箱。

4. 微動開關 LSA、LSB 之公共 C 接點及 A 接點、B 接點須用三用電表測試。

5. ATS 置於常用電源時 LSA 的 C 點與 A 接點導通，C 接點與 B 接點不通；ATS 置於備用電源時 LSA 的 C 點與 A 接點導通，C 接點與 B 接點不通。

6. 控制箱及 ATS 箱均需接地不可漏接。

7. 限時電驛設定時間依電路圖說明。

8. 最後需將全部線槽蓋蓋上，接地線條數確定無誤，再做一次測試，確定無誤。

第八題：三相三線式負載之瓦時、乏時、功因、電壓、電流監視盤之裝配

一、檢定試題

（一）檢定名稱：電機控制裝置。

（二）完成時間：90 分鐘。

（三）試題：三相三線式負載之瓦時、乏時、功因、電壓、電流監視盤之裝配（模擬高壓負載附比壓器及比流器）。

（四）實作說明

1. 本檢定應依據中華民國國家標準(CNS)及經濟部公布之屋內線路裝置規則有關規定，並按照試題上之圖說施工。

2. 本檢定之負載容量以控制電路圖上所標示為準，且負載、控制箱、變比器(PT、CT)外殼及其二次線均須施作接地。電機控制箱之接地線端子板 G 必須接至檢定崗位備妥之接地極端子板 E，此即視為已接至接地極。

3. 受檢者必須依據試題之「實作說明」、「控制電路圖」、「器具位置圖」、「檢定材料表」、負載容量大小及經濟原則，選擇適合之器具材料，完成各器具間之接線，經端子台及主電路之線端均須使用壓接端子。

4. 負載為 10KVA 之長時間負載，所有儀表應按端子台 TB1 及 TB2 所標示之相序接線，PT 及 CT 以 2mm² 電線配線，安培計用切換開關 AS 及伏特計用切換開關 VS 之接點由考生自行測試判斷。

5. 本題必須配置 U 形過門線及整線束線，否則以重大缺點論。

6. 導線不得有中間連接，導線之壓接端子之壓接必須使用壓接鉗，不得使用其他工具壓接，否則以重大缺點論。

7. 受檢者在檢定完畢離場時，應配線完畢，且線槽並應蓋妥。

8. 各種電表及切換開關之參考圖貼在檢定崗位，請注意廠牌、規格參考選用。

9. 檢定場器具均依器具位置圖裝置，受檢者應事先自行檢視器具及位置，如有問題須在清點器具時間內提出聲明，否則自行負責。

10. 受檢者對檢定場之器具位置不得擅自更動，否則以無功能論。

11. 受檢者應在規定時間內自行測試電路功能。

12. 其他注意事項，現場另行說明。

（五）乙級室內配線技術士技能檢定術科試題第二站第八題檢定材料表

1. 考場已固定材料

項次	材料名稱	規格	單位	數量	備註
1	電機控制箱	850×750×200×2.0tmm，鐵質烤漆	台	1	
2	無熔線開關	3P，220V，50AF，30AT，IC5KA	只	1	
3	交流伏特計	盤面型，coil 150V，刻度 0~300V	只	1	V
4	交流安培計	盤面型，AC 0~5A，刻度 0~50A	只	1	A
5	栓型保險絲	500V，2A，附腳座	只	3	D-F
6	伏特計用切換開關	3φ3W，250VAC，10A，附密封箱	只	1	VS
7	安培計用切換咖關	3φ3W，250VAC，10A，附密封箱	只	1	AS
8	比壓器	1φ220/110V，100VA	只	2	PT
9	比流器	50/5A 15VA	只	2	CT 匝數依銘牌標示為準
10	瓦時計	3φ3W，110V/5A	只	1	WH
11	乏時計	3φ3W，110V/5A	只	1	VARH
12	功率因數計	3φ3W，110V/5A 平衡式	只	1	PF
13	端子台	3P，600V，50A	只	2	TB1，TB11
14	端子台	4P，600V，50A	只	1	TB2
15	端子台	6P，600V，20A	只	3	TB9，TB10，TB12
16	端子台	10P，600V，20A	只	3	TB3，TB4，TB6

項次	材料名稱	規格	單位	數量	備註
17	端子台	20P，600V，20A	只	2	TB5，TB7
18	端子台	4P，600V，20A	只	1	TB8
19	接地極端子板	銅質，4P	只	1	E，固定於檢定崗位
20	接地線端子板	銅質，5P	只	1	G，固定於控制箱
21	圓頭螺絲	M4×3/8 吋	支	2	
22	圓頭螺絲	M4×3/4 吋，銅質，含螺帽 3 只	支	2	
23	木螺絲釘	4×25mm，平頭十字	支	6	固定控制箱用
24	PVC 線槽	33×40mm	公尺	1.6	
25	扣式護線套	22mm ϕ	只	1	
26	鋁軌(DIN)	35mm，DIN	支	1.8	

2. 考生檢定用材料

項次	材料名稱	規格	單位	數量	備註
1	PVC 電線	600V，2mm^2，紅	公尺	10	PT 用
2	PVC 電線	600V，2mm^2，黑	公尺	10	CT 用
3	PVC 電線	600V，8mm^2，黑	公尺	3	
4	PVC 電線	600V，5.5mm^2，黑	公尺	2	
5	PVC 電線	600V，2mm^2，綠	公尺	2	
6	壓接端子	5.5mm^2-5，"O"	只	12	設備接地線用
7	壓接端子	2mm^2-5，"O"	只	2	設備接地線用
8	壓接端子	2mm^2-4，"Y"	只	100	
9	壓接端子	5.5mm^2-5，"Y"	只	6	
10	壓接端子	8mm^2-5，"Y"	只	6	
11	活用紮線帶	200mm	條	1	輔助整線束線用
12	自黏標籤	接地符號及 →○ 箭頭符號	張	1	滑牙標示用

二、動作測試

1. □ → □（NFB 向上扳）→ ⊙ VS 轉至 RT、ST、RS ▣ V 均應指示 110V→
轉至 OFF 應指示 0V。

2. □ 轉負載至 10KVA→ ⊙ PF（功率因數計）應往 Lag 方向（順時鐘方向）
偏轉。

3. □ AS 轉至 OFF→ ▣ 安培計指示 0A→ □ 瓦時計 □ 乏時計應順電錶
上箭頭方向轉動（右方旋轉）。

4. □ 轉負載至 0KVA→ ⊙ PF（功率因數計）應指在中間 1。

5. □ → □（NFB 向下扳）。

三、圖片說明

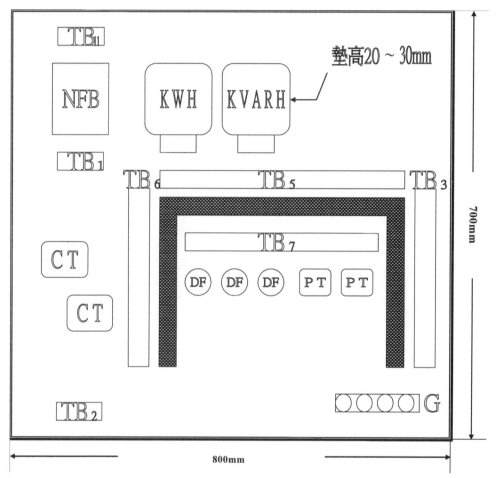

圖 2-8-1　第二站第八題：三相三線式負載之瓦時、乏時、功因、電壓、電流監視盤之裝配內部器具布置

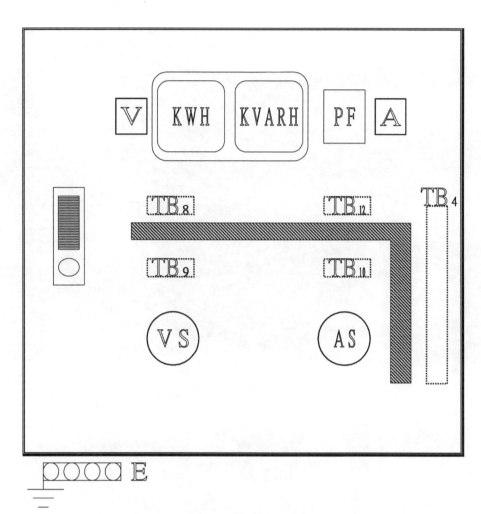

圖 2-8-2　第二站第八題：三相三線式負載之瓦時、乏時、功因、電壓、電流監視盤之裝配外部器具

　　　　　布置圖（模擬高壓負載附比壓器及比流器）

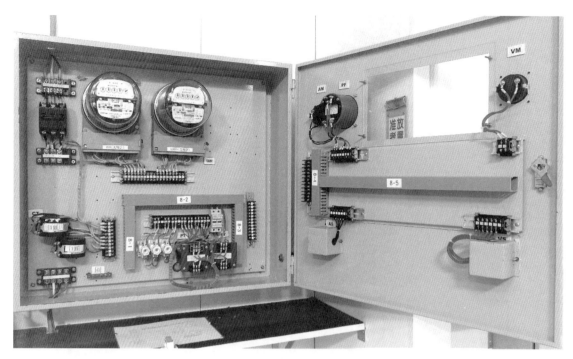

圖 2-8-3　第二站第八題：三相三線式負載之瓦時、乏時、功因、電壓、電流監視盤之裝配器具圖

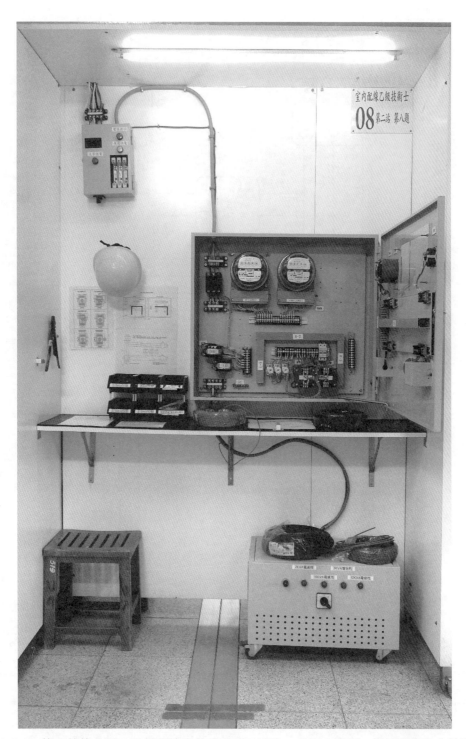

圖 2-8-4　第二站第八題：三相三線式負載瓦時、乏時、功因、電壓、電流監視盤之裝配圖

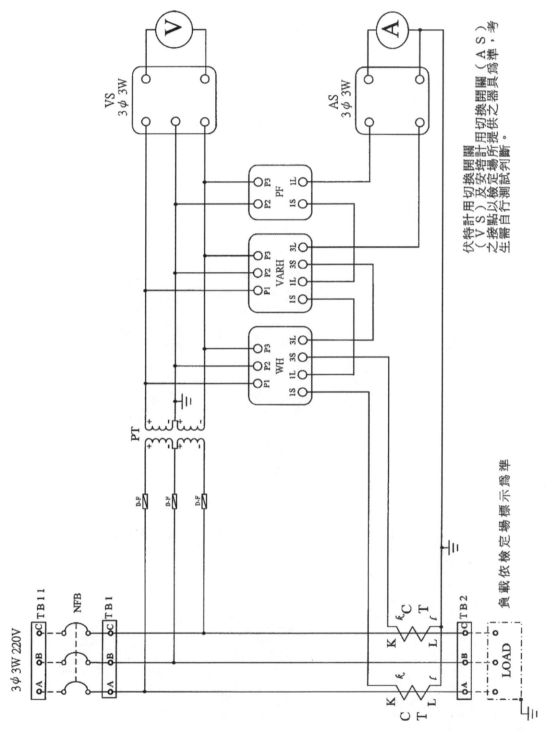

圖 2-8-5　第二站第八題：三相三線式負載之瓦時、乏時、功因、電壓、電流監視盤之裝配（模擬高
　　　　　壓負載附比壓器及比流器）電路圖(1)

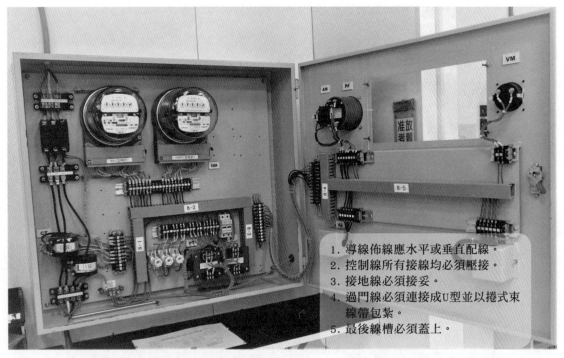

圖 2-8-6　第二站第八題：三相三線式負載之瓦時、乏時、功因、電壓、電流監視盤之裝配接線圖

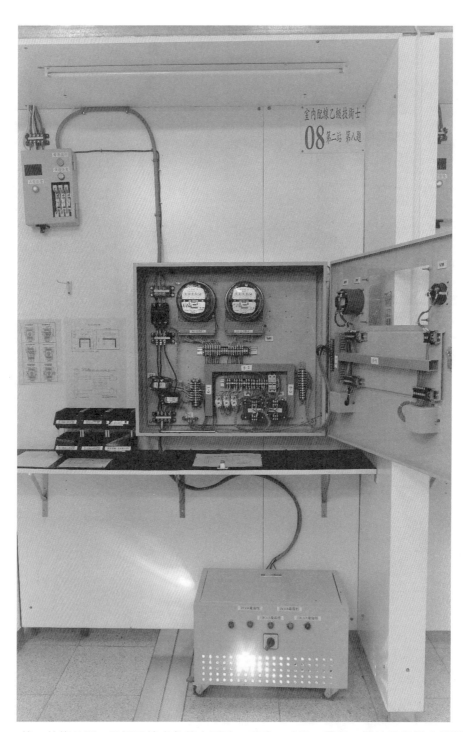

圖 2-8-7　第二站第八題：三相三線式負載之瓦時、乏時、功因、電壓、電流監視盤之裝配接線圖

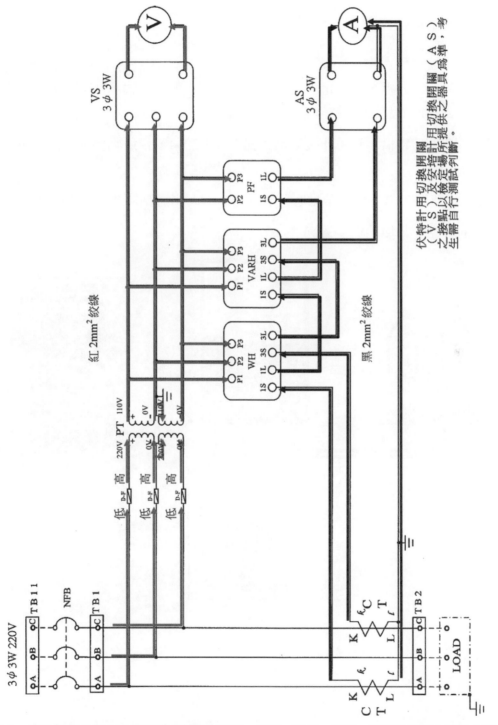

圖 2-8-8　第二站第八題：三相三線式負載之瓦時、乏時、功因、電壓、電流監視盤之裝配（模擬高壓負載附比壓器及比流器）電路圖(2)

※ AS（電流切換開關）接點的判斷：

1. 將端子台上編號 1、2、3、4。

2. AS 切換至 OFF 檔，三用電表切換至 R×1 檔，兩兩測試，其中一點與其他三點不通的為 A1，假設此點為 1（為非接地點）。

3. 將 AS 切換至 R 檔，利用非接地點 1 量測 2、3、4，相通點為 R（假設量得 3 為 R）。

4. 將 AS 切換至 T 檔，利用非接地點 1 量測 2、4，相通點為 T（假設量得 4 為 T）。

5. 剩下的接點 2 為接地點為 A2。

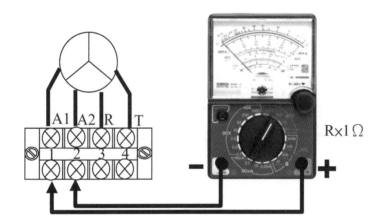

圖 2-8-9

※ VS（電壓切換開關）接點的判斷：

1. 將端子台上編號 1、2、3、4、5。

2. VS 切換至 RS 檔，三用電表切換至 R×1 檔，兩兩測試，其中兩組兩兩相通，剩餘一點與其他四點不通的為 T，假設此點為 3。

3. VS 切換至 VS 檔，三用電表切換至 R×1 檔，兩兩測試，其中兩組兩兩相通，剩餘一點與其他四點不通的為 R，假設此點為 1。

4. VS 切換至 RT 檔，三用電表切換至 R×1 檔，兩兩測試，其中兩組兩兩相通，剩餘一點與其他四點不通的為 S，假設此點為 2。

5. 剩下的接點 4、5 為 V1 與 V2。

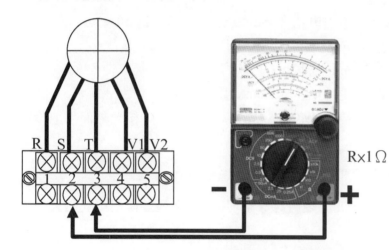
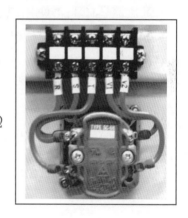

$R×1\,\Omega$

圖 2-8-10

※ CT 貫穿匝數的計算：

利用 $N_1 \times I_1 = N_2 \times I_2$ 的公式，亦即 CT 一次側基本貫穿的匝數×一次側電流＝ CT 一次側應貫穿的匝數 ×二次側電流

例如：CT 一次側電流 25A 二次側電流 5A，一次側基本貫穿的匝數 1 匝，當安培計盤面最大刻度為 5A 時，則 CT 一次側應貫穿的匝數為幾匝？

Sol：$N_1 \times I_1 = N_2 \times I_2 = 1$ 匝×25A $= N_2 \times 5$

CT 一次側應貫穿的匝數 $N_2 =$ 5 匝

第八題注意事項

1. PVC 導線線徑及顏色的選用：
   (1) 主線路：負載為 10KVA，使用黑色 8.0mm² 導線。（NFB 為 50A）
   (2) 比流器(CT)：使用黑色 5.5mm² 導線。（串聯）
   (3) 比壓器(PT)：使用紅色 5.5mm² 導線。（並聯）
   (4) 接地線：負載為 10KVA，使用綠色 5.5mm² 導線。
   (5) PT 及 CT 二次側系統接地使用綠色 5.5mm² 導線，箱體 G 接至外面接地極使用綠色 5.5mm² 導線。

2. 全部接線均必須使用壓接端子連接。

3. 端子台 TB3 與端子台 TB4 之間必須將導線整理成 U 字型並使用捲式結束帶束緊。

4. AS 與 VS 各接點由檢定人員於接線前自行測試後再行接線。
   (1) AS 測試方法：
       ① 將 AS 轉至 OFF，以三用電表電阻檔 RX1，測試各點的關係如有三點均通，則不通的一點為 A1。
       ② 將 AS 轉至 R 相位置，與 A1 通的為 R 相。
       ③ 將 AS 轉至 T 相位置，與 A1 通的為 T 相。
       ④ 將 AS 轉至 S 相位置，R1 與 R、T 相通，不通的一點為 A2（接地點）。
   (2) VS 測試方法：
       ① 將 VS 轉至 RS 相，以三用電表電阻檔 R×1，測試結果會有兩對通路，則不通的一點為 T 相。

② 將 VS 轉至 ST 相，以三用電表電阻檔 R×1，測試結果會有兩對通路，則不通的一點為 R 相。

③ 將 VS 轉至 TR 相，以三用電表電阻檔 R×1，測試結果會有兩對通路，則不通的一點為 S 相。

④ 剩餘兩點為 V1 及 V2（兩點可互換）。

5. 接地線均需個別連接至接地線銅匯流排共有六條：

(1) 固定不變的有四條：

① CT 系統接地→使用綠色 5.5mm² 絞線。

② PT 系統接地→使用綠色 5.5mm² 絞線。

③ 控制箱設備接地→使用綠色 5.5mm² 絞線。

④ PT 設備接地→使用綠色 2.0mm² 絞線。

(2) 依負載系統而定的有兩條：

① CT 外殼設備接地→10KVA 使用綠色 5.5mm² 絞線。

② 負載外殼設備接地→10KVA 使用綠色 5.5mm² 絞線。

6. 此題全部必須使用 Y 形(2.0mmφ)接壓接端子，接地則使用 O 形端子。

7. 主線路的匝數須注意正確無誤。（通常現場以 CT 為 1 匝，因此僅須穿過 CT 一圈即可）

8. 轉負載至 10KVA 功率因數計應往 Lag 方向（順時鐘方向）偏轉，如果往 Lead（逆時鐘方向）方向偏轉則可能是電壓線圈或電流線圈接錯，或比流器貫穿方向錯誤或者電源側與負載側錯誤。（如果出現功率因數表往 Lead 方向偏轉時，則將 1S 與 1L 兩接點導線互換）

9. AS 轉至 OFF 安培計應指示 0A，瓦時計與乏時計應順電錶上箭頭方向轉動（右方旋轉），如果往反方向表示逆相或相線接錯，乏時計反轉表示接線錯誤或逆相。（如果出現反轉表示 CT 接錯，僅需將 CT 的 KL 兩端接線互換）（如果出現轉至 OFF 有電流則將 A1 與 A2 兩接點導線互換）

10. 最後需將全部線槽蓋蓋上，接地線條數確定無誤，再做加負載測試，完工確定無誤。

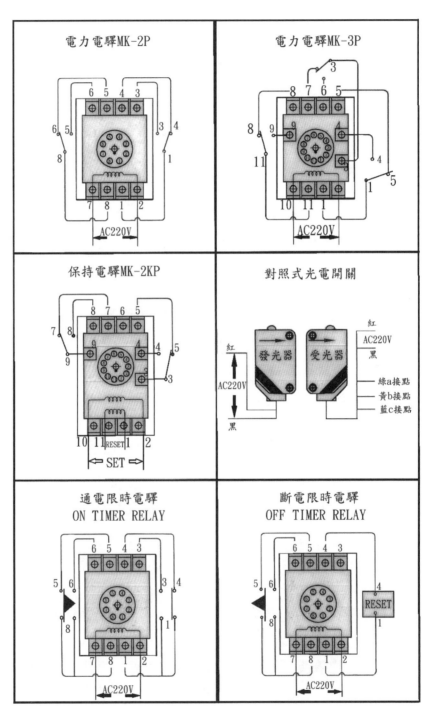

電驛接腳圖(1)

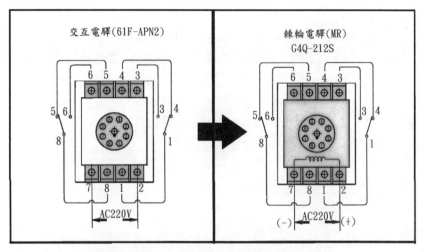

電驛接腳圖(2)（交互電驛以棘輪電驛代替）

一、第二站檢定設備表

項次	名稱	規格	單位	數量	備註
1	控制箱	750×550×200×2.0tmm 鐵質烤漆	個	7	
2	控制箱	750×550×200×2.0tmm 鐵質烤漆	個	1	ATS 盤
3	控制箱	850×550×200×2.0tmm 鐵質烤漆	個	1	
4	電源	3φ3W220V（線徑 8 mm²）	式	1	每崗位
5	電動機	1φ2W110/220V3/4HP4P 電容起動式感應型	台	1	代替電動門專用馬達及剎車機構裝置
6	電動機	3φ3W3HP4P 三引線感應型	台	1	
7	電動機	3φ3W5HP4P 三引線感應型	台	4	
8	電動機	3φ3W15HP4P 三引線感應型	台	2	可用 7.5HP 代替
9	夾式電流表	0-150A	只	1	第一題檢定用
10	塑膠盒		只	若干	
11	負載器	3φ3W10KVA	套	1	長時間負載

二、第二站檢定工具參考表

（一）檢定場提供工具

項次	名稱	規格	單位	數量	備註
1	壓接鉗	1.25-8 mm2	支	1	
2	乾電池	9V，3V 或 1.5V	只	1	
3	電工安全帽	耐壓 20KV	頂	1	

（二）考生自備工具

項次	名稱	規格	單位	數量	備註
1	三用電表	V、A、Ω	只	1	
2	一字起子	100mm	支	1	
3	十字起子	100mm	支	1	
4	電工鉗	200mm 或 150mm	支	1	
5	剝線鉗	1.0-3.2mm	支	1	

二、第二站檢定評審表

檢定崗位編號		術科考試檢定編號				本站評審結果	監評長簽章
姓名		檢　　定　　日　　期					
		年	月	日	午		
乙級	題別	站別	第	二	站		A

項目	評　　審　　標　　準	及格	不及格	備註
重大缺點	一、有下列十一項情形之一者為不及格。			(1) 不及格打「×」。
	（一）未能在限定時間內完工（線槽全未蓋、器具至少 1 只未使用）			(2) 及格打「○」。
	（二）功能錯誤或無功能。			(3) 小計記「及格」及「不及格」統計數字。
	（三）1.有載導線線徑以小代大。2.接地線以小代大或設備未接地達 2 處者。3.綠色線使用在接地線以外之配線。4.更改已配妥之線路或器具。5.未依規定以直流法施作電動機極性判斷。			(4) 本站評審結果欄依據評審結果及格者填「○」，不及格者填「×」。
	（四）主電路未使用規定之壓接鉗壓接或主電路未使用壓接端子達 5 只者。			
	（五）因施工不良而損壞器具以致無法通電。			
	（六）導線有中間連接且未依內規規定處理。			
	（七）導線端子固定不當(未鎖)達 2 處者。			(5) 評審表需需列出錯誤之處所。
	（八）控制線全未壓接端子，全未放入線槽或全未經端子台者。			
	（九）器材容量選用錯誤(電磁接觸器或栓型保險絲)。			
	（十）未按試題電路圖接線(含第八題未配紮 U 形過門線或束線)。			(6) 「請勿於測試結束前先行簽名」。
	（十一）具有舞弊行為，經監評人員在表內登記有具體事實者。			
	二、雖第一大項各項均及格，但如配線部分 10 項情形中有達 5 個以上缺點，或工作態度部分 8 項情形中有達 3 個以上缺點，仍為不及格。又配線部分與工作態度部分之缺點合計達 6 個以上者，仍為不及格。			

檢定崗位編號		術科考試檢定編號	本站評審結果	監評長簽章
配　　　　　線	（一）	因施工不良而損壞器具，但不影響通電。		
	（二）	下列缺失每條導線記 1 個缺點：1.線徑以大代小。2.接續不良（含線與器具之固定）。3.接地線以外之導線線色選擇錯誤。4.控制線接點未裝於主電路接點上方。5.主電路放入線槽。6.導線有中間連接而未依內規規定處理。		
	（三）	下列缺失每只記 1 個缺點：1.主電路未使用壓接端子。2.線槽蓋未蓋或未蓋妥。		
	（四）	下列缺失每 2 只記 1 個缺點：1.控制線路未使用壓接端子。2.壓接端子選用錯誤。		
	（五）	壓接端子壓接不良，每 2 只記 1 個缺點：1.無明顯凹陷痕跡。2.反面壓接。3.壓到絕緣皮。4.影響螺絲固定。5.壓接位置不當。		
	（六）	下列缺失每 2 條記 1 個缺點：1.導線未放入線槽。2.導線佈線未水平或垂直。		
	（七）	下列缺失每 5 只記 1 個缺點：1.剝線不良。2.壓接端子固定不良（含反面固定）。		
	（八）	導線未經端子台，每條記 3 個缺點。		
	（九）	導線端子固定不當(未鎖)，每處記 3 個缺點。		
	（十）	未接地或接地線以小代大者，每處記 3 個缺點。		
	小　　　　　　　　　　　　　　　　　　計			
三、工作態度部分 8 項情形中有 3 個以上缺點為不及格。				
工作態度	（一）	未戴安全帽，未穿棉質工作服、長褲、安全工作鞋或未配帶工具皮帶。		
	（二）	未注意工作安全而致傷人或傷物。		
	（三）	工具使用不正確。		
	（四）	工具、材料隨意放置。		
	（五）	工作程序、操作方法錯誤。		
	（六）	工作疏忽致污、毀、損傷場地設備。		
	（七）	工作結束未清理場地、收拾器具。		

檢定崗位 編號		術科考試檢定編號		本站評審 結果	監評長簽章
	（八）工作不專心，舉止不良、不聽勸導。				
	小　計				
監評人員簽章					

PART

3

術科試題第三站：
外線作業

前置作業

第三站試題內容（六選一）

注意事項

🔌 前置作業

一、考場已固定材料

項次	名稱	規格	單位	數量	備註
1	PVC 絕緣線	黑色 22mm^2	公尺	5	第三、六試題熔絲鏈開關負載側至變壓器一次側引線
2	PVC 絕緣線	黑色 14mm^2	公尺	7	避雷器接地線
3	壓接端子	14mm^2-8 "O"	只	4	避雷器引線用
4	壓接端子	22mm^2-8 "O"	只	9	第三、六試題變壓器一次側引線用

二、考生檢定用材料

項次	材料名稱	規格	單位	數量	備註
1	PVC 絕緣線	黑色 22mm^2	公尺	10	變壓器一、二次側（含接地線）連接線段
2	PVC 絕緣線	黑色 14mm^2	公尺	4.5	各檢定崗位已準備 0.7 公尺（僅一端壓接端子）三條供考生配線 2.4 公尺作避雷器接地側跳接線
3	壓接端子	14mm^2-8 "O"	只	4	避雷器引線固定時，須壓接
4	壓接端子	22mm^2-8 "O" 裸	只	13	變壓器引線固定時，須壓接
5	鋁紮線	6AWG	公尺	1.7	
6	鋁紮帶	1.27×7.62mm	公尺	1.5	
7	活線線夾		付	3	（或 2）
8	裸硬銅線	22mm^2	公尺	1.5	每桿位
9	軟銅紮線	2.6mm	公尺	1.8	每桿位

項次	材料名稱	規格	單位	數量	備註
10	C 型銅壓接套管	14　　　30 22　　　22	只	6	每桿位：第二，四，六題 6 只，第一，三，五題 5 只

三、檢定設備表

項次	名稱	規格	單位	數量	備註
1	橫擔	90×90×1800mm	支	2	
2	角鐵橫擔押	800mm	支	2	
3	鍍鋅螺栓及螺帽	方頭 5/8" φ×350mm	支	2	
4	鍍鋅螺栓及螺帽	方頭 5/8" φ×270mm	支	6	
5	鍍鋅墊圈	方頭 5/8" φ	只	4	
6	低壓線架	單線附鐵栓	只	5	
7	軸型礙子	低壓	只	5	
8	椿腳礙子	11KV 附橫擔梢	只	3	
9	木桿(或水泥桿)	3.5m 以上	支	1	器具間距離依依場地佈置圖為準
10	單相變壓器	11.4KV/110-220V25KVA 或 6.6KV/110-220V25KVA 以 5KVA 代替	具	3（或 2）	底部需離地面 1.35 公尺以上。壓接端子固定
11	熔絲鏈開關	6.6/11.4KV	具	3（或 2）	
12	避雷器	9KV	具	3（或 2）	壓接端子固定
13	接線環		只	3（或 2）	
14	鋼心鋁線	2/0AWG	公尺	若干	依實際架設
15	裸硬銅線	22mm²	公尺	若干	依實際架設
16	鋁紮帶	1.27×7.62mm	公尺	7	
17	鋁紮線	6AWG	公尺	3.4	
18	PVC 風雨線	22mm² 黑色	公尺	4	
19	V 型掛鐵	A 式	具	1	二具變壓器用
20	固定用鐵架		具	1	三具變壓器用

項次	名稱	規格	單位	數量	備註
21	接地工程	22mm^2	處	6	引接至桿上之被接地導線用

四、檢定場提供工具

項次	名稱	規格	單位	數量	備註
1	電纜剪	230mm，14mm^2×3C 電纜以下	支	1	
2	活動扳手	200mm 或棘輪扳手	支	2	
3	電工安全帽	耐壓 20KV	頂	1	
4	安全帶	另加輔助繩	條	1	
5	手搖壓縮器	22mm^2-22 mm^2（附 U-O 壓縮鍵付）	支	1	
6	壓接鉗	22 mm^2 以下	支	1	
7	手提工具袋		只	1	
8	工作椅	30cm 以上	只	1	供考生變壓器二次側端子引線用

五、考生自備工具

項次	工具名稱	規格	單位	數量	備註
1	電工鉗	200mm	支	1	
2	手套	棉紗	雙	1	
3	捲尺	3M	支	1	
4	電工刀	100mm	支	1	

六、第三站評審表

檢定崗位編號	術科考試準准考證號碼			本站評審結果	監評長簽章
姓名	檢　　　定　　　日　　　期				
	年　　　月　　　日　　　午				
乙級	題別	站別	第　　　　三　　　　站		C
項目	評審標準		及格	不及格	備註

項目	評審標準	及格	不及格	備註
重大缺點	一、有下列十四項情形之一者為不及格。			(1) 不及格打「×」。
	（一）未能在限定時間內完工。			(2) 及格打「○」。
	（二）避雷器、熔絲鏈開關、變壓器接線錯誤或低壓線路未按題意引接。			(3) 小計記「及格」及「不及格」統計數字。
	（三）設備因施工不良而損壞，以致不堪使用者，或手搖壓縮器使用不當損壞者；施工完畢工具或導線遺留桿上達一只（線）者。			(4) 本站評審結果依據評審結果及格者填「○」，不及格者填「×」。
	（四）紮線錯誤達 1 處者：1.高壓鋼心鋁線綁紮。2.終端紮線（未紮於本線或中間紮線未滿 25 匝或結尾於跳線）。3.紮線不緊易於滑動。			
	（五）活線線夾 O 環部朝上，致無法活電操作。			
	（六）高壓引線先接至避雷器再引接至熔絲鏈開關者。			
	（七）高壓引接線碰觸他物者（含異相引接線相互碰觸）。			(5) 評審表需列出錯誤之處所。
	（八）變壓器外殼未接地或經由系統再接地或低壓電源系統應接地而未接地；變壓器一、二次引線（含接地線）以小代大。			
	（九）壓接或接線不良：1.C 型銅套管壓著膠帶。2.線端或 C 型銅套管 1 只未壓接。3.壓接或固定不良致鬆動達 2 處者。4.C 型銅套管同時壓接三條導線者。5.未使用規定之壓接鉗壓接達 5 處者。			(6)請勿於測試結束前先行
	（十）損傷導線致斷線達一股以上者或更改已配妥之線路或器具。			
	（十一）引接線或紮線剪截長度不足，致中間連接者。			

檢定崗位編號	術科考試準准考證號碼	本站評審結果	監評長簽章
（十二） 未戴安全帽或未紮安全帶、未掛輔助繩、腳踏橫擔或腳踏變壓器者，達 2 次。			簽名。
（十三） 未注意安全使自身或他人受傷而無法繼續工作者。			
（十四） 具有舞弊行為或自行攜帶 C 型銅壓接套管，經監評員在表內登記有具體事實者。			

二、 雖第一大項均無重大缺點，但有下列 24 項之中有 10 個缺點者，仍為不及格。或工作態度部分 8 項情形中有達 3 個以上缺點者為不及格。

（一）配線裝置及工作部分 24 項情形中達 10 各以上缺點者為不及格。

配線裝置	1. 鋁紮帶長度在 380mm 以下者或未紮緊者；紮線長度不足。		
	2. 紮線、紮帶損傷；或鋁紮帶繞紮方向錯誤（每個）。		
	3. 紮線、紮帶緊密間隙超出 1mm 達 3 匝或以上者（每個）。		
	4. 紮線、紮帶末端未處理或絞合不當者		
	5. 終端紮線起紮線折轉後未抽緊或起紮點超過 2D±10mm 以上或成品扭轉達 90˚以上。		
	6. 接線端子未鎖緊或鋁紮線綁紮不緊有鬆動情形者（每個）。		
	7. 匝數未按規定施工致完工匝數過多或過少（每匝）。		
	8. 活線線夾導線固定不當、導線由下端往上穿過活線線夾固定孔、導線彎曲面與接線環相互垂直（每處）。		
	9. 高壓導線與支持物間隔低於 75mm 或高壓導線異相間距低於 95mm（每處）。		
	10. 導線線徑選擇不當者（以大代小），每條導線扣 1 個缺點。		
	11. 引上線或引下線未平直（每條），配線過長（每條）。		
	12. 變壓器二次低壓引接線碰觸外物。		
	13. 引接線與低壓線連接處之低壓線被拉而彎曲（每個），或連接未在規定範圍內。。		
	14. 下列缺失每項達 3 只，記一個缺點：(1)壓接端子固定不良（含反面固定）。(2)壓接端子選用錯誤達。		

檢定崗位編號		術科考試準准考證號碼	本站評審結果	監評長簽章
配線裝置（續）	15. 壓接端子壓接不良，每 3 只記一個缺點：(1)無明顯凹陷痕跡。(2)反面壓接。(3)壓到絕緣皮。(4)影響螺絲固定。(5)壓接位置不當。			
	16. 導線壓接前未清淨導線之接線部位。			
	17. 壓接導線彎曲、脫股（每個）。			
	18. 壓接或固定不當致脫落，每處記 5 個缺點。			
	19. 未使用規定之壓接鉗壓接者，每處記 2 個缺點。			
	20. 高壓線與外側間距低於 150mm 或異相間距低於 75mm（每處）。	。		
	21. C 形銅壓接套管外側導線之線尾長度不足 20 公厘或超出 30 公厘（每處）。			
	22. 物件掉落（每次），或手握腳踏釘登桿。			
	23. 作業中尉掛妥安全帶及輔助繩或不安全行為。			
	24. 安全帶掛桿不當或掛鉤鉤口向內（每個）。			
	小　　　　　　計			
（二）工作態度部分 8 項情形中有達 3 個以上缺點者為不合格。				
工作態度	1. 未戴安全帽、未穿長袖棉質工作服、長褲、安全工作鞋、未紮安全帶、未掛輔助繩、腳踏橫擔或腳踏變壓器工作者，每次記 2 個缺點。			
	2. 未注意工作安全而致傷人或傷物。			
	3. 工具使用不正確。			
	4. 未配帶工具皮帶、工具、材料隨意放置。			
	5. 工作程序、操作方法錯誤。			
	6. 工作疏忽致污、毀、損傷場地設備。			
	7. 工作結束未清理場地、收拾器具。			
	8. 工作不專心，舉止不良，不聽勸導。			
	小　　　　　　計			
合	計			
監評委員簽章				

📱 第三站試題內容（六選一）

一、檢定試題

（一）檢定名稱：外線作業。

（二）完成時間：九十分鐘（變壓器裝於電桿上）。

（三）試題：本站共有六試題，檢定時間僅須作一題。（檢定現場抽籤決定）

試題一：

1. 系統電壓 3φ3W6.6/11.4KV，以二具 11.4KV/110-220V（雙套管）變壓器做 V-V 接線，二次電壓 3φ3W220V（低壓側三相 V 共用點接地 ⏚ ）。

2. 桿上低壓線，由上而下分別為被接地、力、力。

3. 鋼心鋁線樁腳礙子施作 B 相之頂溝紮線。

4. 銅線軸型礙子終端紮線。

試題二：

1. 系統電壓 3φ4W6.6/11.4KV，以二具 11.4KV/110-220V（雙套管）變壓器做 V-V 接線，二次電壓 3φ4W110/220V 燈力併供（低壓側三相 V 一線捲中性點接地 ⏚ ）。

2. 桿上低壓線，由上而下分別為被接地（中性線）、燈力、燈力、力。

3. 鋼心鋁線裝腳礙子施作 B 相之邊溝紮線。

4. 銅線軸型礙子終端紮線。

試題三：

1. 系統電壓 3φ4W6.6/11.4KV，以三具 11.4KV/110-220V（雙套管）變壓器做 Δ-Δ 接線，二次電壓 3φ3W220V（低壓側三相三線 Δ 接地 △ ）。

2. 桿上低壓線，由上而下分別為被接地、力、力。

3. 鋼心鋁線裝腳礙子施作 B 相之頂溝紮線。

4. 銅線軸型礙子終端紮線。

試題四：

1. 系統電壓 3φ4W6.6/11.4KV，以二具 6.6KV/110-220V（單套管）變壓器做 Λ（開 Y）-V 接線，二次電壓 3φ4W110/220V，燈力併供（低壓側三相 V 一線捲中性點接地 ⏚ ）。

2. 桿上低壓線，由上而下分別為被接地（中性線）、燈力、燈力、力。

3. 鋼心鋁線裝腳礙子施作 B 相之邊溝紮線。

4. 銅線軸型礙子終端紮線。

試題五：

1. 系統電壓 3φ4W6.6KV/11.4KV，以二具 6.6KV/110-220V（單套管）變壓器做 Λ（開 Y）-V 接線，二次電壓 3φ3W220V（低壓側三相 V 共用點接地 ⏚ ）。

2. 桿上低壓線，由上而下分別為被接地、力、力。

3. 鋼心鋁線裝腳礙子施作 B 相之頂溝紮線。

4. 銅線軸型礙子終端紮線。

試題六：

1. 系統電壓 3φ3W11.4KV，以三具 11.4KV/110-220V（雙套管）變壓器做 Δ-Y 接線，二次電壓 3φ4W220V/380V（低壓側三相 Y 中性點直接接地 ⏚ ）。

2. 桿上低壓線，由上而下分別為被接地（中性線）、燈力、燈力、力。

3. 鋼心鋁線裝腳礙子施作 B 相之邊溝紮線。

4. 銅線軸型礙子終端紮線。

（四） 實作說明

1. 本站試題包括：

    (1) 高壓側：鋼心鋁線接線環（已接妥）及活線線夾、避雷器、熔絲鏈開關、變壓器一次側等引線之連接。（第三、六題熔絲鏈開關負載側至變壓器一次側引線已接妥）。

    (2) 低壓側：變壓器二次側引線及其低壓線之引線壓接。

2. 系統電壓有 3φ4W6.6/11.4KV 供電方式。

3. 變壓器有單相 11.4KV/110-220V（雙套管）及單相 6.6KV/110-220V（單套管）兩種。均為減極性，請參考附圖（一），其二次側 X_2 及 X_3 已短接完成。

4. 高壓線路之相序為面向電源自右而左分別為 A、B、C 相，引接線請依各試題第二項說明引接。

5. 變壓器外殼必須與低壓電源系統共同接地。

6. 避雷器之引線（採用 14mm^2）應互相連接，並應單獨接地。

7. 變壓器二次引線需用 C 型銅壓接套管，以手搖壓縮器壓接施工法，與低壓線之引線連接。

8. 避雷器及熔絲鏈開關裝用數量須配合變壓器實際需要；高壓電源需先接至熔絲鏈開關電源側，再由熔絲鏈開關電源側引接至避雷器。避雷器及變壓器端之連接導線固定方式須先壓接端子（14mm^2 或 22mm^2，O 形）再固定。

9. 活線線夾及鋼心鋁線、裝腳礙子頂（邊）溝紮線、銅線軸型礙子終端紮線、C 型銅壓接套管之接法，相關尺寸及各部匝數，請參照附圖（二）、（三）、（四）、（五）。

10. 活線線夾以 22mm^{2}PVC 絕緣線引接，導線剝除外皮 4cm 彎曲後，由活線線夾上端往下穿過活線線夾導線固定孔，導線彎曲面應與接線環一致，不可相互垂直，夾接於導線時應旋緊，以免日久鬆開引起事故。施作完成後活線線夾 O 環部應朝下。

11. 檢定所需之導線由考生自行依實際需要截取適當之長度裝置之，配線不得過長或過短且需整理，並需維持安全間距。其高壓導線與支持物之間隔不得低於 75mm 及高壓導線與支持物上其他垂直、橫互導線之間隔不得低於 95mm。

12. 各檢定崗位已準備 14mm² 之 PVC 絕緣線（一端已裝妥壓接端子）三條供考生作避雷器引接線。

13. 變壓器外殼接地應直接接於接地線，不得經系統後再接地。

14. 變壓器一、二次側之引線須採用 22mm² 之 PVC 絕緣線，變壓器設備接地線須採用 22mm² 之 PVC 絕緣線。為方便評審，變壓器之一、二次側引線得免裝置絕緣保護套。

15. 紮帶、紮線之預備處理工作應於實作計時後始可作業，每匝須緊密、外觀平整、材料不得損傷。

16. 銅線軸線礙子終端紮線之本線與跳線可互換位置，惟需分出本線與跳線；其終端紮線從本線起紮開始纏繞，紮線結尾必須固定於本線上。

17. 應檢者作業動作應符合配電線路裝修作業標準，如有發生安全上事故之顧慮者，得由監評委員共同認證，停止其作業。

18. 受檢者在應檢時，須先檢查器具、材料及數量，以確定可用，否則立即申請更換或補發。逾時未提出，由受檢者自行負責。

19. 應檢者之工作安全應自行負責。

（五）現場評審

1. 監評委員二名。

2. 助理員三名。

　　第三站附圖（一）變壓器內部接線圖

　　H_1—H_2=11.4KV　　　　H_1—N=6.6KV

　　X_1—X_2=110V　　　　　X_1—X_2=110V

　　X_3—X_4=110V　　　　　X_3—X_4=110V

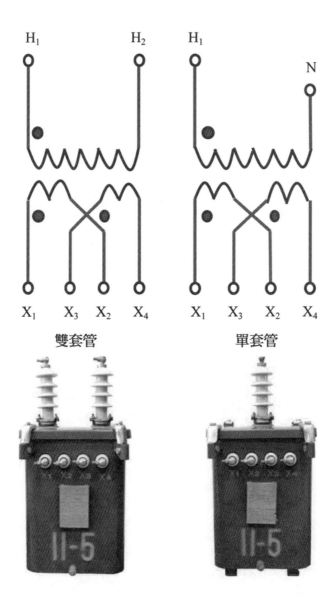

雙套管　　　　　　　　　單套管

第三站附圖（二）高壓配電器具（選用下列相當數量之配電器具，完成配電）

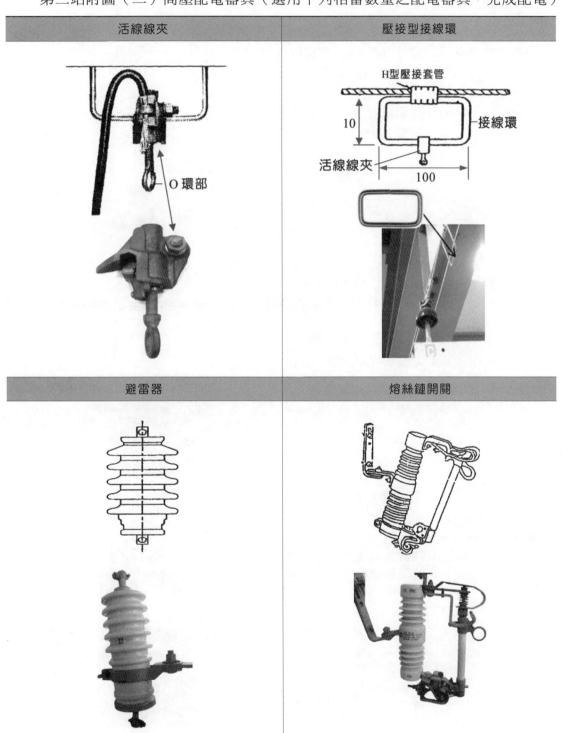

活線線夾	壓接型接線環
O 環部	H型壓接套管　接線環　活線線夾　10　100

避雷器	熔絲鏈開關

第三站附圖（三）高壓鋼心鋁線紮線施工圖

步驟	要點	圖解
1. 導線置於頂溝	1. 礙子頂溝方位，應與導線一致，否則應立即調整礙子方位。 2. 照鋁紮帶捲紮法，將其緊紮導線上。	380m/m 38公分 中點 19公分　19公分
2. 紮線纏繞	1. 取用適當線徑之紮線。 2. 紮線由導線下方沿礙子邊溝繞過。 3. 紮線兩端長度應相等。 4. 紮線與導線約略垂直。	A　B
3. 兩側之紮線各在導線上緊密纏繞兩匝。	1. 先拿緊 A 側，繞紮 B 側。 2. 拉緊 A 側，密紮兩匝。 3. 各匝應密接緊貼。 4. 兩側紮線相互交叉換手。 5. 交叉後緊貼邊溝勿疊壓。 6. 紮線隨時保持受力，以免鬆開。 7. 兩側紮線分別由導線下方繞過上方緊繞兩匝。 8. 紮線與導線成 45 度角。 9. 兩側紮線分別在導線上緊繞 2.5 匝，繞紮成 45 度角螺旋狀。	A　B

步驟	要點	圖解
	10. 纏繞中，時時拉緊紮線。 11. 繞完 2.5 匝後，再密繞 1.5 匝向原繞紮方向 45 度折回，留約 15 公厘，剪去餘長，以電工鉗將紮線端壓緊。	

圖解

2密匝繞   2密匝繞   2.5匝斜45°   1.5~2匝   密繞

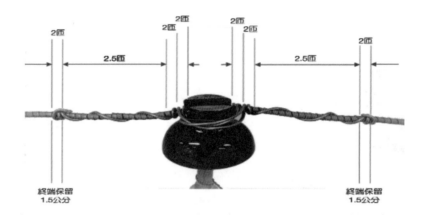

2匝   2匝 2匝   2匝 2匝   2匝

2.5匝   2.5匝

終端保留1.5公分   終端保留1.5公分

第四站附圖（四）銅線軸型礙子終端紮線施工圖

步驟	要點	圖解
1. 導線置於邊溝	1. 礙子邊溝方位，應與導線一致，否則應立即調整礙子方位。 2. 照鋁紮帶捲紮法，將其緊紮導線上。	
2. 紮線纏繞	1. 取用適當線徑之紮線。 2. 紮線由導線上方沿礙子邊溝繞過。 3. 紮線兩端長度應相等。 4. 紮線與導線約略垂直。	
3. 兩側之紮線各在導線上緊密纏繞兩匝。	1. 先拿緊 A 側，繞紮 B 側。 2. 拉緊 A 側，密紮兩匝。 3. 各匝應密接緊貼。 4. 兩側紮線相互交叉換手。 5. 交叉後緊貼邊溝勿疊壓。 6. 紮線隨時保持受力，以免鬆開。 7. 兩側紮線分別由導線下方繞過上方緊繞兩匝。 8. 紮線與導線成 45 度角。 9. 兩側紮線分別在導線上緊繞 2.5 匝，繞紮成 45 度角螺旋狀。	

步驟	要點	圖解
	10. 纏繞中，時時拉緊紮線。 11. 繞完 2.5 匝後，再密繞 1.5 匝向原繞紮方向 45 度折回，留約 15 公厘，剪去餘長，以電工鉗將紮線端壓緊。	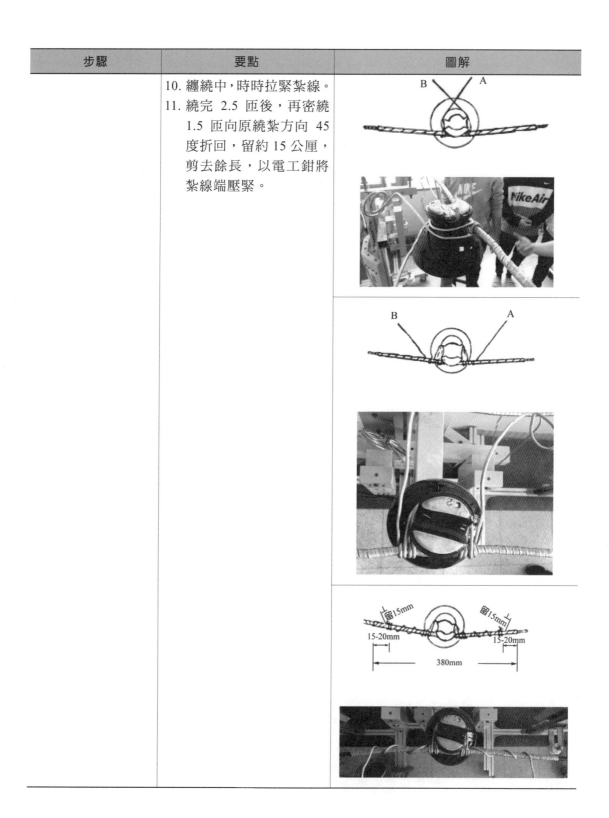

圖解

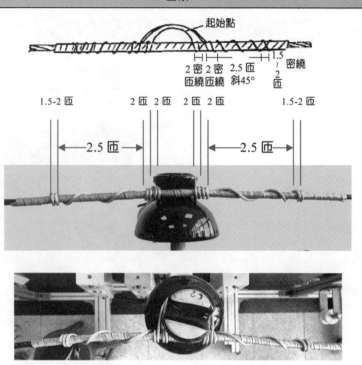

第三站附圖（五）軸型礙子終端紮線（銅線）施工圖

步驟	要點	圖解
1. 導線穿過軸型礙子。	導線拉直	
2. 紮線於離一端120~150 公厘對摺，再將紮線對摺處夾於導線之本線 a 上。	1. 取用適當大小、種類之紮線。 2. 紮線離礙子約等於二倍礙子之直徑(D)。 3. 紮線尾端 B 位於導線之本線 a 及尾端 b 之間。	
3. 紮線(A)端在導線上緊密纏繞 5 匝。	1. 兩側導線併攏，捏緊繞紮尾端 B，然後繞紮。 2. 各匝應緊貼密接。	

步驟	要點	圖解
4. 將紮線 B 端折轉，使與導線併合。	1. 折轉之前，先抽緊。 2. 紮線嵌入兩側導線之併縫內。	
5. 將紮線 A 端在導線上緊密纏繞 30 匝。	1. 22 平方公厘以上之導線繞 30 匝。 2. 各匝應儘量拉緊，而且緊貼密接。	
6. 紮線 A 端在本線 a 及紮線尾端 B 上緊繞 2 匝。	1. 導線尾端 b 留適當長度，剪去餘長。如不與其他導線連接，應整理平直，在本線上以紮線固定。 2. 與前繞各匝儘可能靠緊。	
7. 紮線兩端相互絞合 3 回，剪去餘長，修整完成。		

步驟	圖解

第三站附圖（六）C型銅壓接套管施工圖

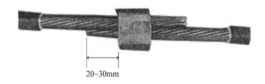

表（一）

材料名稱	規範	各導線適合導線規範		壓縮鍵及壓縮次數		編號
		A 線溝	B 線溝			
C 型銅壓接套管	14　　8　22　8	14，22	8	U-BG	1	YC4C8
C 型銅壓接套管	60　　8　60　38	60	8，14，22，38	U-0	1	YC26C2
C 型銅壓接套管	14　　14　38　38	14，22，38	14，22，38	U-0	1	YPC2C2
C 型銅壓接套管	60　　22　125　60	60，100，125	22，38，60	U-D3	1	YP29C26
C 型銅壓接套管	60　　60　100　100	60，100	60，100	U-D3	1	YP28C28

二、操作說明

(一) 綜合技法

1. 一次側三種連接法

    (1) 第一題與第二題（V 接）

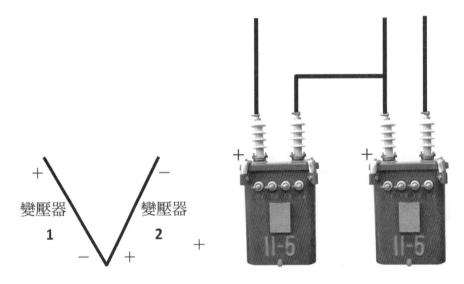

    (2) 第三題與第六題（Δ 接）

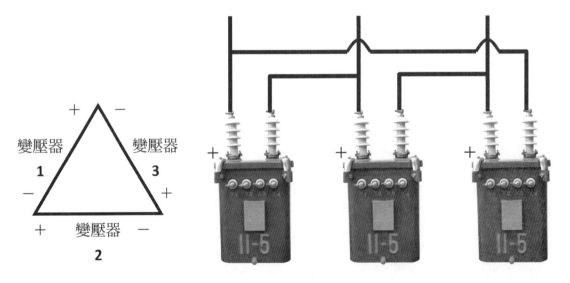

(3) 第四題與第五題（Λ接）

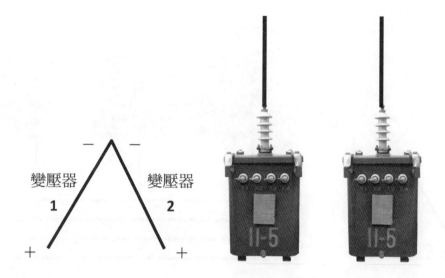

2. 二次側連接法

(1) 第 1、2、4、5 題（V 接）

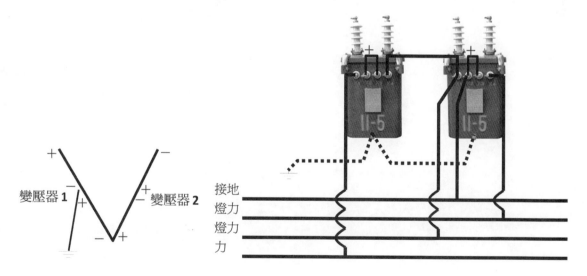

(2) 第 3、6 題（△ 接）

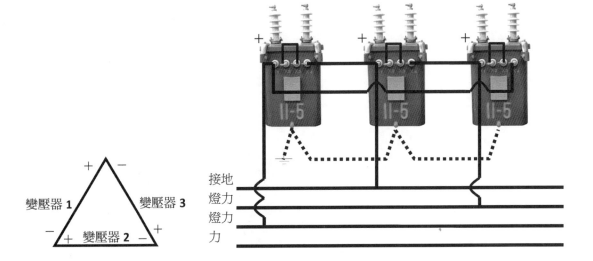

（二）各題操作說明

1. 第一題

第三站第一題系統電壓 3φ3W6.6/11.4KV，以二具 11.4KV/110-220V（雙套管）變壓器做 V-V 接線，二次電壓 3φ3W220V（低壓側三相 V 共用點接地 ⏚ ）。

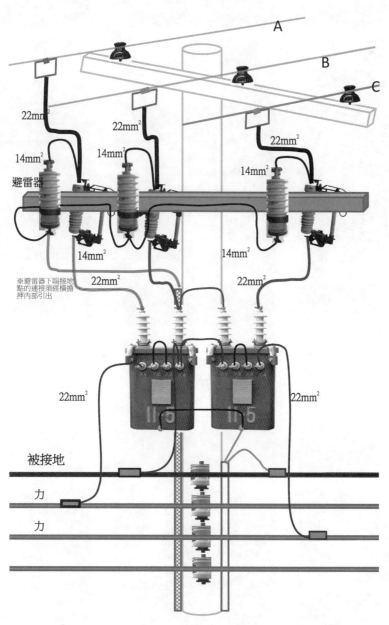

◎ 避雷器接線為 14mm²，變壓器接線及熔絲鏈開關接線均為 22mm²。

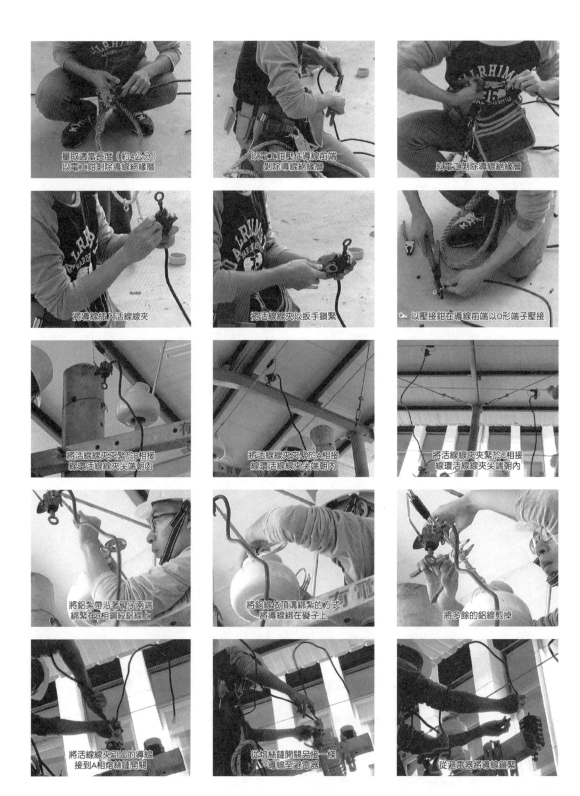

量取適當長度（約4公分）
以電工鉗剝除導線絕緣層

以電工鉗壓住導線前端
剝除導線絕緣層

以電工剝除導線絕緣層

將導線插入活線線夾

將活線線夾以扳手鎖緊

以壓接鉗在導線前端以O形端子壓接

將活線線夾夾緊於B相接
線環活線線夾尖端朝內

將活線線夾夾緊於A相接
線環活線線夾尖端朝內

將活線線夾夾緊於C相接
線環活線線夾尖端朝內

將鋁紮帶沿著礙子兩端
綁緊在B相鋼紋鋁線上

將鋁線依頂溝綁紮的方式
將導線綁在礙子上

將多餘的鋁線剪掉

將活線線夾引出的導線
接到A相熔絲鏈開關

從熔絲鏈開關另接一條
導線至避雷器

從避雷器將導線鎖緊

將活線線夾引出的導線
接到B相熔絲鏈開關

從避雷器將導線鎖緊

將活線線夾引出的導線
接到C相熔絲鏈開關

從熔絲鏈開關另接
一條導線至避雷器

從避雷器將導線鎖緊

將電線桿的接地線連接
至B相避雷器下端鎖緊

沿著橫擔押將避雷器下端的
接地引接線鎖在A相下端

沿著橫擔押將避雷器下端的
接地引接線鎖在C相下端

從A相熔絲鏈開關引接
至1號變壓器高壓端

從C相熔絲鏈開關引接2號變壓器高壓端

從C相熔絲鏈開關引接2號變壓器高壓端

從B相熔絲鏈開關引接2號變壓器高壓端

從B相熔絲鏈開關引接2號變壓器高壓端

2號變壓器低壓端X2及X3互接

2號變壓器低壓端X2及X3互接

2號變壓器低壓端X2及X3互接

2號變壓器低壓端X2及X3互接

1號變壓器與2號變壓器高壓端共用點互接

1號變壓器接地端以O形端子
壓接後鎖緊於變壓器接地點

1及2號變壓器接地端以O形端子
壓接後鎖緊於變壓器接地點

電線桿接地引出線壓接
後鎖緊在變壓器接地點

1號變壓器共同引出線鎖緊於變壓器

1號變壓器共同引出線鎖緊於變壓器

2號變壓器共同引出線鎖緊於變壓器

2號變壓器共同引出線鎖緊於變壓器

先將C形端子經手搖壓縮器壓住

將C形端子置於須壓接的導線
上並以手搖壓縮器壓住

接地引接線剝除導線絕緣

將C形端子置於須壓接的導線
上並以手搖壓縮器壓住

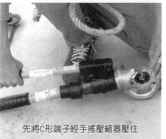

先將C形端子經手搖壓縮器壓住

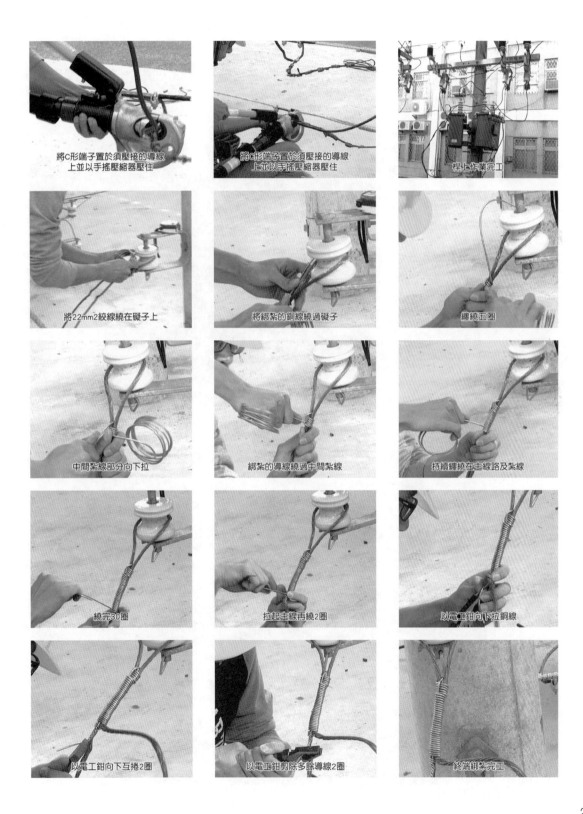

將C形端子置於須壓接的導線
上並以手搖壓縮器壓住

將C形端子置於須壓接的導線
上並以手搖壓縮器壓住

桿上作業完工

將22mm2絞線繞在礙子上

將綁紮的銅線繞過礙子

纏繞五圈

中間紮線部分向下拉

綁紮的導線繞過中間紮線

持續纏繞在主線路及紮線

繞完30圈

拉起主線再繞2圈

以電工鉗向下拉銅線

以電工鉗向下互捲2圈

以電工鉗剪除多餘導線2圈

終端綁紮完工

手搖壓縮器的施工：

(1) 將 C 形端子置入於手搖緊縮器內，並將把手壓下幾回（讓 C 形端子壓緊在緊
　　縮器的壓口中）。

(2) 將手搖緊縮器缺口部分置入銅線（包括上端引下的導線及幹線）。

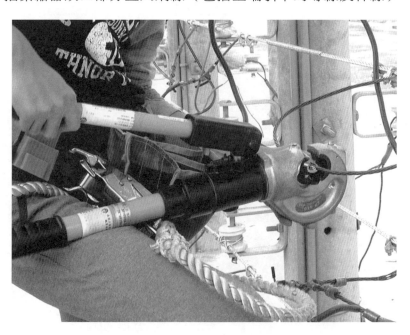

(3) 連續不間斷的手壓緊縮器直到緊縮器發出喀聲。

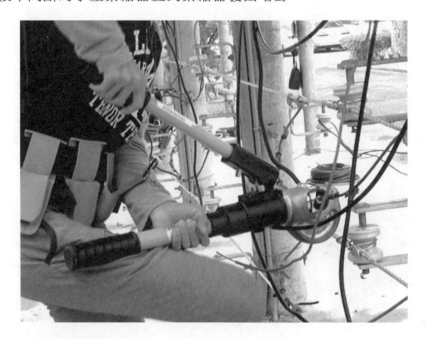

(4) 旋轉緊縮器約半圈。

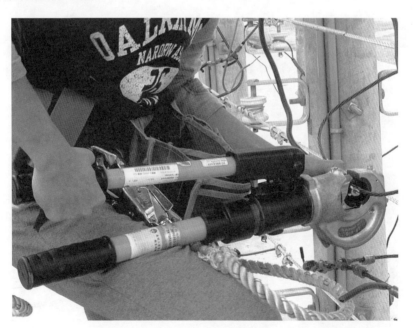

(5) 退出緊縮器。

(6) 拿出緊縮器，完成 C 型端子的壓接。

2. 第二題

　　第三站第二題系統電壓 3φ4W6.6/11.4KV，以二具 11.4KV/110-220V（雙套管）變壓器做 V-V 接線，二次電壓 3φ4W110/220V 燈力併供（低壓側三相 V 一線捲中性點接地 ⏚ ）。

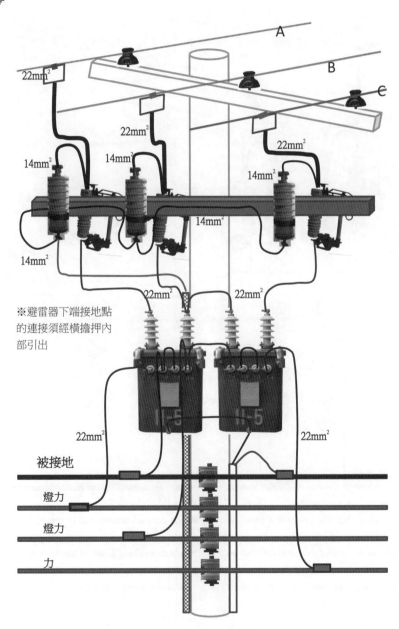

◎ 避雷器接線為 14mm²，變壓器接線及熔絲鏈開關接線均為 22mm²。

3. 第三題

第三站第三題系統電壓 3φ4W6.6/11.4KV，以三具 11.4KV/110-220V（雙套管）變壓器做 Δ-Δ 接線，二次電壓 3φ3W220V（低壓側三相三線 Δ 接地 ▽ ）。

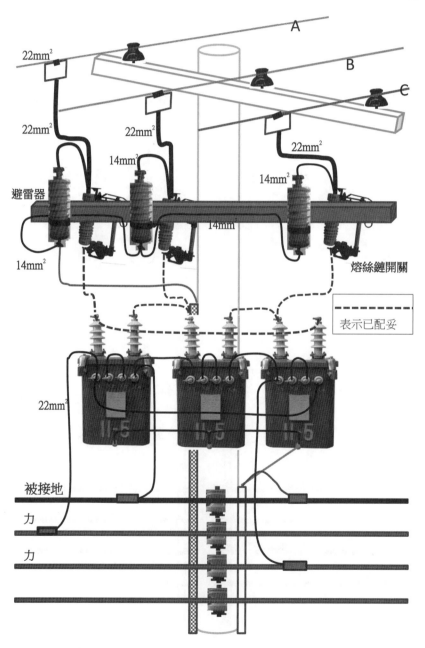

◎ 避雷器接線為 14mm^2，變壓器接線及熔絲鏈開關接線均為 22mm^2。

4. 第四題

　　第三站第四題系統電壓 3φ4W6.6/11.4KV，以二具 6.6KV/110-220V（單套管）變壓器做 Λ（開 Y）-V 接線，二次電壓 3φ4W110/220V，燈力併供（低壓側三相 V 一線捲中性點接地 ⏚ ）。

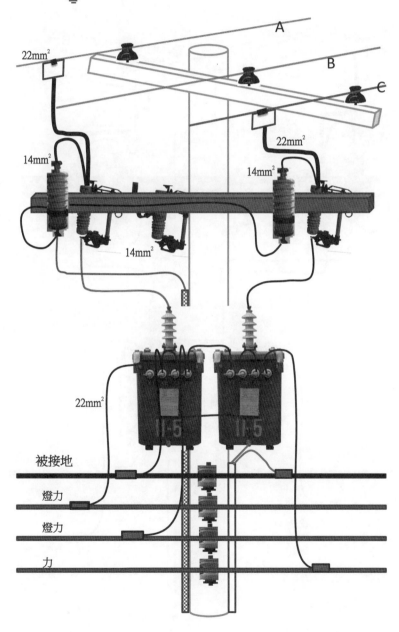

◎ 避雷器接線為 14mm²，變壓器接線及熔絲鏈開關接線均為 22mm²。

5. 第五題

　　第三站第五題系統電壓 3φ4W6.6KV/11.4KV，以二具 6.6KV/110-220V (單套管) 變壓器做 Λ(開 Y)-V 接線，二次電壓 3φ3W220V (低壓側三相 V 共用點接地 ⏚)。

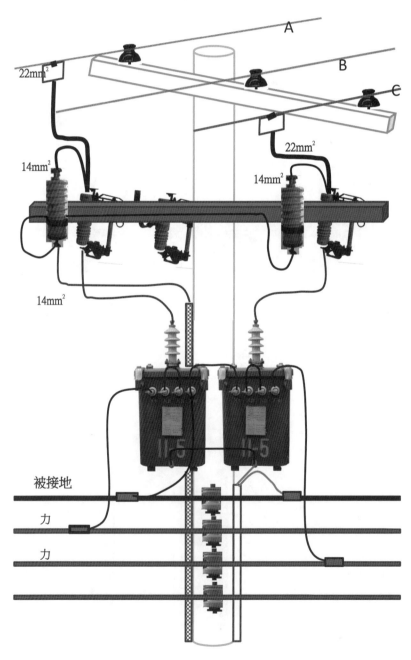

◎ 避雷器接線為 14mm² ，變壓器接線及熔絲鏈開關接線均為 22mm² 。

6. 第六題

第三站第六題系統電壓 3φ3W11.4KV，以三具 11.4KV/110-220V（雙套管）變壓器做 Δ-Y 接線，二次電壓 3φ4W220V/380V(低壓側三相 Y 中性點直接接地 ⊥)。

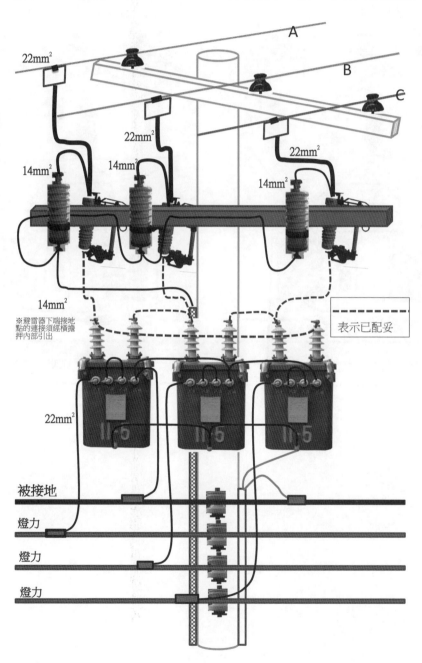

◎ 避雷器接線為 14mm^2，變壓器接線及熔絲鏈開關接線均為 22mm^2。

三、其他介紹

（一）高壓簡圖

(1) **V-V(V 共用點接地)**

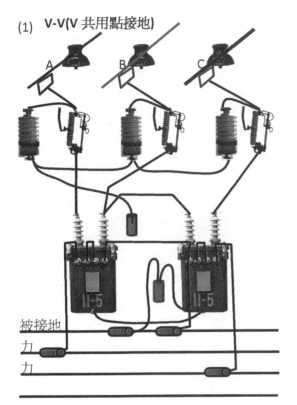

(2) **V-V(一線捲接地)**

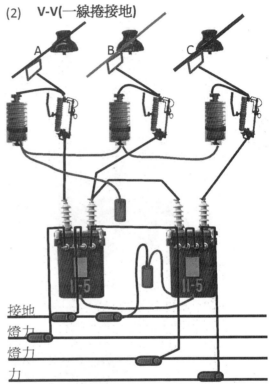

(3)　Δ-Δ　(Δ其中一線接地)

(4)　U-V　(V一線捲接地)

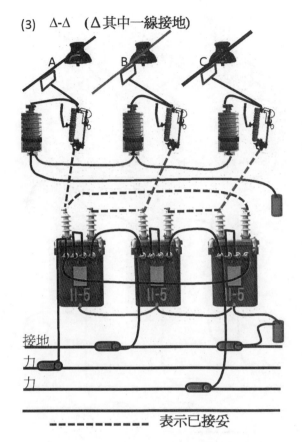

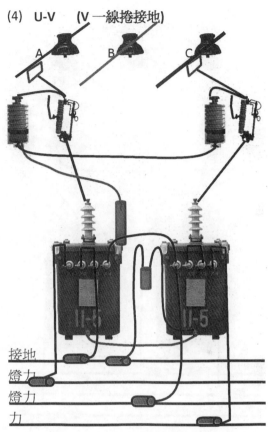

接地

力

力

- - - - - - - - - - -　表示已接妥

接地

燈力

燈力

力

(5)　**U-V**　(**V** 共用點接地)

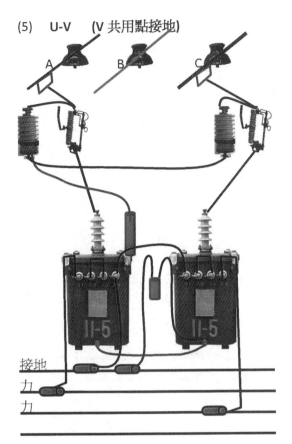

(6)　△-**Y**(中性點接地)

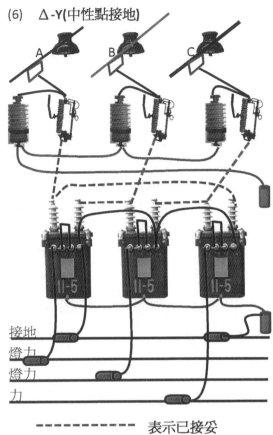

------------ 表示已接妥

（二）高壓元件介紹

1. 單套管變壓器

2. 雙套管變壓器

3. 避雷器

4. 熔絲鏈開關

5. 裝腳礙子

6. 活線線夾

7. 接線環

8. 軸形礙子

四、其他操作

（一） 第三站軸型礙子終端綁紮

1. 絞線穿過軸型礙子，先將絞線(22mm²)套於礙子兩倍礙子直徑距離處，並將導線拉直（長線為本線，短線為副線），單心線(2.6mm)則繞於礙子下端鉤環上，以手順時針方向將單心銅線纏繞於絞線上（本線在左端長線，副線在右端短線）。

2. 以手將單心線綁在絞線上纏繞五圈，再將礙子下鉤環處的導線拉出沿著本線及副線拉直。

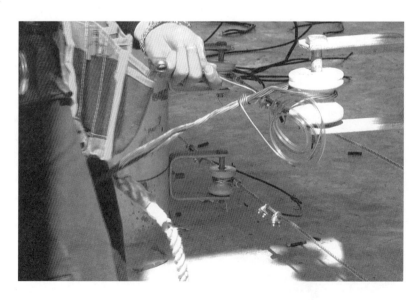

3. 以電工鉗將單心線向平行於絞線端拉緊，並將單心線與絞線疊在一起。

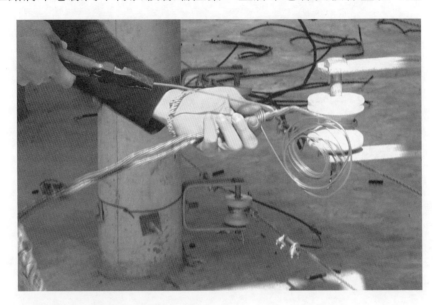

4. 將單心線綁住全部導線第一圈。

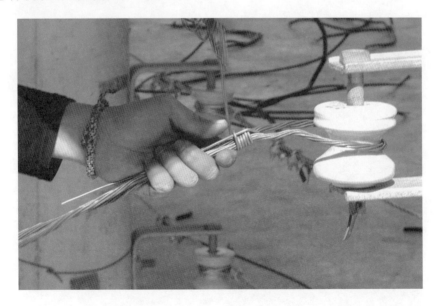

5. 以電工鉗將單心線向下壓往絞線方向貼緊絞線。

6. 以手將單心線持續地綁緊絞線，以向下施力，向上不施力的方式施工（此種方式才能使單心線均勻纏繞在絞線上）。

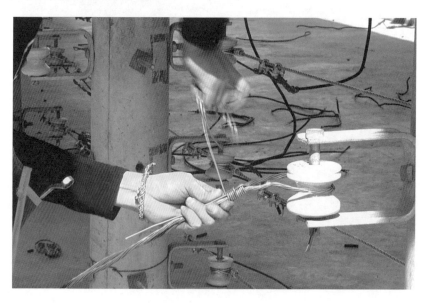

7. 將單心線均勻持續綁絞線 30 圈完成。

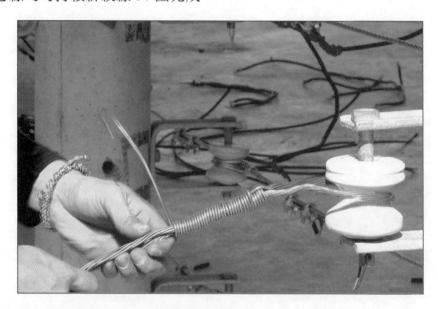

8. 將絞線（副線）向外端拉成 90 度。

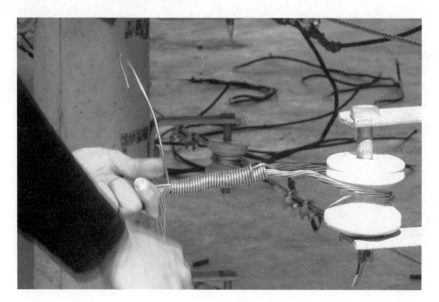

9. 將單心線纏繞在單心線及絞線上（本線）2圈。

10. 以電工鉗將兩根單心線互相纏繞在一起，以電工鉗夾住尾端。

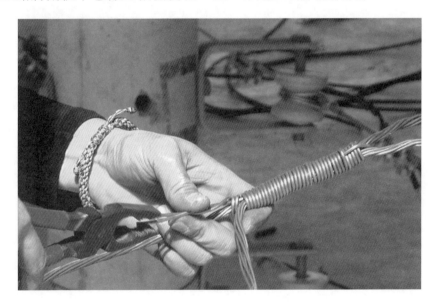

11. 以電工鉗將兩根單心線夾住施力向下拉直，然後互捲（梅花捲）。

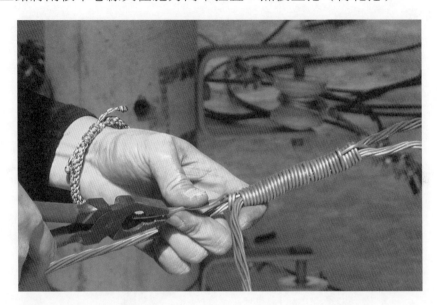

12. 互捲數圈。

13. 清點纏繞圈數為 3 圈（6 個梅花捲）後將多餘導線剪掉，將副線拉回後與本線平行放置。

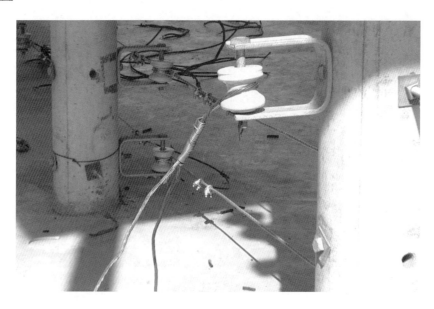

14. 第三站軸型礙子終端綁紮成品圖。

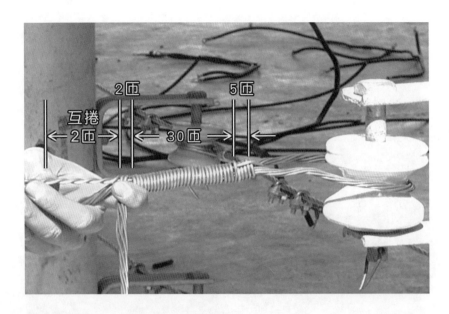

（二）第三站裝腳礙子頂溝紮線綁紮

1. 先將鋁紮帶及鋁線以導線中心分成兩邊，然後繞製成半徑約 8 公分圓圈狀，從兩邊繞成以軸形礙子中心，沿鋼絞鋁線兩端各 19 公分畫線。

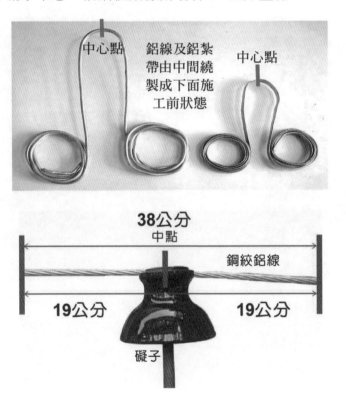

2. 鋁紮帶則以礙子為中心向右邊鋼絞鋁線斜向 45 度纏繞（逆鋼絞鋁線纏捲方向）。

3. 鋁紮帶纏繞至右邊 19 公分劃線處將多餘鋁紮帶以電工鉗剪除（盡量靠緊無間隙）。

4. 從軸形礙子中心向左端以鋁紮帶斜向 45 度纏繞。

5. 鋁紮帶纏繞至左邊 19 公分劃線處將多餘鋁紮帶以電工鉗剪除。

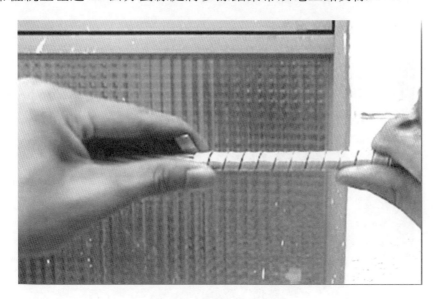

6. 從軸形礙子下方以鋁線沿著礙子溝邊向外拉緊（交叉拉緊後，垂直鋁紮帶）。

7. 從軸形礙子下方以鋁線沿著邊溝右邊纏繞兩圈。

8. 從軸形礙子下方以鋁線沿著礙子邊溝左邊纏繞兩圈。

9. 兩鋁線在軸形礙子另一端交叉纏繞後向左端鋁紮帶再捲兩圈。

10. 兩鋁線在軸形礙子另一端交叉纏繞後向右端鋁紮帶再捲兩圈。

11. 由導線下方向上斜向 45 度以鋁線纏繞導線 2.5 圈（兩指、兩指、一指）。

12. 向左邊施工，由導線下方向上斜向 45 度以鋁線纏繞導線 2.5 圈（兩指、兩指、一指）。

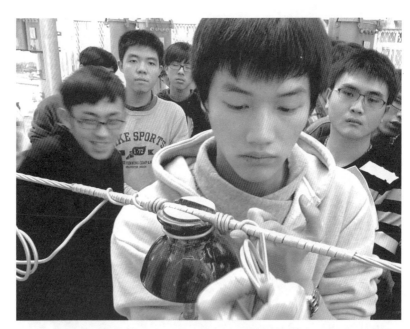

13. 垂直繞在導線上 2 圈。

14. 將多餘鋁線以電工鉗剪除。

15. 右側以同樣方式施工。

16. 第三站頂溝裸鋁線紮線成品圖。

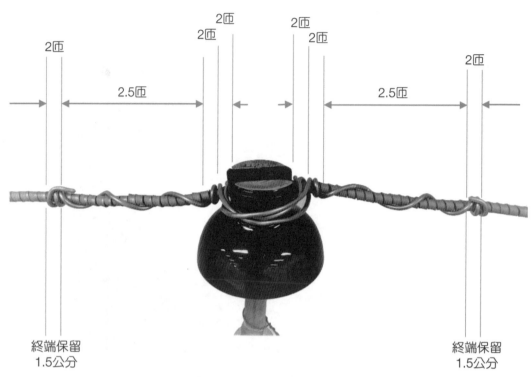

装腳礙子頂溝紮線側視圖

装腳礙子頂溝紮線俯視圖

（三）　第三站邊溝裸鋁線紮線綁紮

1. 先將鋁紮帶及鋁線以導線中心分成兩邊，然後繞製成半徑約 8 公分圓圈狀，從兩邊繞成以軸形礙子中心，沿鋼絞鋁線兩端各 19 公分畫線。

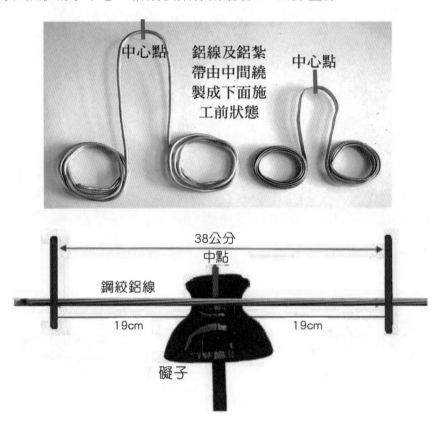

2. 從軸形礙子中心向一端以鋁紮帶斜向 45 度纏繞（逆鋼絞鋁線纏捲方向）。

3. 鋁紮帶纏繞至右邊 19 公分劃線處將多餘鋁紮帶以電工鉗剪除（盡量靠緊無間隙）。

4. 從軸形礙子中心向另一端以鋁紮帶斜向 45 度纏繞。

5. 鋁紮帶纏繞至左邊 19 公分劃線處將多餘鋁紮帶以電工鉗剪除。

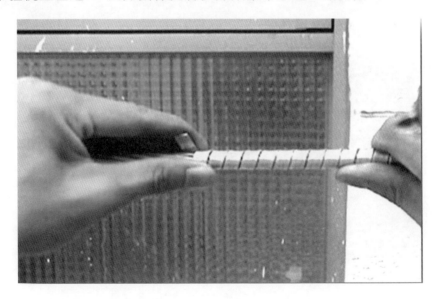

6. 從軸形礙子邊溝向鋁紮帶右端以鋁線纏繞兩圈。

7. 在軸形礙子邊溝向鋁紮帶左端以鋁線纏繞兩圈。

8. 從軸形礙子邊溝以鋁線交叉纏繞。

9. 將鋁線再纏繞在鋁紮帶上兩圈。

10. 向左邊施工，由導線下方向上斜向 45 度以鋁線纏繞導線 2.5 圈（兩指、兩指、一指）。

11. 在鋁紮帶末端纏繞兩圈拉回保留 15 公厘其餘剪斷。

12. 以相同方式對右側施工。

13. 第三站邊溝裸鋁線紮線成品圖。

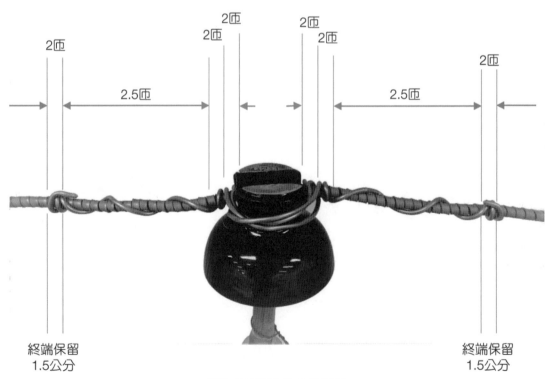

裝腳礙子邊溝紮線側視圖

裝腳礙子邊溝紮線俯視圖

注意事項

1. 銅絞線終端綁紮於施工五匝後，紮線的反折不可過度施力避免銅線斷股。

2. 銅絞線的中端纏繞圈數必須按規定圈數施工→5+30+2 結尾互捲三圈。

3. 裝腳礙子的鋁線施工中頂溝紮線為→由下而上，邊溝為→由上而下。

4. 活線線夾皆於接線環時操作用的圓環應垂直朝下。

5. 開關及變壓器的一次引接線不得互相碰觸，亦不得碰觸外物，間距應超過 150mm。

6. 依次及二次側壓接端子不得壓接到絕緣外皮。

7. 導線剝皮的長度應比壓接套管（C 型）寬度長，線尾長度不得超過 3 公分長，並採用 U-O 手搖壓縮器（不得以其他工具壓接）。

8. 低壓引接線應接在線路預留的跳線上，並注意其順序為 N、A、B、C。

9. 避雷器須單獨接地，使用 $14mm^2$ 導線。

10. 變壓器外殼不壓接於中性線，須直接接於接地線。

11. 活線線夾接於線環開口與開關反側（相反）。

12. 引線不可連接，且不可輕易滑動。

13. 紮線綁紮時不可接錯，且導線不可斷股。

14. 工作時須戴安全帽且繫安全帶，否則以重大缺點論。

15. 所有接線不得錯誤且須與題意相符，否則以重大缺點論。

16. 避雷器及變壓器引線的固定方式為先壓接 "O" 型壓接（$22mm^2$ 或 $14mm^2$）端子再固定。

17. 現場說明：
    (1) 請依通知單左上角統一編號就位，並將個人背包放於黃線外，身份證、准考證、檢定通知單，請夾於證件夾放處。

(2) 就位請先核對試題，並檢查器具及導線數量，有問題者，考前請立即向監評
人員提出。

(3) 檢定場兩側終端桿已加掛接地及掛「停電作業中」指示牌，可安心登桿作業。

(4) 安全帽與安全帶請按規定穿戴，否則依違反安全問題處理。

(5) 器具有故障或滑牙處，請考生用考場提供→自黏貼紙，貼於故障或滑牙處以
便考場檢修。

(6) 低壓線架請依電桿上圖示施工，否則依功能錯誤處理。

(7) 試題本請寫姓名及統一編號，考後請留原位，准考證經監評人員簽章後出場，
出場後不得再進場。

(8) 考試中有任何問題，請向監評人員反應，不得交頭接耳、冒名頂替、夾帶電
路圖及器具或擅自取用他人器材等，否則以舞弊行為，判不及格。

(9) 聽哨音開始或停止作題。

(10) 檢定時間：90 分鐘。

PART **4**

學科試題彙總

00700 室內配線－屋內線路裝修乙級

00700 室內配線－屋內線路裝修乙級

工作項目 **01** │ 工程識圖繪製

單選題

1.（3） 電工儀表上指示三相交流之符號為① ⊥ ② ⊏ ③ ≈ ④ ⌒ 。

▶解：電儀表學－指針型電錶①垂直放置 ⊥ ② ⊏ 水平放置④ ⌒ 交直流。供電第 486 條。

2.（4） 接地型雙插座之屋內配線設計圖符號為①⊖②△_G③⊖_{RG}④⊖_G 。

▶解：供電第 492 條電燈插座類設計圖符號①雙連插座②接地型專用單插座③接地型電爐專用雙插座（※屋內配線設計圖圖形中如有 △ 專用的意思，圖形下有 G 或 E 表示接地）。

3.（4） 瓦時計之屋內配線設計圖符號為①⓴KWD ②Ⓦ ③KVAR ④WH 。

▶解：用戶用電第 486 條電驛計器類設計圖符號①瓩需量計(Kilo Watt Demand)②瓦特計(Watt)③千乏時計。

4.（3） 專用雙插座之屋內配線設計圖符號為①△_G ②⊖ ③△ ④△ 。

▶解：用戶用電第 492 條電燈插座類設計圖符號①接地型專用雙插座②雙連插座④專用單插座。

5.（4） 電鈴之屋內配線設計圖符號為①◁②▪③▭④◖ 。

▶解：用戶用電第 493 條電話、對講機、電鈴設計圖符號①交換機出線口②按鈕開關③蜂鳴器。

6.（1） ╱左圖所示符號為屋內配線設計圖之①線管下行②線管上行③電路至配電箱④出線口。

▶解：用戶用電第 490 條配線類設計圖符號②╱③⟋⟋⟋¹³④對講機出線口Ⓘ外線電話出線口◀內線電話出線口◁ 。

7.（2） ⟠左圖所示符號為屋內配線設計圖之①電力熔絲②拉出型氣斷路器③拉出型電力斷路器④負載啟斷開關。

286

▶解：用戶用電第 486 條電驛計器類設計圖符號① f ③ ◇ ④ 。

8.（1） 51N 左圖所示符號為屋內配線設計圖之①過流接地電驛②接地保護電驛③方向性接地電驛④差動電驛。

　　▶解：用戶用電第 486 條電驛計器類設計圖符號此圖與 LCO 符號相同，電驛計器類設計圖符號② 64 GR ③ 67N SG ④ 87 DR 。

9.（3） 59 左圖所示符號為屋內配線設計圖之①低電壓電驛②低電流電驛③過壓電驛④過電流電驛。】

　　▶解：用戶用電第 486 條電驛計器類設計圖符號① 27 UV ② 37 UC ④ 51 CO 。

10.（3） 屋內配線設計圖中，接地型專用單插座的符號為① ◯—G ② △—G ③ ◁—G ④ △ 。

　　▶解：用戶用電第 492 條電燈插座類設計圖符號①接地型單插座②接地型專用雙插座④專用單插座（專用在符號 O 內會出現 Δ）。

11.（3） ╱ 左圖所示符號為屋內配線設計圖之①三相 T 接線②三相曲折接法③三相 V 非接地④三相 Y 非接地。

　　▶解：用戶用電第 488 條電驛計器類設計圖符號① ⊥ ② ⅄ ④ Y 。

12.（2） UV 左圖所示符號為屋內配線設計圖之①過壓電驛②低電壓電驛③瞬時過流電驛④過流電驛。

　　▶解：用戶用電第 486 條電驛計器類設計圖符號① 59 OV ③ LT 50 CO LT ④ 51 CO 。

13.（2） PF 左圖所示符號為屋內配線設計圖之①復閉電驛②功率因數計③過壓電驛④電流電驛。

　　▶解：用戶用電第 486 條電驛計器類設計圖符號① RC 79 RC ③ 59 OV ④並無電流電驛。

14.（2）Ⓦ 左圖所示符號為屋內配線設計圖之①瓦時計②瓦特計③過壓電驛④電流電驛。

> 解：用戶用電第 486 條電驛計器類設計圖符號①(WH)③↔59↔(OV)④並無電流電驛。

15.（3）▭ 左圖所示符號為屋內配線設計圖之①電力熔絲②拉出型氣斷路器③拉出型電力斷路器④負載啟斷開關。

> 解：用戶用電第 485 條開關類設計圖符號①£②④。

16.（4）屋內配線設計圖中，出口燈的符號為①○②⊙③□④⊗。

> 解：用戶用電第 492 條電燈插座類設計圖符號①白幟燈②壁燈③日光燈有□及▭。

17.（1）屋內配線設計圖中，接地型單插座的符號為①○ G ②△ G ③△ G ④△。

> 解：用戶用電第 492 條電燈插座類設計圖符號②接地型專用雙插座③接地型專用單插座④專用單插座。

18.（4）屋內配線設計圖中，電力總配電盤的符號為①◣②◺③▨④⧆。

> 解：用戶用電第 489 條配電箱類設計圖符號。

19.（4）⊠ 左圖所示符號為屋內配線設計圖之①電燈總配電盤②電力總配電盤③電燈動力混合配電盤④電力分電盤。

> 解：用戶用電第 489 條配電箱類設計圖符號①◣②⧆③▨。

20.（3）–///–––––左圖所示符號為屋內配線設計圖之①明管配線②埋設於平頂混泥土內或牆內管線③埋設於地坪混泥土內或牆內管線④電路至配電箱。
5.5 16mm

> 解：用戶用電第 490 條配線類設計圖符號① ⌐2.0 16mm ② ⌐8.0 22mm ④ ///△ 1.3 。

21.（4）屋內線路設計圖整套型變器之符號為①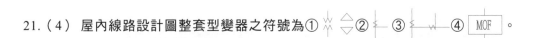②③④ 。

　　▶解：用戶用電第 488 條變比器類設計圖符號①比壓器②比流器③比流器（附有補助比流器）。

22.（2）屋內配線設計圖 之符號為①電風扇②冷氣機③交流安培計④電動機。

　　▶解：用戶用電第 487 條配電機器類設計圖符號①③Ⓐ④Ⓜ 。

23.（4）屋內配線設計圖 之符號為①三相三線 △ 非接地②三相 V 共用點接地③三相四線 △ 非接地④三相三線 △ 接地。

　　▶解：用戶用電第 488 條變比器類設計圖符號①②③ 。

24.（2）屋內配線設計圖 之符號為①三相 V 共用點接地②三相 V 一線捲中性點接地③三相三線 △ 接地④三相 V 非接地。

　　▶解：用戶用電第 488 條變比器類設計圖符號①③④ 。

25.（1）屋內配線設計圖 之符號為①三相 V 共用點接地②三相 V 一線捲中性點接地③三相 V 非接地④三相三線 △ 接地。

　　▶解：用戶用電第 488 條變比器類設計圖符號②③④ 。

26.（3）屋內配線設計圖 之符號為①三相 Y 非接地②三相 V 共用點接地③三相 Y 中性線直接接地④三相 Y 中性線經一電阻器接地。

　　▶解：用戶用電第 488 條變比器類設計圖符號①②④ 。

27.（2）屋內配線設計圖之符號 為①電力熔絲②熔斷開關③負載啟斷開關④負載啟斷開關附熔絲。

　　▶解：用戶用電第 485 條開關類設計圖符號①③④ 。

28.（4） 屋內配線設計圖之符號 ⎓ 為①接地②避雷針③電容器④避雷器。

▶解：用戶用電第 487 條配電機器類設計圖符號① ⏚ ② ⊙ ③ ⊣⊢ 。

29.（3） 屋內配線設計圖之符號 |VS| 為①控制開關②安全開關③伏特計用切換開關④安培計用切換開關。

▶解：用戶用電第 485 條開關類設計圖符號① |CS| ② ☐⊣ ④ |AS| 。

30.（4） 屋內配線設計圖之符號 |AS| 為①控制開關②安全開關③伏特計用切換開關④安培計用切換開關。

▶解：用戶用電第 485 條開關類設計圖符號① |CS| ② ☐⊣ ③ |VS| 。

31.（4） 屋內配線設計圖 (VARH) 之符號為①瓦特計②瓦時計③頻率計④乏時計。

▶解：用戶用電第 486 條電驛計器類設計圖符號① (W) ② (WH) ③ (F) 。

32.（1） 屋內配線設計圖之符號 ◤ 為①電燈總配電盤②電力總配電盤③電燈分電盤④電力分電盤。

▶解：用戶用電第 489 條配電箱類設計圖符號② ⧖ ③ ▱ ④ ⊠ 。

33.（3） 屋內配線設計圖之符號 ◰ 為①電燈總配電盤②電力總配電盤③電燈分電盤④電力分電盤。

▶解：用戶用電第 489 條配電箱類設計圖符號① ◤ ② ⧖ ④ ⊠ 。

複選題

34.　（1,3） 下列哪些為屋內配線設計圖之開關類設計圖符號？① ⟋A.C.B ② (W) ③ ⟋ ④ (M) 。

▶解：用戶用電第 485 條開關類設計圖符號① ⟋A.C.B 空氣斷路器② (W) 瓦特計為用戶用電第 486 條電驛計器類設計圖符號③ ⟋ 用戶用電第 485

條開關類設計圖符號隔離開關（個別啟閉）④ⓂⓂ電動機為用戶用電第 487 條配電機器類設計圖符號。

35.（2,3,4） 下列哪些為屋內配線設計圖之開關類設計圖符號？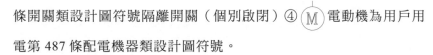

　　▶解：用戶用電第 489 條配電箱類設計圖符號① Ⓜ 為人孔，內規第 485 條開關類設計圖符號② ）N.F.B 無熔絲開關③ Ⓥ Ⓢ 伏特計用切換開關④ ╱ 接觸器。

36.（2,4） 下列哪些為屋內配線設計圖之電驛計器類設計圖符號？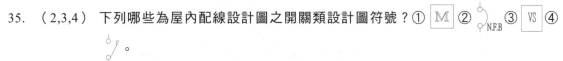

　　▶解：① Ⓐ Ⓢ 安培計用切換開關為用戶用電第 485 條開關類設計圖符號，用戶用電第486條② ⓅⒻ 功率因數計③ ⊤ 電話或對講機管線為供電用戶用電第 493 條電話、對講機、電鈴類設計圖符號④ Ⓖ 綠色指示燈。

37.（1,4） 下列哪些為屋內配線設計圖之電驛計器類設計圖符號？①ⓀⓋⒶⓇ②ⓂⓈ③Ⓖ④Ⓐ。

　　▶解：①ⓀⓋⒶⓇ仟乏計②ⓂⓈ電磁開關為用戶用電第 485 條開關類設計圖符號③Ⓖ發電機配電機器類設計圖符號④Ⓐ交流安培計。

38.（1,2,3） 下列哪些為屋內配線設計圖之配電機器類設計圖符號？①Ⓐ∕Ⓒ②─┤├─③─□─④▧。

　　▶解：①Ⓐ∕Ⓒ冷氣機②─┤├─電容器③─□─電阻器為用戶用電第 487 條④▧電燈總配電盤為配電箱類設計圖符號。

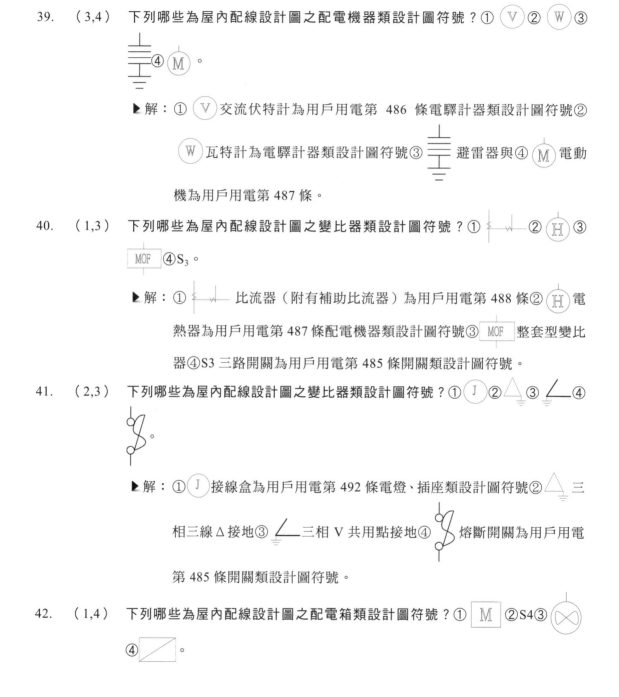

39. （3,4）下列哪些為屋內配線設計圖之配電機器類設計圖符號？① Ⓥ ② Ⓦ ③ ④ Ⓜ 。

　　▶解：① Ⓥ 交流伏特計為用戶用電第 486 條電驛計器類設計圖符號② Ⓦ 瓦特計為電驛計器類設計圖符號③ 避雷器與④ Ⓜ 電動機為用戶用電第 487 條。

40. （1,3）下列哪些為屋內配線設計圖之變比器類設計圖符號？① ② Ⓗ ③ MOF ④S₃。

　　▶解：① 比流器（附有補助比流器）為用戶用電第 488 條② Ⓗ 電熱器為用戶用電第 487 條配電機器類設計圖符號③ MOF 整套型變比器④S3 三路開關為用戶用電第 485 條開關類設計圖符號。

41. （2,3）下列哪些為屋內配線設計圖之變比器類設計圖符號？① Ⓙ ②△③ ④ 。

　　▶解：① Ⓙ 接線盒為用戶用電第 492 條電燈、插座類設計圖符號②△ 三相三線△接地③ 三相 V 共用點接地④ 熔斷開關為用戶用電第 485 條開關類設計圖符號。

42. （1,4）下列哪些為屋內配線設計圖之配電箱類設計圖符號？① Ⓜ ②S4③ ④ 。

▶解：① $\boxed{M}$ 人孔為用戶用電第 489 條②S4 四路開關為開關類設計圖符號

③ $\bigotimes$ 電風扇為用戶用電第 486 條配電機器類設計圖符號④ $\boxed{\diagdown}$

電燈分電盤。

43. （3,4）　下列哪些為屋內配線設計圖之配電箱類設計圖符號？① $\boxed{\text{CS}}$ ② $\bigcirc_{S}$ ③

$\boxtimes$ ④ $\boxed{H}$ 。

▶解：① $\boxed{\text{CS}}$ 控制開關與② $\bigcirc_{S}$ 單插座及開關用戶用電第 485 條為開關類

設計圖符號③ $\boxtimes$ 電力分電盤與④ $\boxed{H}$ 手孔為用戶用電第 489

條。

44. （1,2）　下列哪些為屋內配線設計圖之配線類設計圖符號？① $\perp$ ② ——●—— ③

$\bigcirc_{G}$ ④S。

▶解：① $\perp$ 接地與② ——●—— 導線連接或線徑線類之變換為用戶用電

第 490 條③ $\bigcirc_{G}$ 接地型單插座為用戶用電第 486 條電燈、插座

類設計圖符號④S 單極開關為用戶用電第 485 條開關類設計圖符號。

45. （2,3）　下列哪些為屋內配線設計圖之配線類設計圖符號？① $\bigotimes$ ② $\diagup$ ③ $\bigtriangledown$

④ $\bigodot$ 。

▶解：① $\bigotimes$ 出口燈為用戶用電第 486 條電燈、插座類設計圖符號② $\diagup$

線管下行③ $\bigtriangledown$ 電纜頭用戶用電第 490 條④ $\bigodot$ 避雷針為用戶用

電第 486 條配電機器類設計圖符號。

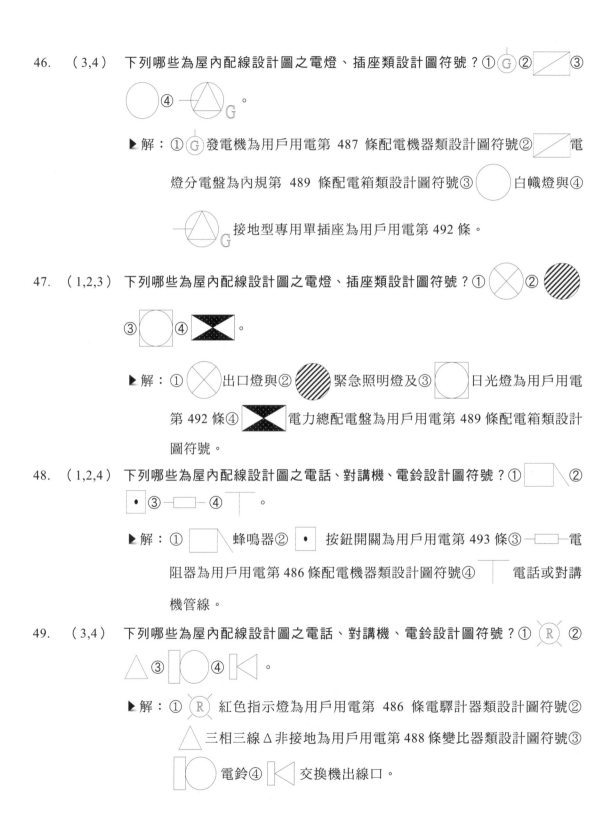

46. （3,4） 下列哪些為屋內配線設計圖之電燈、插座類設計圖符號？①Ⓖ ② ③
④ 。

▶解：①Ⓖ 發電機為用戶用電第 487 條配電機器類設計圖符號②電燈分電盤為內規第 489 條配電箱類設計圖符號③白熾燈與④接地型專用單插座為用戶用電第 492 條。

47. （1,2,3） 下列哪些為屋內配線設計圖之電燈、插座類設計圖符號？① ②
③ ④ 。

▶解：①出口燈與②緊急照明燈及③日光燈為用戶用電第 492 條④電力總配電盤為用戶用電第 489 條配電箱類設計圖符號。

48. （1,2,4） 下列哪些為屋內配線設計圖之電話、對講機、電鈴設計圖符號？① ②
• ③ ④ 。

▶解：① 蜂鳴器② • 按鈕開關為用戶用電第 493 條③ 電阻器為用戶用電第 486 條配電機器類設計圖符號④ 電話或對講機管線。

49. （3,4） 下列哪些為屋內配線設計圖之電話、對講機、電鈴設計圖符號？①Ⓡ ②
③ ④ 。

▶解：①Ⓡ 紅色指示燈為用戶用電第 486 條電驛計器類設計圖符號②三相三線 Δ 非接地為用戶用電第 488 條變比器類設計圖符號③電鈴④交換機出線口。

工作項目 02　電工儀表及工具使用

單選題

1. (3)　單相二線式之低壓 110 伏瓦時計，其電源非接地導線應接於①1L 端②2L 端③1S 端④2S 端。

　　▶ 解：單相瓦時計(110V)其接線端有(1S、2S、1L、2L)，瓦時計（電表）接點表示的意義：S 表示電源端(Source)，L 表示負載端(Load)，1 表示非接地線（火線），2 表示接地線（中性線）。（前端用 1 表示，後端用 2 來表示）。

2. (4)　使用兩只單相瓦特表，測量三相電功率，若兩瓦特之指示分別為正值 100 瓦及 200 瓦，則此三相電功率為多少瓦？①100②150③150$\sqrt{3}$④300。

　　▶ 解：電儀表學－三相電功率的測量利用兩瓦特計法測量電功率時，兩瓦特計值分別為 $W_1 = VI\cos(\theta - 30°)$，$W_2 = VI\cos(\theta + 30°) \Rightarrow$ 當 $W_1 = 2W_2$ 時 $\cos\theta = 0.866$ 三相電功率為 $W_1 + W_2 = 200 + 100 = 300W$。

3. (4)　使用兩只單相瓦特表測量三相電功率，若兩瓦特表指示正值且相等時，則此三相負載之功率因數為①0.5②0.707③0.866④1。

　　▶ 解：電儀表學－三相電功率的測量利用兩瓦特計法測量三相電功率時，兩瓦特計值分別為 $W_1 = VI\cos(\theta - 30°)$，$W_2 = VI\cos(\theta + 30°) \Rightarrow$ 當 $W_1 = W_2$ 時 $\cos\theta = 1$ 其三相總電功率為 $W_1 + W_2$。

4. (3)　利用兩只單相瓦特計測量三相感應電動機之功率，其中一只瓦特表之指示為另一只瓦特表之二倍時，則此電動機之功率因數為①0.5②0.707③0.866④1。

　　▶ 解：電儀表學－三相電功率的測量中功率因數利用兩瓦特計法測量三相電功率時，則 $\cos\theta = \cos\left(\tan^{-1}\sqrt{3}\left[\dfrac{W_A - W_B}{W_A + W_B} \right] \right)$，當 $\theta > 60°$，則 $\cos\theta > 0.5$，此時 W_A 與 W_B 為正值，$W_A = 2W_B$，$\cos\theta = \cos\left(\tan^{-1}\sqrt{3}\left[\dfrac{1}{2+1} \right] \right) = \cos 30° = 0.866$。

5. (3)　在瓦時計的鋁質圓盤上鑽小圓孔，其主要的目的是①幫助啟動②減少阻尼作用③防止圓盤之潛動④增加轉矩。

　　▶ 解：電儀表學－瓦時計為防止瓦時計的潛動於鋁質圓盤上鑽兩對稱小圓孔，其目的為防止瓦時計在沒有負載時，圓盤繼續旋轉。

6.（4） 如右圖所示，檢流計(G)指示值為零時，Rx 等於多少
Ω？①2②3③6④8。

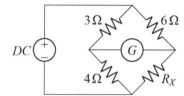

▶解：電儀表學－當檢流計指示值為零時，表示此
電橋為平衡電路，此時兩對角電阻值乘積相
等，亦即 $R_x \times 3 = 6 \times 4 \Rightarrow R_x = 8\Omega$。

7.（4） 使用零相比流器(ZCT)之目的是①量測大電流②量
測大電壓③量測功率④檢出零相電流。

▶解：工業配線－低壓工配元件 ZCT（零相比流器）用來偵測系統中的故障電流，
經過放大器而動作開啟 SW，將設備與系統切離，以保護人體發生感電事
故，使用時係將三相導線貫穿鐵心，當任一線有接地電流時，流經零相比
流器的電流不是零，則通知保護電驛使斷路器動作。

8.（1） 某滿刻度為 100mA、內阻為 9Ω 之直流電流表，現要測量 1A 之線路電流，則需要
並聯多少 Ω 之分流器？①1②9③10④99。

▶解：電儀表學－電流表的擴大量度範圍，要擴大電流表的測量範圍使用分流器，
其分流電阻計算方式為 $R_S（分流器電阻）= \dfrac{R_m（電錶錶內）}{n（倍數）-1} = \dfrac{9}{\dfrac{1A}{100mA}-1} = 1\Omega$。

9.（3） 惠斯登電橋中之檢流計(G)其功用是①記錄電流②積算電流③檢查電流④遙測電
流。

▶解：電儀表學－中值電阻的測量使用最精密的儀器為惠斯登電橋，其中檢流器
為檢查電路平衡時扮演電橋平衡角色，亦即兩端電阻乘積相等。

10.（4） 使用電工刀剝除導線絕緣皮時，原則上應使刀口向①內②上③下④外。

▶解：電工實習（一）－工具介紹向外剝除導線絕緣皮才安全，且應按壓導線以
拉導線的方式施工較安全。

11.（4） 螺絲規格以「M10×1.5」表示，其中「1.5」表示螺紋的①節徑②外徑③牙深④節
距。

▶解：電工實習（一）－工具介紹公制螺絲的規格以外徑及螺紋節距表示而 M10
×1.5 係表示螺紋的外徑為 10mm，螺絲 1.5mm 的節距。

12.（ 4 ）　木螺絲釘之規格係以下列何者表示？①材質與長度②螺紋與直徑③材質與直徑④直徑與長度。

> 解：電工實習（一）－材料的介紹公制螺絲的規格以外徑及螺紋節距，而一般螺絲則是以螺絲的直徑與長度來表示。

13.（ 1 ）　游標卡尺在本尺上每刻劃的尺寸為多少公厘？①1②0.5③0.05④0.02。

> 解：電工實習（一）－工具介紹游標卡尺可以區分為本尺與副尺，其中本尺每刻畫為 1mm，而副尺則視精密等級的不同區分有 $\frac{1}{20}$ 與 $\frac{1}{50}$ 兩種精密等級。

14.（ 4 ）　手提電鑽的規格一般表示為①重量②電流③轉數④能夾持鑽頭之大小。

> 解：電工實習（一）－工具介紹電鑽依使用電壓及其電鑽前端以夾持鑽頭的大小來當作其使用的規格。

15.（ 4 ）　測量電纜線之絕緣電阻時，常加保護線，其目的在防止下列何種現象引起測試誤差？①電纜靜電充電②儀表本身漏電③儀表本身絕緣不良④電纜末端表面漏電流。

> 解：電儀表學－絕緣電阻的測量電路的絕緣電阻測量為使用高阻計，一般可以區分為手搖式及晶體式兩種，在手搖式高阻計接線端標示有 E、L、G，測量時將待測物連接於 E、L 兩端，並將待測物的遮蔽層連接在高阻計的 G 端，以防止電纜末端表面漏電電流引起測量誤差。

16.（ 3 ）　量測裸銅線之低電阻值時最準確的方法為①惠斯登電橋法②柯勞許電橋法③凱爾文電橋法④電壓降法。

> 解：電儀表學－低電阻的測量凱爾文雙比電橋為測量低電阻最準確的儀表。

17.（ 2 ）　自計費電度表接至變比器之引線除以導線管密封外必須使用幾股 PVC 控制電纜？①5②7③9④10。

> 解：用戶用電第 482 條。

18.（ 2 ）　比流器與比壓器原理皆依據①高斯定律②法拉第定律③歐姆定律④焦耳定律。

> 解：電機機械－變壓器的原理其中比壓器及比流器是根據法拉第定律中感應電壓大小與單位磁通的變化有關 $e = N\dfrac{d\Phi}{dt}$。

19.（ 1 ）　電工安全帽須能耐壓多少仟伏以上？①20②10③5④3。

▶解：電工實習（一）－工具介紹其中電工安全帽必須能承受 3.6 公斤的圓球自
1.5 呎的高度落下的撞擊，且必須耐壓 20KV。

20.（3） 精密儀表所使用之電阻器必須用①電阻係數小②電阻係數大③溫度係數小④溫度
係數大　的材料製造。

▶解：電儀表學－電阻的種類精密儀表所使用的電阻必須能達到環境影響小，溫
度係數小的材質。

21.（4） 比壓器(PT)之二次線路阻抗為 10Ω，二次側線電壓為 110V，則此比壓器(PT)之負
擔為多少 VA？①11②550③1100④1210。

▶解：電機機械－特殊變壓器中比壓器的負擔 $S = \dfrac{V^2}{Z} = \dfrac{110^2}{10} = 1210VA$。

22.（3） 某電度表其電表常數為 2400Rev/kWH，當該表每分鐘轉 120 轉時，則該回路負載
為多少 kW？①5②4③3④2。

▶解：電儀表學－電度表當鋁製圓盤轉速為 120 轉／分＝7200 轉／時，因其實際
值的範圍在電表常數為 2400Rev/KWH，則負載 $\dfrac{7200}{2400} = 3KW$。

23.（1） 利用二只單相瓦特表量測三相三線式負載之電功率，在正常接線情形下，其中一
只瓦特表指示值為 0，則此負載之功率因數為①0.5②0.707③0.866④1。

▶解：電儀表學－三相電功率的測量利用兩瓦特計法測量三相電功率時，則
$\cos\theta = \cos\left(\tan^{-1}\sqrt{3}\left[\dfrac{W_A - W_B}{W_A + W_B}\right]\right)$，當 W_A＝0，
$\cos\theta = \cos\left(\tan^{-1}\sqrt{3}\left[\dfrac{W_B}{W_B}\right]\right) = \cos 60° = \dfrac{1}{2}$。

24.（4） 指針型三用電表量度電阻時，作零歐姆歸零調整，其目的是在補償①接觸電阻②
指針靈敏度③測試棒電阻④電池老化。

▶解：電儀表學－指針型電錶為補償三用電表電池的老化於每次切換電阻擋時需
做零歐姆的調整。

25.（4） 鉤式（夾式）電流表係利用比流器的原理製成，其一次側線圈為多少匝？①100②
10③5④1。

▶解：電儀表學－指針型電錶測量大電流所使用的儀表為鉤式電流表。

26.（1） 250 伏電壓表，其靈敏度為 5kΩ/V，欲測量 500 伏電壓時，需串聯多少 kΩ 之倍增器？①1250②2500③3750④5000。

　▶解： 電儀表學－電壓表倍增器的電阻值係利用串聯電路電流相等，電阻上的電壓比與電阻成正比，當電壓表靈敏度為 5KΩ/V 此時內電阻為 250 伏×5KΩ/V=1250KΩ，所以需串聯總電阻為 500：250=R：1250K，R=2500 K，則應串聯電阻值為 2500KΩ–1250KΩ=1250KΩ，或者使用倍增器公式的計算方式 $R=R_V(n-1)=1250KΩ(500/250-1)=1250KΩ$。

27.（3） 比流器之負擔表示為①伏特②安培③伏安④瓦特。

　▶解： 工業配線－低壓工配元件比流器的負擔為 $S = I^2Z(VA)$。

28.（3） 線電流為 10A 之平衡三相三線式負載系統，以鉤式（夾式）電流表任鉤其中二線量測電流時，其值為多少 A？①30②$10\sqrt{3}$③10④0。

　▶解： 電儀表學－鉤式電流表的測量三相三線平衡電路向量和為零，任意兩相的電流和等於第三相電流。

29.（3） 一般螺絲攻之第一、二、三攻的主要區別是①外徑②牙深③前端倒角螺紋數④柄長。

　▶解： 工業配線－低壓工配元件螺絲攻為製作螺牙的工具，為容易製作孔徑起見，必須先將工作點磨成斜口，其中第一攻斜口最長，主要是減少攻牙阻力，第一攻的末端有 6~7 齒螺紋倒角成斜度，第二攻末端倒角長度為 3~4 齒，第三攻末端倒角長度僅有 1~1.5 齒。

30.（1） 公制螺紋大小規格的標示是①外徑與節距②外徑與牙數③節徑與牙數④節徑與節距。

　▶解： 電工實習（一）－材料的介紹公制螺絲的規格以外徑及螺紋節距，而一般螺絲則是以螺絲的直徑與長度來表示。

31.（4） 一只 300mA 電流表，其準確度為 ±2%，當讀數為 120mA 時，其誤差百分率為多少%？①±0.5②±1③±2④±5。

　▶解： 電儀表學－指針型電錶 300mA 準確度為 ±2%，當測量值只有 120mA 時，與 300mA 誤差比為 $\dfrac{300mA}{120mA} = 2.5$，所以此時準確度為 $2.5×(±2\%) = ±5\%$。

32.（3） 以三用電表量測某電阻之指示值，以不同測試檔測試時，指針指向何處所測得值
較正確？①偏左②中間③偏右④不影響。

> 解：電儀表學－指針型三用電表因其電表有內電阻，因此測量時指針偏轉角度
> 在儀表的反射鏡的中間偏右越準確，內電阻越大則所測得的值越接近實際
> 值。

33.（1） 某安培計滿刻度偏轉電流為 1 毫安，校正百分率為滿刻度電流之±5%，若該安培
計讀數為 0.35 毫安時，其真實電流範圍為多少毫安？①0.3325~0.3675②0.30~0.40
③0~0.3675④0~0.40。

> 解：電儀表學－校正百分率 $\delta = \dfrac{T（實際值）-M（測量值）}{（實際值）}$，
>
> $0.35mA \pm 5\% = 0.0175mA$ 因此其實際值的範圍在 $0.35mA \pm 0.0175mA$ 亦即在
> $0.3325mA \sim 0.3675mA$ 間。

34.（3） 比流器(CT)二次側阻抗為 0.4Ω，二次側電流為 4A 時，則比流器(CT)之負擔為多
少 VA？①16②8③6.4④1.6。

> 解：電機機械－特殊變壓器中比流器的負擔 $S = I^2 \times Z \Rightarrow S = 4^2 \times 0.4 = 6.4VA$。

35.（3） 兩只額定 200 伏之直流伏特計，V_1 及 V_2 靈敏度分別為 20kΩ/V、40kΩ/V，當串聯
於 240 伏直流電源時，伏特計 V_1、V_2 各分別指示為多少 V？①160、80②120、120
③80、160④160、160。

> 解：電儀表學－直流電表的測量利用電壓分配定則 $V_1 = 240 \times \dfrac{20}{20+40} = 80V$，
>
> $V_2 = 240 \times \dfrac{40}{20+40} = 160V$。

36.（3） 利用儀表進行負載之電流量測時，下列敘述何者正確？①伏特計與負載串聯連接
②伏特計與負載並聯連接③安培計與負載串聯連接④安培計與負載並聯連接。

> 解：電儀表學－伏特計為測量電壓的儀表，測電流應使用安培計，測量時安培
> 計應與負載串聯連接。

37.（2） 利用儀表進行負載之電壓量測時，下列敘述何者正確？①伏特計與負載串聯連接
②伏特計與負載並聯連接③安培計與負載串聯連接④安培計與負載並聯連接。

> 解：電儀表學－安培計為測量電流的儀表，測電壓應使用伏特計，測量時伏特
> 計應與負載並聯連接。

38.（2）　一電流表並聯電阻為 1Ω 之分流器後，其量測電流範圍提高為原來之 10 倍，則電流表之內阻應為多少 Ω？①1②9③10④99。

　　　▶解：電儀表學－電流表的擴大量度範圍

$$R_S(分流器電阻)=\frac{R_m(電錶內阻)}{n(倍數)-1}=\frac{R_m}{10-1}=1\Omega，R_m=9\Omega。$$

39.（1）　右圖所示之接線是以伏特計與安培計測量負載直流電功率，為防止儀表之負載效應，減少誤差，下列敘述何者正確？①為量測高電阻負載之電功率時，所採用之接線②為量測低電阻負載之電功率時，所採用之接線③不論量測負載電阻大小之電功率時，均可採用之接線④與負載電阻高低無關。

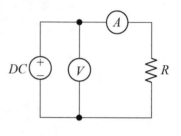

　　　▶解：電儀表學－電阻的測量伏特計內電阻為高電阻，安培計內電阻為低電阻，圖中伏特計測得電源電壓及安培計與負載電阻的電壓，因為安培計與負載串聯，因此當負載為高電阻時伏特計所測量的誤差最小。

40.（2）　右圖所示之接線是以伏特計與安培計測量負載直流電功率，為防止儀表之負載效應，減少誤差，下列敘述何者正確？①為量測高電阻負載之電功率時，所採用之接線②為量測低電阻負載之電功率時，所採用之接線③不論量測負載電阻大小之電功率時，均可採用之接線④與負載電阻高低無關。

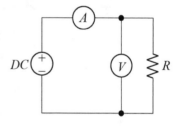

　　　▶解：電儀表學－電阻的測量伏特計內電阻為高電阻，安培計內電阻為低電阻，圖中安培計為直接測得伏特計與負載及伏特計的電流，因為伏特計與負載並聯，所以當負載為低電阻時伏特計所測量的誤差最小。

複選題

41.　（1,3,4）　對厚金屬之工作物加工時，下列哪些動作應加潤滑油以潤滑及散熱？①絞牙②銼削③鋸削④鑽孔。

　　　　▶解：電工實習（一）－工具介紹銼削金屬時不可使用潤滑油，因為會使金屬表面光滑降低摩擦力而無法施力，絞牙、鋸削與鑽孔為使加工面冷卻因此必須使用潤滑油。

42. （1,3） 下列哪些是用以標示公制螺紋規格？①外徑②牙數③節距④節徑。

> ▶解：電工實習（一）－工具介紹公制螺絲的規格以外徑及螺紋節距，而一般螺絲則是以螺絲的直徑與長度來表示，如螺絲規格 M10×1.5 表示螺紋的外徑為 10mm，螺絲的節距為 1.5mm。

43. （2,3,4） 手提電鑽鑽孔時，下列哪些是正確工作方法？①戴綿紗手套②固定工件③做適當防護措施④接地線要確實接地。

> ▶解：電工實習（一）－工具介紹使用電鑽鑽孔時，必須先將工件固定，不可戴手套，為便於手能夠直接握緊電鑽且手套材質為棉紗線，非常容易捲入電鑽造成使用者工作傷害。

44. （1,2） 新設屋內配線之低壓電路的絕緣電阻測定，應量測①導線間②導線與大地間③開關箱至大地間④不同開關箱之間。

> ▶解：用戶用電第 19 條-1 低壓電路之導線間及導線與大地之絕緣電阻（多心電纜或多心導線係心線相互間及心線與大地之絕緣電阻），於進屋線、幹線或分路之開關切開，測定電路絕緣電阻。

45. （1,4） 瓦特計之電流線圈，其匝數及線徑為？①匝數少②匝數多③線徑細④線徑粗。

> ▶解：電儀表學－指針型瓦特計之電流線圈,其匝數及線徑為匝數少且線徑粗（減少內電阻），電壓線圈為匝數多且線徑細（增加內電阻），以提高測量的準確度。

46. （3,4） 下列哪些是金屬管配管必須具備之工具？①擴管器②噴燈③絞牙器④管虎鉗。

> ▶解：電工實習（一）－工具介紹金屬管配管包括管端處理及彎管，因此必須準備管手工鋸、虎鉗及彎管器與絞牙裝置。

47. （1,2,3） 有關指針型三用電表之敘述，下列敘述哪些正確？①歐姆檔刻度為非線性②直流電壓檔刻度為線性③不可測量交流電流④直流電流檔刻度為非線性。

> ▶解：電儀表學－指針型三用電表交直流電壓及直流電流檔部分為線性刻度，歐姆檔為非線性刻度。

48. （1,2,3） 有關電儀表之特性與應用，下列敘述哪些正確？①電壓表與待測元件並聯②電流表與待測元件串聯③理想電流表內電阻為零④不知待測元件電流大小時，須先採用較小的電流檔位測量。

    ▶解： 電儀表學－電儀表於測量未知待測元件電流大小時，須先採用較大的電流檔位測量，避免因為電流質太大導致電表損壞。

49. （1,2,4） 無熔線開關的框架容量(AF)、跳脫容量(AT)、啟斷容量(IC)，三者之間的大小關係，下列敘述哪些正確？①啟斷容量大於框架容量②啟斷容量大於跳脫容量③框架容量小於跳脫容量④框架容量大於或等於跳脫容量。

    ▶解： 工業配線－低壓工配元件框架容量(AT)應大於跳脫容量(AF)，AT 額定容量或稱跳脫容量，表示電流達到此數值時，無熔絲開關會切斷電路，AF 為框架容量，是指無熔絲開關內部導電結構框架，表示可以通過此無熔絲開關的最大電流，IC 為啟斷容量是指容許故障時的最大短路電流。

50. （1,2） 在交流電路中負載平均功率及電壓相同下，當功率因數 PF(cosθ)越高時，下列敘述哪些正確？①減少電費支出②降低線路損失③增加線路壓降④增加線路電流。

    ▶解： 電路學－交流電路因為 $P＝VI\cos\theta$，當功率固定時，功率因數越高線路電流越小，連帶線路壓降減少，因此不僅可以降低線路電流而且可以減少電費支出。

工作項目 **03** 導線之選用及配置

單選題

1.（3） 截面積 14 平方公厘之銅絞線係由 7 股多少公厘之單芯銅線絞合而成？①1.0②1.2③1.6④2.0。

    ▶解： 電工實習（一）－工具介紹絞線截面積（ n＝股數，D＝線徑）因此截面積 $A＝n\times\dfrac{\pi}{4}\times D^2 \Rightarrow 14＝7\times\dfrac{\pi}{4}D^2 \Rightarrow D^2＝2.547 \Rightarrow D\approx1.6mm$。

2.（4） 導線的直徑如加倍時，在長度不變之下，則其電阻變成為原來電阻的多少倍？①2②4③1/2④1/4。

▶解：電路學－電阻 $\dfrac{R_A}{R_B} = \left(\dfrac{\rho_A \dfrac{1_A}{A_A}}{\rho_B \dfrac{1_B}{A_B}}\right) = \dfrac{\left(\dfrac{1}{1}\right)}{\left(\dfrac{1}{2^2}\right)} = \dfrac{4}{1} \Rightarrow R_B = \dfrac{1}{4}R_A$。

3.（1）　在交流配電線路，其導線線徑超過 200 平方公厘時，因集膚作用會導致導線交流電阻較其直流電阻值①略大②略小③相等④不一定。

　　▶解：電路學－交流電路集膚效應是指導現在交流電流作用下，因本身電感抗在導線中心處較大，導線表面電感抗較小，導致電流量中間較小表面較大的現象，因此電流的不均勻流動，導致有效截面積變小交流電阻變大的現象。

4.（3）　由直徑為 0.26 公厘 37 根組成之 2.0 平方公厘 PVC 花線，在周圍溫度 35℃以下及最高容許溫度 60℃時其安培容量為多少 A ？①7②11③15④20。

　　▶解：用戶用電第 94 條表 94。

5.（4）　下列電線之電阻係數最大者為①鋁導線②銀導線③銅導線④鎳鉻合金線。

　　▶解：電路學－電阻電阻係數由大而小為銀＜銅＜鋁＜鎳鉻合金線。

6.（4）　鋁線之導電率約為銅線之百分之①三〇②四〇③五〇④六〇。

　　▶解：電路學－導電率銀導電率 105%，銅 100%，金 71%，鋁 61%。

7.（3）　電燈及電熱工程，選擇分路導體線徑之大小，單線直徑不得小於多少公厘？①1.0②1.2③1.6④2.0。

　　▶解：用戶用電第 12-1 條電燈及電熱工程，選擇分路導體線徑之大小應以該線之安培容量足以擔負負載電流且不超過電壓降限制為準；其最小線徑除特別低壓另有規定外，單線直徑不得小於 1.6 公厘，絞線截面積不得小於 3.5 平方公厘。

8.（3）　屋外電燈線路，其相鄰二支持點間之距離在 30 公尺以內時，使用之導線線徑不得小於①2.0mm②3.5mm²③5.5mm²④1.6mm。

　　▶解：用戶用電第 139 條 裝置線路其相鄰二支持點間之距離在 30 公尺以內時，使用導線不得小於 5.5 平方公厘，距離在 30~50 公尺時，不得小於 8 平方公厘，距離超過五十公尺時，使用 14 平方公厘以上之導線，但附有吊架低架鐵線裝置時，兩支持點距離不限制，得使用線徑 2 公厘以上之絕緣導線。吊架鐵線兩端支持點應加裝拉線礙子。

9.（1） A、B 為同質材料之導線，A 之導線長度、截面積均為 B 導線之 2 倍，R_A 及 R_B 分別代表兩導線電阻，則 R_A 及 R_B 兩導線電阻之關係為①$R_A = R_B$②$R_A = R_B/2$③$R_A = 2R_B$④$R_A = 4R_B$。

▶解：電路學－電阻 $\dfrac{R_A}{R_B} = \left(\dfrac{\rho_A \dfrac{l_A}{A_A}}{\rho_B \dfrac{l_B}{A_B}} \right) = \dfrac{\left(\dfrac{2}{2}\right)}{\left(\dfrac{1}{1}\right)} = 1 \Rightarrow R_A = R_B$。

10.（3） 有三個相同電壓及容量之單相電熱器平均接在三相三線式或單相二線式之系統，如導線之材質、線徑及長度均相同時，則三相三線式之電壓降為單相二線式之多少倍？①$\dfrac{2}{\sqrt{3}}$②$\dfrac{\sqrt{3}}{2}$③$\dfrac{1}{2}$④2。

▶解：(1) 單相二線式之壓降 $E_{1\varphi 2w} = 2IL(R\cos\theta + X\sin\theta) = 2IRL \times$（壓降因數）

(2) 單相三線式及三相四線式中性線之壓降

$E_{LN} = IL(R\cos\theta + X\sin\theta) = \dfrac{1}{2}E_{1\varphi 2w} = IRL \times$（壓降因數）

(3) 三相三線式之壓降 $E_{3\varphi 3w} = IL(R\cos\theta + X\sin\theta) = 0.866$

$\triangle E_{1\varphi 2w} = IRL \times$（壓降因數）

R = 該電路一線單位長度之電阻（Ω／公里）

X = 該電路一線單位長度之電抗（Ω／公里）

L = 該電路一線之長度（公里）

$\cos\theta$ = 負載功率因數

I = 負載電流（安）

所以 $\dfrac{E_{3\varphi 3W}}{E_{1\varphi 2W}} = \dfrac{IL(R\cos\theta + X\sin\theta)}{2IL(R\cos\theta + X\sin\theta)} = \dfrac{1}{2}$。

11.（2） 以 PVC 層作為導線的絕緣材料，再以 PVC 層作為外皮保護層之 PVC 電纜，其使用溫度不得高於多少℃？①50②60③90④120。

▶解：用戶用電第 16 條表 16.1，PVC 絕緣導線最高容許溫度為 60℃。

12.（2） 電力工程，選擇分路導體線徑之大小，絞線截面積不得小於多少平方公厘？①2.0②3.5③5.5④8。

▶解：用戶用電第 12 條-2 單線線徑不得小於 1.6mm，絞線線徑得小於 3.5mm^2。

13.（3） 與銅線同一長度，相同電阻的鋁線，其截面積約為銅線之多少倍？①1.2②1.5③1.6④2。

▶解：電路學－電阻鋁的電阻係數 $2.83(\mu\Omega-cm)$，銅的電阻係數為 $1.77(\mu\Omega-cm)$

則 $\dfrac{R_{鋁}}{R_{銅}} = \left(\dfrac{2.83 \times \dfrac{l_A}{A_A}}{1.77 \times \dfrac{l_B}{A_B}}\right) = \dfrac{\left(\dfrac{1}{A_{鋁}}\right)}{\left(\dfrac{1}{A_{銅}}\right)} = 1 \Rightarrow \dfrac{A_{鋁}}{A_{銅}} = \dfrac{2.83}{1.77} = 1.6$。

14.（2） 低壓耐熱 PVC 絕緣電線之最高容許溫度為多少℃？①60②75③90④120。

▶解：用戶用電第 16 條表 16.1 耐熱 PVC 及 PE 絕緣導線最高容許溫度為 75℃。

15.（3） 將一導線之截面積變為原來的 $\dfrac{1}{2}$ 倍，而長度變為原來的 3 倍時，其電阻為原來的多少倍？①$\dfrac{2}{3}$②$\dfrac{3}{2}$③6④9。

▶解：電路學－電阻 $\dfrac{R_A}{R_B} = \left(\dfrac{\rho_A \dfrac{l_A}{A_A}}{\rho_B \dfrac{l_B}{A_B}}\right) = \dfrac{\left(\dfrac{1}{1}\right)}{\left(\dfrac{3}{1/2}\right)} = \dfrac{1}{6} \Rightarrow R_B = 6R_A$。

16.（4） 影響導體電阻大小的因素，除了導體長度及截面積外，還有哪些因素？①材料及電流②溫度及電流③電壓及電導係數④溫度及電導係數。

▶解：電路學－電阻決定電阻的因素包括導線長度、截面積、電阻係數及溫度。

17.（3） 交流電的頻率為 60Hz，則其角頻率約為多少弳度/秒？①60②220③377④480。

▶解：電路學－電阻角頻率 $= 2\pi f = 2 \times 3.14 \times 60 \approx 377$ 弳度／秒。

18.（2） 直徑為 1.6mm 單芯線的配線回路，其線路電壓降為 4%；若將導線換成相同材質、相同長度的 2.0mm 單芯線，其線路電壓降約為多少%？①2.0②2.6③3.2④5.0。

▶解：電路學－電阻 R_B 的直徑為 R_A 的 $\dfrac{2.0}{1.6} = \dfrac{5}{4}$ 倍，面積則是 R_A 的 $\dfrac{25}{16}$ 倍，而面積大小跟電阻成反比，所以面積越大電阻越小，所以 R_B 是 R_A 的 $\dfrac{16}{25}$ 倍，所以當線路電壓及電流條件不變下，R_A 壓降原為 4%時，線路壓降也是 $\dfrac{16}{25}$ 倍，線路壓降 $4\% \times \dfrac{16}{25} = 2.56\%$。

19.（ 1 ）　單相二線(1φ2W)式之線間電壓降為①2IL(Rcosθ＋Xsinθ)②IL(Rcosθ＋Xsinθ)③ $\sqrt{2}$ IL(Rcosθ＋Xsinθ)④ $\sqrt{3}$ IL(Rcosθ＋Xsinθ)。

▶解：電路學－電阻中單線阻抗為 Rcosθ＋Xsinθ 因此兩線的阻抗為 2(Rcosθ＋Xsinθ)，當線路電流為 I，一線的長度為 L，則單相二線的壓降為 2IL (Rcosθ＋Xsinθ)。

20.（ 2 ）　單相三線(1φ3W)式之線間電壓降為①2IL(Rcosθ＋Xsinθ)②IL(Rcosθ＋Xsinθ)③ $\sqrt{2}$ IL(Rcosθ＋Xsinθ)④ $\sqrt{3}$ IL(Rcosθ＋Xsinθ)。

▶解：電路學－電阻中單相三線阻抗為(Rcosθ＋Xsinθ)當線路電流為 I，一線的長度為 L，則單相三線的壓降為 IL (Rcosθ＋Xsinθ)。

21.（ 4 ）　三相三線(3ψ3W)式之線間電壓降為①2IL(Rcosθ＋Xsinθ)②IL(Rcosθ＋Xsinθ)③ $\sqrt{2}$ IL(Rcosθ＋Xsinθ)④ $\sqrt{3}$ IL(Rcosθ＋Xsinθ)。

▶解：電路學－電阻中單線阻抗為(Rcosθ＋Xsinθ)當線路電流為 I，一線的長度為 L，因此兩線的阻抗為 $\sqrt{3}$IL (Rcosθ＋Xsinθ)。

22.（ 4 ）　在相同之電壓及負載情形下，如導線之材質及長度均相同時，則單相三線式之電力損失為單相二線式之多少倍？①2②1③ $\frac{1}{2}$ ④ $\frac{1}{4}$ 。

▶解：電路學－交流三相電路線路損失與線路電流的平方成正比，因此在相同電壓與負載平衡時單相三線式中性線電流為 0，當單相三線式電流為 I，在單相二線時為 2I，則兩線路電力損失的比為 $\dfrac{P_{1\Phi3W}}{P_{1\Phi2W}} = \dfrac{I_{1\Phi3W}{}^2R}{I_{1\Phi2W}{}^2R} = \left(\dfrac{1}{2}\right)^2 = \dfrac{1}{4}$ 。

23.（ 4 ）　在相同之電壓及負載情形下，如導線之材質及長度均相同時，則單相三線式之電壓降為單相二線式之多少倍？①2②1③ $\frac{1}{2}$ ④ $\frac{1}{4}$ 。

▶解：電路學－交流三相電壓降與線路電流成正比，因此在相同電壓及負載平衡下因為中性線電流為 0，線電流在單相三線時為 I，在單相二線時為 2I，則兩線路壓降的比為 $\dfrac{V_{1\Phi3W}}{V_{1\Phi2W}} = \dfrac{I_{1\Phi3W}{}^2R}{I_{1\Phi2W}{}^2R} = \dfrac{1}{4}$ 。

24.（ 2 ）　（本題刪題）以相同材料製作之 A、B 兩導線，已知 A 導線的截面積為 B 導線的 2 倍，A 導線的長度為 B 導線的 4 倍，則 A 導線與 B 導線電阻值之比為多少？①4：1②2：1③1：2④1：4。

▶解：電路學－電阻 $\dfrac{R_A}{R_B} = \left(\dfrac{\rho_A \dfrac{l_A}{A_A}}{\rho_B \dfrac{l_B}{A_B}}\right) = \dfrac{\left(\dfrac{4}{2}\right)}{\left(\dfrac{1}{1}\right)} = \dfrac{2}{1} \Rightarrow R_A = 2R_B$ 。

複選題

25. （1,4） 有關線導線，下列敘述哪些正確？①絕緣軟銅線適用於屋內配線②絕緣軟銅線適用於屋外配線③絕緣硬銅線適用於屋內配線④絕緣硬銅線適用於屋外配線。

    ▶解：用戶用電第 10 條-1 絕緣軟銅線使用於屋內配線，絕緣硬銅線使用於屋外配線。

26. （2,3,4） 選擇導線線徑大小之條件，下列敘述哪些正確？①相序②周溫③電壓降④安培容量。

    ▶解：電工實習（一）－導線線徑大小與相序無關。

27. （1,2,3） 有關低壓電纜之安培容量，會隨下列哪些因素改變？①絕緣物材質②周溫③線徑大小④導線長短。

    ▶解：電工實習（一）－安培容量與導線長短無關。

28. （1,2,4） 下列哪些配線得用裸銅線？①電氣爐所用之導線②乾燥室所用之導線③屋內配線所用之導線④電動起重機所用之滑接導線或類似性質者。

    ▶解：用戶用電第 11 條屋內線應用絕緣導線，但有下列情形之一者得用裸銅線：一、電氣爐所用之導線。二、乾燥室所用之導線。三、電動起重機所用之滑接導線或類似性質者。

29. （2,3,4） 設施電氣醫療設備工程時，下列哪些導線不能使用？①電纜線②耐熱 PVC 電線③花線④PVC 電線。

    ▶解：用戶用電第 355 條電器醫療設備工程限用電纜線。

30. （1,2,3,4） 導線在下列哪些情形下不得連接？①導線管之內部②磁管之內部③木槽板之內部④被紮縛於磁珠或磁夾板之部分或其他類似情形。

    ▶解：用戶用電第 15-9 條導線在下列情形下不得連接：（一）導線管、磁管及木槽板之內部。（二）被紮縛以磁珠及磁夾板之部分或其他類似情形。

31. （1,2,4）　低壓絕緣電線之最高容許溫度為①PVC 電線 60℃②耐熱 PVC 電線 75℃③PE 電線 80℃④交連 PE 電線 90℃。

　　　▶解：用戶用電第 16 條表 16.1。低壓絕緣導線最高容許溫度 PVC 電線 60℃，耐熱 PVC 及 PE 電線 75℃，人造橡膠電線 80℃，PE 橡膠電線、交連 PE 電線 90℃。

32. （1,2,4）　PVC 管配線（導線絕緣物溫度 60℃）安培容量表之導線數選用，不包括下列哪些導線？①訊號線②接地線③非接地導線④控制線。

　　　▶解：用戶用電第 16 條表 16-7 註本表所稱導線數不包括中性線、接地線、控制線及訊號線，但單相三線式或三相四線式電路供應放電燈管時，因中性線有第三諧波電流存在，仍應計入。

33. （2,3,4）　導線管槽配線（導線絕緣物溫度 60℃）安培容量表適用於下列哪些配線？①非金屬管配線②電纜③金屬管配線④可撓管配線。

　　　▶解：用戶用電第 16 條表 16-3 導線管槽配線－註 1.本表適用於金屬管配線、電纜、可撓管配線及金屬線槽配線。

34. （1,3）　14 平方公厘以下之絕緣導線欲作為電路中之識別導線者，其外皮必須為下列哪些顏色以資識別？①白色②紅色③灰色④綠色。

　　　▶解：用戶用電第 70 條-4。

35. （2,4）　電路供應放電管燈者，因中性線有第三諧波電流存在，下列哪些供電方式仍應計入？①單相二線式②單相三線式③三相三線式④三相四線式。

　　　▶解：用戶用電第 122 條表 122 註：2.本表所導稱線數不包括中性線、接地線、控制線及訊號線，但單相三線式或三相四線式電路供應放電管燈者，因中性線有第三諧波電流存在，仍應計入。

36. （1,2,4）　有關銅的特性，下列敘述哪些錯誤？①半導體材料②絕緣材料③非磁性材料④磁性材料。

　　　▶解：電工實習（一）－銅為非磁性材料屬於導電材料。

37. （1,2,4）　有關電氣爐內配線，下列哪些導線不得選用？①PVC 絞線②PVC 花線③裸銅線④電纜線。

▶解：用戶用電第 11 條屋內線應用絕緣導線，但有下列情形之一者得用裸
銅線：一、電氣爐所用之導線。二、乾燥室所用之導線。三、電動起
重機所用之滑接導線或類似性質者。

38.（1,3,4） 有關銅導線使用，下列敘述哪些正確？①周溫越高時，導線安培容量越小②
溫度上升，電路的電壓降減少③交流頻率越高，集膚效應越顯著④於直流電
情況下，無集膚效應。

▶解：電工實習（一）－工具介紹銅導線溫度上升，電路的電阻值上升則電
壓降增加。

工作項目 04　導線管槽之選用及裝修

單選題

1.（3） 水平裝置之導線槽應在相距多少公尺處加一固定支持裝置？①0.5②1③1.5④2。

▶解：用戶用電第 279 條。

2.（2） 自匯流排槽引出之分歧匯流排槽如其長度不超過多少公尺時，其安培容量為其前面
過電流保護額定值之 $\frac{1}{3}$ 以上，且不與可燃性物質接觸者得免在分歧點處另設過電流
保護設備？①10②15③20④25。

▶解：用戶用電第 291 條-2。

3.（1） 匯流排槽得整節水平穿越乾燥牆壁及垂直穿越乾燥地板，惟該部分及延至地板面
上多少公尺處，應屬完全封閉型者？①1.8②2.8③3.8④4.8。

▶解：用戶用電第 288 條。

4.（4） 在導線槽內接線或分歧時，該連接及分歧處各導線（包含接線及分接頭）所占截
面積不得超過該處導線槽內截面積之多少%？①40②50③60④75。

▶解：用戶用電第 278 條。

5.（4） MI 電纜彎曲時，其內側彎曲半徑應為電纜外徑之多少倍以上為原則？①2②3③4
④5。

▶解：用戶用電第 272 條。

6.（2） 非金屬管垂直配管，管內導線線徑為 100 平方公厘，其導線須每隔多少公尺做一支持？①15②20③25④30。

▶解：用戶用電第 230 條表 1-4-11 規定（垂直配管內導線支持點最大間隔，如下）

導線線徑(mm²)	50 以下	100	150	250	超過 250
最大間隔(m)	30	25	20	15	12

7.（2） 交連 PE 電纜其內部的交連 PE 是做①導電用②絕緣用③複合用④遮蔽用。

▶解：電工實習（一）－工具介紹交連 PE 為使用經化學鍵的交連，由熱黏物質轉變成熱凝物質的 PE，而做為絕緣物質之電力電纜，亦稱 CV 電纜或稱 PEX 電纜，交連 PE 為一種耐熱的高級絕緣材料。

8.（3） 5.5 平方公厘低壓電纜沿建物之側面水平裝設，以電纜固定夾支持時，其最大間隔為多少公尺？①0.3②0.5③1④1.2。

▶解：用戶用電第 255 條表 255。

9.（3） 高壓電力電纜之外層遮蔽之主要用途為①增強電纜扯斷強度②電纜外傷保護③保持絕緣體之零電位④增加耐電壓強度。

▶解：輸配電第 11 條-2-3 交流供電系統有絕緣外皮之電纜，儘量在電纜之絕緣遮蔽層或被覆，與系統接地之間另施作搭接及接地連接，可知電力電纜之外層遮蔽主要為保持絕緣體之零電位。

10.（3） 電纜若其通過電流無法保持電磁平衡時，應採用何種導線管？①薄鋼導線管②厚鋼導線管③PVC 管④EMT 管。

▶解：用戶用電第 259 條。

11.（2） 埋入建築物混凝土之金屬管外徑，以不超過混凝土厚度的多少為原則？①$\frac{1}{2}$②$\frac{1}{3}$③$\frac{2}{3}$④$\frac{3}{4}$。

▶解：用戶用電第 232 條-2。

12.（2） 金屬導線槽不得裝於①公共場所②易燃性塵埃場所③潮濕場所④電梯之配線。

▶解：用戶用電第 276 條-2。

13.（1） 除另有規定外，裝於導線槽內之有載導線數不得超過三十條，且各導線截面積之和不得超過該導線槽內截面積之多少%？①20②25③30④50。

▶ 解：用戶用電第 277 條。

14.（4）垂直裝置之金屬導線槽，其支持點距離不得超過多少公尺？①2.5②3③4④4.5。

▶ 解：用戶用電第 279 條。

15.（3）由匯流排槽引接之分路得按何種方式配裝？①PVC 管②非金屬導線槽③金屬外皮電纜④燈用軌道。

▶ 解：用戶用電第 290 條。

16.（4）設計水平裝置之匯流排槽應每距 1.5 公尺處須加固定支持，如裝置法確屬牢固者，則該項最大距離得放寬至多少公尺？①1.5②2③2.5④3。

▶ 解：用戶用電第 287 條。

17.（2）設計水平裝置之匯流排槽應每隔 1.5 公尺處須加固定支持，如為垂直裝置者，應於各樓板處牢固支持之，但該項最大距離不得超過多少公尺？①4②5③6④7。

▶ 解：用戶用電第 287 條。

18.（2）設計水平裝置之匯流排槽，每隔多少公尺處須加固定支持？①1②1.5③2④2.5。

▶ 解：用戶用電第 287 條。

19.（2）一般金屬可撓導線管其厚度須在多少公厘以上？①0.6②0.8③1.0④1.2。

▶ 解：用戶用電第 292 條-14-2。

20.（3）高壓接戶線之電力電纜如屬於 25kV 級者，其最小線徑應為多少平方公厘？①14②30③38④60。

▶ 解：用戶用電第 409 條-2 高壓電力電纜之最小線徑，8000 伏級者為 14 平方公厘，15,000 伏級者為 30 平方公厘，25,000 伏級者為 38 平方公厘。

21.（4）長度超過一公尺之金屬管配線中，導線直徑在多少公厘以上者，應使用絞線？①1.6②2.0③2.6④3.2。

▶ 解：用戶用電第 219-2 條。

22.（1）低壓屋內配線所使用之金屬管，其管徑不得小於多少公厘？①13②19③25④31。

▶ 解：用戶用電第 221 條-5。

23.（2）3φ220V10HP 一般用電動機，若使用厚金屬管配線，若不含設備接地線時，應選用之最小管徑為多少公厘？①16②22③28④36。

▶解：用戶用電第 157 條表 157 中 3 φ 220V10HP 電動機全負載電流 27A，最小線徑 8 平方公厘，按第 222 條表 222.1 在厚金屬管中配線 3 條，則最小管徑為 22 公厘。

24.（2）有一照明線路，使用 2.0mmPVC 導線 6 條，欲穿過一厚金屬管時，應選用最小管徑為多少公厘？①16②22③28④36。

▶解：用戶用電第 244 條表 244.1。

25.（1）金屬管彎曲時，除管內導線為鉛皮包線者外，金屬管彎曲之內側半徑不得小於管子內徑之多少倍？①6②8③10④12。

▶解：用戶用電第 224 條-1。

26.（4）在金屬管配線中，兩出線盒間之轉彎不得超過①90°②180°③270°④360°。

▶解：用戶用電第 224 條-2。

27.（4）敷設明管時，薄金屬管距出線盒多少公尺以內應裝設護管鐵固定？①0.1②0.3③0.5④1。

▶解：用戶用電第 225 條。

28.（2）可撓金屬管以明管敷設時，每隔多少公尺內及距出線盒 30 公分以內裝設護管鐵固定？①1②1.5③2④3。

▶解：用戶用電第 225 條。

29.（2）電動機分路之導線安培容量應不低於電動機額定電流之多少倍？①1.15②1.25③1.35④1.5。

▶解：用戶用電第 157 條-1。

30.（2）5 條 2.0mm PVC 導線欲穿在 10 公尺長非金屬(PVC)管時，應選用最小管徑為多少公厘？①16②20③28④35。

▶解：用戶用電第 244 條表 244.1。

31.（1）線徑不同之導線穿在同一非金屬管內時，其絞線與絕緣皮截面積之總和以不超過導線管截面積之多少%為原則？①40②50③60④70。

▶解：用戶用電第 244 條-3。

32.（1）非金屬管相互間相接長度，若使用黏劑時，須為管之管徑多少倍以上？①0.8②1③1.2④1.5。

▶解：用戶用電第 246 條-2。

33.（3）PVC 管未使用黏劑時，其相互間及管與配件相接長度須為管之管徑多少倍以上？
①0.8②1.0③1.2④1.5。

　　▶解：用戶用電第 246 條-2。

34.（3）電纜穿入金屬接線盒時，應使用下列何種裝置以防止損傷電纜？①護管鐵②電纜
固定夾③橡皮套圈④分接頭。

　　▶解：用戶用電第 254 條-4。

35.（3）沿建築物內側或下面裝設電纜者，其支持點間隔應在多少公尺以下？①1②1.5③2
④2.5。

　　▶解：用戶用電第 255 條表 255。

36.（2）低壓電纜不沿建築物施工而利用吊線架設電纜時，其支持點間距離限多少公尺以
下，且能承受該電纜重量？①10②15③20④25。

　　▶解：用戶用電第 255 條-6-2。

37.（4）彎曲鉛皮電纜不可損傷其絕緣，其彎曲處之內側半徑須為電纜外徑之多少倍以
上？①6②8③10④12。

　　▶解：用戶用電第 262 條。

38.（3）PVC 絕緣帶纏繞導線連接部分時，應掩護原導線之絕緣外皮多少公厘以上？①5
②10③15④20。

　　　▶解：用戶用電第 15 條-7PVC 電線應使用 PVC 絕緣帶纏繞連接部分使與原導線
之絕緣相同，纏繞時應就 PVC 絕緣帶寬度二分之一重疊交互纏繞，並掩護
原導線之絕緣外皮 15 公厘以上。

39.（1）非金屬管與金屬管比較，前者具有何優點？①耐腐蝕性②耐熱性③耐衝擊性④耐
壓性。

　　　▶解：非金屬管與金屬管比較，前者之優點具有(1)耐腐蝕性(2)耐熱性(3)耐衝擊性
(4)耐壓力。

40.（4）長度 6 公尺以下之 16mmPVC 管，無顯著彎曲及導線容易更換者，可放置 1.6 公厘
PVC 電線最多為多少條？①4②5③7④10。

　　　▶解：用戶用電第 244 條表 244.1。

41.（3）長度 6 公尺以下之 16mmPVC 管，無顯著彎曲及導線容易更換者，可放置 2.0 公厘 PVC 電線最多為多少條？①10②5③7④4。

　▶解：用戶用電第 244 條表 244.1。

複選題

42.（1,2,4）有關金屬管配線之導線，應符合下列哪些規定？①金屬管配線應使用絕緣線②導線直徑在 3.2 公厘以上者應使用絞線，但長度在 1 公尺以下之金屬管不在此限③導線直徑在 2.0 公厘以上者應使用絞線，但長度在 1 公尺以下之金屬管不在此限④導線在金屬管內不得連接。

　▶解：用戶用電第 219 條金屬管配線之導線應符合下列規定：1.金屬管配線應使用絕緣線。2.導線直徑在 3.2 公厘以上者應使用絞線，但長度在一公尺以下之金屬管不在此限。3.導線在金屬管內不得接線。

43.（2,3）下列哪些有關 EMT 管的敘述正確？①是屬於厚導線管之一種②是屬於薄導線管之一種③不得配裝於 600V 以上之高壓配管工程④可配裝於 600V 以上之高壓配管工程。

　▶解：用戶用電第 221-2 與 223-2-4 條金屬管適用範圍應符合下列規定：二、EMT 管及薄導線管不得配裝於下列場所：(1)有發散腐蝕性物質之場所及含有酸性或鹼性之泥土中。(2)有危險物質存在場所。(3)有重機械碰傷場所。(4)600 伏以上之高壓配管工程。

44.（1,2）厚導線管不得配裝於下列哪些場所？①發散腐蝕性物質之場所②含有酸性或鹼性之泥土中③灌水泥或直埋之地下管路④長度超過 1.8 公尺者。

　▶解：用戶用電第 223 條-2 金屬管適用範圍應符合下列規定：1.厚導線管不得配裝於有發散腐蝕性物質之場所及含有酸性或鹼性之泥土中。

45.（1,2,4）EMT 管及薄導線管不得配裝於下列哪些場所？①有危險物質存在場所②有重機械碰傷場所③灌水泥或直埋之地下管路④600V 以上之高壓配管工程。

　▶解：用戶用電第 223 條-2 金屬管適用範圍應符合下列規定：二、EMT 管及薄導線管不得配裝於下列場所：(1)有發散腐蝕性物質之場所及含有酸性或鹼性之泥土中。(2)有危險物質存在場所。(3)有重機械碰傷場所。(4)600 伏以上之高壓配管工程。

46. （1,2,3） 可撓金屬管不得配裝於下列哪些場所？①升降機②蓄電池室③灌水泥或直埋之地下管路④電動機出口線。

   ▶解：用戶用電第 223 條-3 金屬管適用範圍應符合下列規定：三、可撓金屬管不得配裝下列場所：(1)升降機。(2)蓄電池室。(3)有危險物質存在場所。(4)灌水泥或直埋之地下管路。(5)長度超過 1.8 公尺者。

47. （1,3,4） 有關交流電源在相同負載功率與距離條件下，下列敘述哪些正確？①提高配電電壓可提高配電效率②將 1φ2 W 電源配線改為 1φ3 W 電源配線將增加線路損失③將 1φ2 W 電源配線改為 1φ3 W 電源配線可減少線路壓降④改善負載端之功率因數可降低配電損失。

   ▶解：電路學－當負載不變的情況下，電壓上升與負載功因上升均會使線路電流下降，此均會使電壓下降並提高用電效率，交流電路將 1φ2 W 電源配線改為 1φ3 W 電源配線，會減少線路壓降與減少線路損失。

48. （1,2,3,4） 金屬管可分為下列哪些種類？①厚導線管②薄導線管③EMT 管④可撓金屬管。

   ▶解：用戶用電第 221 條金屬管之選定應符合下列規定：二、常用鋼管按其形式及管壁厚度可分為厚導線管、薄導線管、EMT 管(Electric Metallic Tubing)及可撓金屬管四種。

49. （1,2,3） 匯流排槽可做露出裝置，但不得裝於下列哪些場所？①易受重機械碰損場所②易燃性塵埃場所③升降機孔道內④屋內場所。

   ▶解：用戶用電第 286 條匯流排槽可作露出裝置，但不得裝於下列場所：一、易受重機械碰損及發散腐蝕性氣體場所。二、起重機或升降機孔道內。 三、屬於爆發性氣體存在場所及易燃性塵埃場所。四、屋外或潮濕場所，但其構造適合屋外防水者不在此限。

50. （2,3,4） 非金屬導線槽得使用於下列哪些場所？①易受外力損傷之場所②無掩蔽之場所③有腐蝕性氣體之場所④屬於潮濕性質之場所。

   ▶解：用戶用電第 276 條-1 非金屬管導線槽得使用於下列情形：一、無掩蔽之場所。二、有腐蝕性氣體之場所。三、屬於潮濕性質之場所。

51. （1,3,4） 燈用軌道不得裝置在下列哪些場所？①易受外力碰傷②超過地面 1.5 公尺③存放電池④潮濕或有濕氣。

▶解：用戶用電第 292 條之 4，燈用軌道不得裝置在下列場所：一、易受外物碰傷。二、潮濕或有濕氣。三、有腐蝕性氣體。四、存放電池。五、屬危險場所。六、屬隱蔽場所。七、穿越牆壁。八、距地面 1.5 公尺以下。但有保護使其不受外物碰傷者除外。

52. （1,4） 金屬可撓導線管配線之導線，應符合下列哪些規定？①導線直徑超過 3.2 公厘，應使用絞線②銅導線直徑 3.2 公厘以下，應使用絞線③鋁導線直徑 4.0 公厘以下，應使用絞線④鋁導線直徑超過 4.0 公厘，應使用絞線。

▶解：用戶用電第 292 條 12，金屬可撓導線管配線之導線應符合下列規定：一、金屬可撓導線管應使用絕緣導線。二、銅導線直徑超過 3.2 公厘或鋁導線直徑超過 4.0 公厘，應使用絞線。三、金屬可撓導線管內導線不得接續。

53. （2,3,4） 有關導線管，下列敘述哪些正確？①非金屬管可作為燈具之支持物②交流回路，同一回路之全部導線原則上應穿在同一金屬管內，以維持電磁平衡③金屬管為鐵、銅、鋼、鋁及合金等製成品④低壓屋內配線所用的金屬管，其最小管徑不得小於 13 公厘。

▶解：用戶用電第 239-2 條②第 220 條：交流回路，同一回路之全部導線原則上應穿在同一管，以維持電磁平衡。③第 221 條 1.金屬管為鐵、銅、鋼、鋁及合金等製成品。④第 221 條表 221-1。

54. （2,3） 有關 EMT 導線管裝設，下列敘述哪些正確？①屬於厚導線管②屬於薄導線管③不得配裝於超過 600 伏之配管工程④得配裝於超過 600 伏之配管工程。

▶解：用戶用電第 223 條：二、EMT 管及薄導線管不得配裝於下列場所：(1)有發散腐蝕性物質之場所及含有酸性或鹼性之泥土中。(2)有危險物質存在場所。(3)有重機械碰傷場所。(4)600 伏以上之高壓配管工程。

55. （1,2,4） 有關電纜架之裝設，下列敘述哪些正確？①600 伏以下之電纜可裝於同一電纜架②超過 600 伏之電纜可裝於同一電纜架③超過 600 伏及 600 伏以下之電纜可裝於同一電纜架④超過 600 伏及 600 伏以下之電纜，若以非易燃性之隔板隔離，可裝於同一電纜架。

▶解：用戶用電第 252 條電纜架裝置應符合下列規定：一、電纜架須為完整之系統，現場彎曲或整修應維持纜架之電氣連接性，及電纜之固定。

二、電纜由電纜架轉進其他管槽時，應避免電纜產生機械應力。三、電纜架必要時應採用非易燃性之蓋子或保護箱加以保護。四、600 伏以下之電纜可裝於同一電纜架。五、超過 600 伏之電纜不得與 600 伏以下電纜裝於同一電纜架,但以非易燃性之隔板隔離或採用金屬外皮電纜配裝不在此限。六、電纜架可延長橫跨隔板牆壁或垂直於潮濕或乾燥處所之台架及地板,惟須加以隔離且具有防止火災擴大之裝置。七、電纜架須具有適當空間以供裝置和維護電纜。

56.（1,3） 可能受重物壓力衝擊之場所①不得使用電纜②採用保護管保護電纜時，保護管內徑應大於電纜外徑 1.2 倍③採用保護管保護電纜時，保護管內徑應大於電纜外徑 1.5 倍④謹慎施工，亦可使用電纜。

▶解：用戶用電第 254 條：一、可能受重物壓力或顯著之機械衝擊之場所，不得使用電纜，但其受力部分如依下列規定加適當保護者不在此限。
(1)採用保護管保護時，其內徑應大於電纜外徑 1.5 倍，若保護管很短且無彎曲，電纜之更換施工容易者，其外徑可小於電纜外徑 1.5 倍。
(2)電纜在屋外時，在用電場所範圍內由地面起至少 1.5 公尺應加保護，但在用電場所範圍外則自地面起至少 2 公尺應加保護。

工作項目 05　配電線路工程裝修

單選題

1.（4） 11.4kV 配電線路跨越一般道路時其離地面應有多少公尺以上？①4.5②5③5.5④6。

▶解：輸配電第 89 條表 89-1 超過 750 伏特至 22 千伏之開放式供電導線;暴露於超過 750 伏特至 22 千伏之非被接地支線對道路街道及車道之垂直間隔為 5.6 公尺以上。

2.（3） 電桿埋入泥地之深度通常約為電桿總長之①$\frac{1}{3}$②$\frac{1}{4}$③$\frac{1}{6}$④$\frac{1}{10}$。

▶解：輸配電第 67 條表 67，電桿埋入地下深度約為總桿長的$\frac{1}{6}$（電桿長 6.0 公尺埋入泥地 1.0 公尺，電桿長 7.5 公尺埋入泥地 1.2 公尺……）。

3.（3） 木桿腳踏釘必要時可永久裝於桿上，但離地上多少公尺以下部分必須拆除？①1.5②1.8③2.5④3。

▶解：輸配電第 65 條支持物之爬登裝置規定如下：二、腳踏釘：永久設置於支持物之腳踏釘，距地面或其他可踏觸之表面，不得小於 2.45 公尺或 8 英尺。但支持物已被隔離或以高度 2.13 公尺或 7 英尺以上圍籬限制接近者，不在此限。

4. (3)　高壓線路與低壓線路在屋內應隔離多少公厘以上？①100②200③300④400。

　　▶解：用戶用電第 406 條。

5. (4)　低壓連接接戶線之長度，自第一支持點起以多少公尺為限？①20②35③40④60。

　　▶解：用戶用電第 446 條-1。

6. (2)　低壓單獨接戶線電壓降不得超過標稱電壓之①0.1②0.01③0.2④0.02。

　　▶解：用戶用電第 447 條-1：接戶線之電壓降應符合下列規定：一、低壓單獨接戶線電壓降不得超過百分之 1，但附有連接戶線者得增為百分之 1.5。二、臨時工程，電壓降不得超過百分之 2。

7. (2)　低壓架空接戶線與鄰近樹木及其他線路之電桿間，其水平及垂直間隔應維持多少毫米以上？①100②200③300④400。

　　▶解：用戶用電第 452 條：接戶線與附近之樹木及其他線路之電桿應距離 0.3 公尺以上。輸配電第 108 條：表 108 架空導線與植物之最小間隔 750V 以下最小水平及垂直間隔均為 20cm。

8. (4)　低壓接戶線之接戶支持物離地高度不得小於多少公尺？①1.5②1.8③2.0④2.5。

　　▶解：用戶用電第 453 條-4。

9. (3)　高壓架空進屋線其裸線線徑不得小於多少平方公厘？①8②14③22④30。

　　▶解：用戶用電第 408 條-1。

10. (3)　依屋內線路裝置規則,高壓導線由地下引出地面時,如安裝於電桿並採用硬質 PVC 管保護，則該管路由地面算起至少應有多少公尺之高度？①1.2②2③2.4④3。

　　▶解：用戶用電第 416 條-4。

11. (1)　特別低壓線路裝置於屋外時，若將各項電具均接入，導線相互間及導線與大地間之絕緣電阻不得低於多少 MΩ？①0.05②0.1③0.5④1。

　　▶解：用戶用電第 370 條-2。

12.（3） 高壓線路距離電訊線路、水管、煤氣管等,以多少公厘以上為原則?①150②300③500④600。

▶解:用戶用電第 407 條。

13.（2） 變電室內 11.4kV 線路,其兩裸導體相互間之最小間隔為多少公厘?①100②200③300④400。

▶解:用戶用電第 402 條表 402。

14.（3） 變電室內 22.8kV 線路,其兩裸導體相互間之最小間隔為多少公厘?①100②200③300④400。

▶解:用戶用電第 402 條表 402。

15.（2） 某 11.4kV 之屋內線路,其裸導體間與鄰近大地間之最小間隔為多少公厘?①100②110③120④150。

▶解:用戶用電第 402 條表 402。

16.（2） 某 22.8kV 之屋內線路,其裸導體與鄰近大地間之最小間隔為多少公厘?①115②215③315④415。

▶解:用戶用電第 402 條表 402。

17.（3） 高壓電氣設備有活電部分露出者,如以圍牆加以隔離,則圍牆高度應在多少公尺以上?①1.5②2.0③2.5④3.0。

▶解:用戶用電第 404 條。

18.（2） 變壓器施行絕緣耐壓時,各繞組之間,應能耐壓 1.5 倍最大使用電壓之試驗電壓多少分鐘?①5②10③15④20。

▶解:用戶用電第 21 條。

19.（3） 高壓交流電力電纜以直流電壓施行耐壓試驗十分鐘時,其試驗電壓應為最大使用電壓之多少倍?①1②2③3④4。

▶解:用戶用電第 23 條高壓配線部分(不包括管燈用變壓器、X 光管用變壓器、試驗用變壓器等之二次側配線)以 1.5 倍最大使用電壓之試驗電壓加於導線與大地應能耐壓 10 分鐘。交流電力電纜可採用兩倍試驗電壓之直流電壓加壓之試驗方式。

20.（3） 製造貯藏危險物質之處所施設線路時，應採用哪種管路方式裝配？①薄金屬管②EMT 管③厚金屬管④磁珠配線。

▶解： 用戶用電第 319 條。

21.（4） 與游泳池、跳水平台、高空跳水台、滑水道，或其他與游泳池有關固定體等之邊緣，其水平間隔在多少公尺內不得敷設低壓供電電纜？①1.5②2.0③2.5④3.0。

▶解： 輸配電第 102 條-1-2 與游泳池、跳水平台、高空跳水台、滑水道，或其他與游泳池有關固定體等之邊緣，其水平間隔在 3 公尺或 10 英尺以上。

22.（4） 沿建築物內側裝設低壓電纜者，其支持點間隔應在多少公尺以下？①0.5②1③1.5④2。

▶解： 用戶用電第 255 條表 255。

23.（1） 接戶線按地下低壓電纜方式裝置時，如壓降許可，其長度①不受限制②不得超過 20 公尺③不得超過 35 公尺④不得超過 40 公尺。

▶解： 用戶用電第 446 條-3。

24.（4） 低壓配線裝置直埋電纜由地下引出地面時，應以適當之配電箱或導線管保護，保護範圍至少由地面起達 2.5 公尺及自地面以下多少公分？①15②23③30④46。

▶解： 用戶用電第 484 條-5 低壓配線裝置應符合左列規定：四、直埋電纜由地下引出地面時，應以適當之配電箱或導線管保護，保護範圍至少由地面起達二・五公尺及自地面以下達四六公分。導線進入建築物時，自地面至接戶點應以適當之配電箱或導線管保護。

25.（3） 對地電壓 300 伏特以下之絕緣供電接戶線，跨越一般道路應離路面多少公尺以上？①4.0②4.5③4.9④5.6。

▶解： 輸配電第 89 條表 89-1 中架空線路支吊線、導線及電纜與地面、道路、軌道或水面之垂直間隔規定電壓 750V 以下電纜跨越通道中對於一般道路垂直間隔為 4.7 公尺。

26.（3） 設施電氣醫療設備工程時，限用①PVC 單線②PVC 絞線③電纜線④花線。

▶解： 用戶用電第 355 條電器醫療設備工程限用電纜線。

27.（4） 屋內之低壓電燈及家庭用電器具採 PVC 管配線時，其裝置線路與電訊線路，應保持多少公厘以上之距離？①50②80③100④150。

▶解：用戶用電第 79 條-1。

28.（4）屋內之低壓電燈及家庭用電器具之裝置線路與水管，應保持多少公厘以上之距離？①50②80③100④150。

▶解：用戶用電第 79 條-1。

29.（4）屋內之低壓電燈及家庭用電器具之裝置線路與煤氣管，應保持多少公厘以上之距離？①50②80③100④150。

▶解：用戶用電第 79 條-1。

30.（4）以手捺開關控制電感性負載（如日光燈、電扇等）時，其負載電流應不超過開關額定電流之多少%？①50②60③70④80。

▶解：用戶用電第 46 條-3。

31.（4）敷設金屬管時，須與煙囪、熱水管及其他發散熱氣之物體，如未適當隔離者，應保持多少公厘以上之距離？①150②250③300④500。

▶解：用戶用電第 79 條-2。

32.（3）在汽車修理廠之危險場所上方，固定裝置之燈具距地面高度不得低於多少公尺，以免車輛進出時碰損？①1.6②2.6③3.6④4.6。

▶解：用戶用電第 310 條-3-1。

33.（2）住宅場所陽台之插座及離廚房水槽多少公尺以內之插座分路應裝設漏電斷路器？①0.8②1.8③2.8④3.8。

▶解：用戶用電第 59 條-7。

34.（3）接於 15 安及 20 安低壓分路之插座應採用①單插座②雙插座③接地型插座④重責務型插座。

▶解：用戶用電第 85 條-1。

35.（4）在用戶用電範圍內，25kV 電力電纜以硬質非金屬管裝置埋設於地下時，除另有規定外，其最小埋設深度為多少公厘？①160②300③460④610。

▶解：用戶用電第 416 條表 416。

36.（2）低壓架空單獨及共同接戶線之長度以 35 公尺為限，但如架設配電線路有困難時，得延長至多少公尺？①40②45③50④55。

▶解：用戶用電第 446 條-1。

37.（3） 除特殊長桿距外，通常一般線路桿距之導線終端裝置採用何種方式固定？①活線線夾②拉線環③拉線夾板④裝腳礙子。

38.（2） 低壓屋內線路新設時，其絕緣電阻建議在多少 MΩ 以上？①0.1②1③5④10。

　　▶解： 用戶用電第 19 條-4。

39.（1） 屋外架空配電線路，220V 低壓裸導線與房屋之水平間隔應保持在多少公尺以上？①1.2②1.5③1.8④2。

　　▶解： 輸配電第 100 條表 100，750 伏特以下未防護之硬質帶電組件與建築物的水平間隔含牆壁、突出物及有防護之窗戶等區域均為 1.2 公尺。

40.（1） 屋外架空配電線路，11.4kV 高壓裸導線與房屋之水平間隔應保持在多少公尺以上？①1.5②2③2.5④3。

　　▶解： 輸配電第 100 條表 100，超過 750 伏特至 22 千伏之開放式供電導線與建築物的水平間隔含牆壁、突出物及有防護之窗戶等區域均為 1.5 公尺。

41.（2） 在用戶用電範圍內，15kV 電力電纜以硬質非金屬管裝置埋設於地下時，除另有規定外，其最小埋設深度為多少公厘？①300②460③610④760。

　　▶解： 用戶用電第 416 條表 416。

42.（2） 電度表接線箱，其箱體若採用鋼板者，其厚度應在多少公厘以上？①1.2②1.6③2.0④2.6。

　　▶解： 用戶用電第 477 條-3。

43.（2） 已知幹線電壓降為標稱電壓之 3%，則其分路電壓降不得超過標稱電壓多少％？①1②2③3④4。

　　▶解： 用戶用電第 9 條。

44.（2） 低壓電纜在屋外敷設於用電場所範圍內，由地面起至少多少公尺應加以保護？①1.0②1.5③2④3。

　　▶解： 用戶用電第 254 條-1-2。

45.（3） 高壓接戶線之架空長度以多少公尺為限且不可使用連接接戶線？①10②20③30④50。

　　▶解： 用戶用電第 409 條-3。

46.（4）依用戶用電設備裝置規則，高壓配線彎曲電纜時，不可損傷其絕緣，其彎曲處內側半徑除廠家另有詳細規定者外，以電纜外徑之多少倍以上為原則？①6②8③10④12。

> 解：用戶用電第 256 條彎曲電纜時，不可損傷其絕緣，其彎曲處內側半徑為電纜外徑之 6 倍以上為原則（單心電纜為 8 倍）。第 419 條彎曲電纜時，不可損傷其絕緣，其彎曲處內側半徑為電纜外徑之 12 倍以上為原則。

47.（4）電桿裝設支線時，其支線礙子應裝置在離地面多少公尺以上處所？①1②1.5③2④2.5。

> 解：輸配電第 60 條-1 所有支線礙子或跨距吊線礙子之裝設，應使支線或跨距吊線斷落到礙子下方時，礙子底部離地面不小於 2.45 公尺或 8 英尺。

48.（1）架空配電線路之支持物與消防栓之間隔應保持多少公尺以上之間隔？①1.2②2.0③3.0④3.5。

> 解：輸配電第 85 條支持物與消防栓之間隔不得小於 1.2 公尺或 4 英尺。

49.（2）導線壓接時宜選用符合各導線線徑之①電工鉗②壓接鉗③斜口鉗④鋼絲鉗。

> 解：電工實習（一）－工具介紹壓接應使用適當的壓接鉗不可使用萬用鉗壓接。

50.（3）屋內配線所使用之絞線至少由多少股實心線組成？①3②5③7④19。

> 解：電工實習（一）－工具介紹兩層七股總股數為 N，重疊層數為 n，則總股數 N 等於股數公式 $N = 3n(n+1)+1 = 37 = 3n^2 + 3n+1$。

51.（3）七股絞線以不加紮線之分歧連接時，每股應紮多少圈以上？①4②5③6④7。

> 解：用戶用電第 15 條-4-2。

52.（1）從事電線接續壓接工作，偶因施工不良引起事故，主要是因為接續點何者增大的原故？①電阻②電感③電壓④電容。

> 解：用戶用電 15 條-1 導線應盡量避免連接，因導線戶為連接時，在連接處會有接觸電阻存在，致接續點電阻增大。

53.（2）12 公尺之架空線路電桿在泥地埋設時，埋入地中之深度應為多少公尺？①1.5②1.8③3④6。

▶ 解：輸配電第 67 條表 67，電桿埋入地下深度約為總桿長的 $\frac{1}{6}$（電桿長 9.0 公尺埋入泥地 1.5 公尺，電桿長 12 公尺埋入泥地 1.8 公尺……）。

54.（4）　下列何種導線適用於長距離高壓輸電線路？①鋁導線②軟銅線③硬抽銅導線④鋼心鋁導線。

　　　▶ 解：用戶用電 10 條-4 屋內使用軟銅線，屋外使用硬銅線，輸電線路使用鋼絞鋁線。

複選題

55.　（2,3,4）　屋內線路與電訊線路、水管、煤氣管及其他金屬物間，若無法保持 150 公厘以上距離，可採用下列哪些措施？①磁珠配線②電纜配線③金屬管配線④加裝絕緣物隔離。

　　　　▶ 解：用戶用電第 79 條：1.屋內線路與電訊線路、水管、煤氣管及其他金屬物間，應保持 150 公厘以上之距離，如無法保持該項規定距離，其間應加裝絕緣物隔離，或採用金屬管、電纜等配線方法。

56.　（1,2,3）　下列哪些項目不宜使用在發散腐蝕性物質的場所？①吊線盒②矮腳燈頭③花線④密封防腐蝕之燈頭。

　　　　▶ 解：用戶用電第 331 條不得使用吊線盒，矮腳燈頭及花線。第 332 條出線頭應裝用防腐蝕之金屬吊管或彎管，燈頭應為密封以防腐蝕。

57.　（1,3,4）　單相三線式 110V/220V 配電線路維持負載平衡之目的，下列敘述哪些錯誤？①防止異常電壓之發生②減少線路損失③改善功率因數④減輕負載。

　　　　▶ 解：電路學－三相電路中，單相二線式改為單相三線式 110V/220V 配電線路時，為維持負載平衡，則線路電流減少為原電路的 $\frac{1}{2}$ 則線路壓降減少 $\frac{1}{2}$，線路總損失則減為原來的 $\frac{1}{4}$。

58.　（1,2,4）　製造貯藏危險物質之處所施設線路時，不宜採用下列哪些配管線方式？①薄金屬管②EMT 管③厚金屬管④磁珠配線。

　　　　▶ 解：用戶用電第 320 條配線應符合下列規定：一、配線應依金屬管、非金屬管或電纜裝置法配裝。二、金屬管可使用薄導線管或其同等機械強度以上者。三、以非金屬管配裝時管路及其配件應施設於不易碰損之處所。四、以電纜裝置時，除鎧裝電纜或 MI 電纜外電纜應裝入管路內保護之。

工作項目 06 | 變壓器工程裝修

單選題

1. (4) 下列何者不是單相變壓器並聯運轉時之必要條件？①一次及二次額定電壓相等②極性相同③匝數比相同④容量相同。

　　▶ 解：電機機械－變壓器並聯條件：1.電壓比與匝數比需相等。2.極性須相同。3.等效電抗與其額定容量成反比。4.變壓器的等值電阻及等值電抗需相等。5.電壓調整率須相同。

2. (4) 單相變壓器匝數比為 32，全載時二次側電壓為 102V，電壓調整率為 2%，則一次側電壓約為多少 V？①3300②3310③3320④3330。

　　▶ 解：電機機械－變壓器的匝數比 $\dfrac{V_1}{V_2}=\dfrac{N_1}{N_2}\left(V_1=V_2\times\dfrac{N_1}{N_2}=32\times102=3264\right)\Rightarrow$ 電壓調整率為 2%，則 $3264\times2\%=65.28V$ ，$3264+65.28=3329.28V\approx3330V$ 。

3. (3) 下列何者無法利用變壓器之開路試驗求得？①鐵損②激磁導納③銅損④無載電流。

　　▶ 解：電機機械－變壓器開路試驗就是將高壓側開路，在低壓側通入額定電壓，可測得鐵損、激磁導納、電導及電納，因此並無法測得銅損。

4. (2) 測量變壓器鐵損的方法是①溫升試驗②開路試驗③短路試驗④耐壓試驗。

　　▶ 解：電機機械－變壓器開路試驗。

5. (1) 低壓變壓器一次側之過電流保護器，除另有規定外，應不超過變壓器一次側額定電流之多少倍？①1.25②1.5③2④2.5。

　　▶ 解：用戶用電第 177 條變壓器過電流保護應符合下列規定：一、每一組低壓變壓器應於一次側加裝過電流保護器。該保護器之電流額定或標置值除下列另有規定外，應不超過變壓器一次額定電流之 1.25 倍。

6. (2) 二具 10kVA 之單相變壓器接成 V-V 接線，增加一具相同容量之變壓器，將其接成 △－△ 接線，則變壓器的輸出容量約可增加多少 kVA？①9.6②12.7③16.8④22.4。

　　▶ 解：電機機械－變壓器的 V-V 接線使用容量為 $10KVA\times2\times0.866=17.32KVA$，oo △－△接線使用容量為 $10KVA\times3=30KVA$ ，

　　　　因此 $30KVA-17.32KVA=12.68KVA\approx12.7KVA$ 。

7.（1） 變壓器之一次線圈為 2400 匝，電壓為 3300 伏，二次線圈為 80 匝，則二次電壓為多少伏？①110②220③330④440。

▶解：電機機械－變壓器的感應電勢 $\dfrac{V_1}{V_2} = \dfrac{N_1}{N_2} \Rightarrow \dfrac{3300}{V_2} = \dfrac{2400}{80} \Rightarrow V_2 = 110V$。

8.（2） 單相 50kVA 變壓器二台，接成 V 接線，供應功率因數為 0.8 之三相平衡負載，則可供之三相滿載容量(kVA)約為①100②86③80④57。

▶解：電機機械－變壓器 V 接線的容量為三相的 0.866，所以其容量為 $2 \times 5KVA \times 0.866 = 86.6KVA$。

9.（2） 3300/110V 之變壓器二次側實測電壓為 99V，欲調整為 107V 則分接頭應改在多少 V？①2850②3000③3150④3300。

▶解：電機機械－變壓器－變壓器分接頭電壓 $V = \dfrac{3300}{110} \times \dfrac{110}{107} \times 99 = 3058V$，選 3000V。

10.（2） 某 V-V 接線一燈力併用變壓器組，如欲供應單相負載 75kVA，三相負載 40kVA，則該兩具變壓器之最小組合容量(kVA)為①75/40②100/25③100/40④100/75。

▶解：電機機械－兩具變壓器 V-V 接線可輸出 $75KVA \times 2 \times 0.866 = 129.9KVA$，取 100/25(KVA)組合較適合。

11.（2） V-V 連接與△-△連接之變壓器，每具發揮之容量百分比為多少%？①57.7②86.6③95④100。

▶解：電機機械－單相△-△變壓器容量為 $S_1 = V_P I_P$，兩台為 $S_\triangle = 2V_P I_P$，V-V 連接則其容量為 $S_V = \sqrt{3}V_P I_P$，因此其容量百分比為 $\dfrac{S_V}{S_\triangle} = \dfrac{\sqrt{3}V_P I_P}{2V_P I_P} = \dfrac{\sqrt{3}}{2}$。

12.（3） V-V 連接之變壓器組，其輸出總容量為△-△連接之多少%？①40②50③57.7④86.6。

▶解：電機機械－單相△-△變壓器容量為 $S_1 = V_P I_P$，三台為 $S_\triangle = 3V_P I_P$，V-V 連接則其容量為 $S_V = \sqrt{3}V_P I_P$，因此其容量百分比為 $\dfrac{S_V}{S_\triangle} = \dfrac{\sqrt{3}V_P I_P}{3V_P I_P} = 0.577 = 57.7\%$。

13.（3） 200/100V 2kVA 之單相變壓器，若改接成 200/300V 之升壓自耦變壓器，則其輸出容量為多少 kVA？①2②4③6④8。

▶解：電機機械－自耦變壓器的容量由原來的雙繞組改接成
$2 \times \left(1 + \frac{200}{100}\right) = 6\text{KVA}$，則可供給 6KVA 的容量。

14.（1）50Hz 之變壓器，若用於相同電壓 60Hz 之電源時，磁化電流變為原來之多少倍？
①$\frac{5}{6}$②$\frac{6}{5}$③$\frac{36}{25}$④$\frac{25}{36}$。

　　▶解：電機機械－變壓器的漏磁電抗與電源頻率成正比，因此頻率減少電抗減
　　　　少，而磁化電流與漏磁電抗的大小成反比，因此磁化電流為原來的 5/6 倍。

15.（3）發電廠內發電機之升壓變壓器組，通常採用下列何種連接？①Y-Y②Y-△③△-Y
④△-△。

　　▶解：電機機械－發電廠發電電壓 2.2kV~24kV→經過 △-Y 升壓到 345kV→經過
　　　　Y-△ 降壓到 161kV→經過 Y-△ 降壓到 69kV。

16.（4）在連接比流器(CT)時，必須注意①應與電路並聯②二次側不能接地③二次側須與
瓦特計電壓線圈串聯④不可使二次側開路。

　　▶解：電機機械－特殊變壓器中比流器為減極性設計，一次側需與待測電路串
　　　　聯，二次側不可開路且須接地。

17.（2）二次電流為 5A 之 CT，二次側接有 0.4Ω 阻抗負載時，則其負擔(VA)為①2.5②10
③12.5④25。

　　▶解：電機機械－特殊變壓器中比流器的負擔 $S = I^2 \times Z \Rightarrow S = 5^2 \times 0.4 = 10\text{VA}$。

18.（2）比流器(CT)二次側ℓ端接地之主要目的為①防止二次諧波②人員安全③穩定電壓
④穩定電流。

　　▶解：電機機械－特殊變壓器中比流器二次側一端必須接地以避免靜電感應危害
　　　　人員安全。

19.（1）某變壓器無載時變壓比為 20.5:1，滿載時為 21:1 則其電壓調整率為多少％？①2.43
②-2.38③-2.43④2.38。

　　▶解：電機機械－變壓器理想電壓調整率的定義為：
　　　　$V.R = \dfrac{V_{nl} - V_{fl}}{V_{fl}} = \dfrac{21V_2 - 20.5V_2}{20.5V_2} = 2.43\%$。

20.（1）變壓器的效率為①輸出功率與輸入功率之比②輸入電能與輸出電能之比③輸入功
率與損失之比④輸出功率與損失之比。

▶解：電機機械－變壓器的效率可以區分為

(1)效率 $= \dfrac{\text{輸出功率}}{\text{輸入功率}} = \dfrac{VI\cos\theta}{VI\cos\theta + P_e + P_c} \times 100\%$ ，

(2)全日效率 $= \dfrac{\text{全日輸出功率}}{\text{全日輸出功率} + \text{全日鐵損} + \text{全日銅損}} \times 100\%$ ，

(3)最大效率 $= \dfrac{\text{輸出功率}}{\text{輸出功率} + 2\text{鐵損}} \times 100\%$ 。

21.（4）3300/110V 單相變壓器，當分接頭置於 3450V 位置時，二次側電壓為 105V，則此時一次側電源電壓約為多少 V？①3615②3555③3450④3295。

　　▶解：電機機械－變壓器一次側電壓 $V_1 = 3300 \times \dfrac{\frac{3450}{3300}}{\frac{110}{105}} = 3293 \Rightarrow 3295V$ 。

22.（4）單相變壓器，一次與二次匝數比為 4：1，滿載時二次側之電壓為 105V，已知電壓調整率為 5%，則一次側端電壓約為多少 V？①399②400③420④441。

　　▶解：電機機械－電壓器的電壓調整率

　　　　$V.R = \dfrac{V_1 - aV_2}{aV_2} \Rightarrow 5\% = \dfrac{V_1 - 105 \times 4}{105 \times 4} \Rightarrow V_1 = 441V$ 。

23.（1）比流器(CT)若二次側短路時，則一次側電流①不變②增加③減少④先增加後減小。

　　▶解：電機機械－特殊變壓器比流器，是將電力系統中的大電流以貫穿的方式連接至儀表側，導致因為二次側降電流，如果二次側開路會發生高電壓，所以二次側必須短路，避免二次側因開路高壓使得繞組絕緣被破壞而燒毀。

24.（1）配電系統配電變壓器之二次側中性線接地，係屬於①低壓電源系統接地②設備接地③內線系統接地④高壓電源系統接地。

　　▶解：用戶用電第 24 條-3。

25.（4）變壓器負載增加時，下列敘述何者錯誤？①一次電流增加②匝數比不變③變壓比會增加④鐵損增加。

　　▶解：電機機械－變壓器特性試驗當外加額定電壓下負載增加則匝數比與電壓比不變下，二次電流與一次電流增加，鐵損與電壓平方成正比，銅損則與電流的平方成正比，因此負載增加時鐵損不便，鐵損則增加。

26.（4）變壓器滿載銅損為半載銅損之多少倍？①$\dfrac{1}{4}$②$\dfrac{1}{2}$③2④4。

▶解：電機機械－變壓器銅損與電流的平方成正比，因此銅損與負載平方成正比

$$\frac{滿載銅損}{半載銅損} = \frac{1}{\left(\frac{1}{2}\right)^2} = 4 \text{ 倍}。$$

27.（1） 變壓器若一次側繞組之匝數減少 20%，則二次繞組之感應電勢將①升高 25%②降低 25%③升高 20%④降低 20%。

▶解：電機機械－變壓器匝數比為 $\frac{V_1}{V_2} = \frac{N_1}{N_2} \left(\frac{(1-0.2)N_1}{N_2} = \frac{V_1}{V_2}, V_2 = 1.25\frac{V_1}{a} \right)$，所以二次電壓升高 25%。

28.（3） 額定 600V、30A、阻抗為 1.2Ω 之變壓器，則其百分比阻抗為多少%？①4②5③6④20。

▶解：電機機械－變壓器的百分比阻抗 $p\% = \frac{12}{\frac{600}{30}} \times 100\% = 6\%$ ，

$s = \frac{N_s - N_r}{N_s} \Rightarrow N_r = N_s(1-s) = 1200 \times (1-0.05) = 1140\text{rpm}$ 。

29.（4） 電源電壓維持不變時，變壓器之渦流損失與頻率之關係為①成正比②平方成正比③成反比④無關。

▶解：電機機械－變壓器渦流損 $= K_e V^2 \times t^2$，所以渦流損與電壓 V 平方及矽鋼片厚度 t 的平方成正比。

30.（3） 在變壓器中，鐵損是由下列何者所構成？①磁滯損②渦流損③磁滯損與渦流損④線圈電阻功率損失。

▶解：電機機械－變壓器開路試驗是在低壓側加額定電壓，高壓側開路可以量測出電路中的鐵損，鐵損是指變壓器鐵芯，因導磁體受到變動磁場的影響，在鐵芯中損耗的部份能量，損耗的能量會以熱或噪音的方式散失。

31.（3） 若變壓器一次側外加純正弦波，主磁通及反電勢皆須為正弦波，激磁電流必為①方波②正弦波③含有高奇數諧波④餘弦波。

▶解：電機機械－變壓器，因為鐵心磁滯導致激磁電流含有高奇次諧波的正弦波。

32.（2） 變壓器無載時，磁化電流為 6A，鐵損電流為 8A，則其無載電流為多少 A？①2②10③14④48。

▶解：電機機械－變壓器無載電流 $I_0 = \sqrt{I_m^2 + I_e^2} = \sqrt{6^2 + 8^2} = 10A$。

33.（1）假設電源不變，則三相 Y-Y 連接之變壓器改為△-Y 連接時，二次側電壓變為原來的多少倍？① $\sqrt{3}$ ② $\frac{1}{3}$ ③ $\sqrt{2}$ ④1。

　　▶解：電機機械－變壓器 Y-Y 連接，一次側 V_p（相電壓）$= \frac{1}{\sqrt{3}} V_L$（線電壓），當一次側改成△接線，此時 $V_p = V_L$，因此一次側相電壓由原來的 $\frac{1}{\sqrt{3}} V_L$ 變為 V_L，二次側 Y 連接電壓 $\sqrt{3} V_L$。

34.（3）下列何種三相變壓器之連接，會產生變壓器內部環流？①V-V②Y-Y③△-△④T-T。

　　▶解：電機機械－變壓器△-△ 連接在變壓器內部會產生第三諧波，會產生通訊干擾現象。

35.（2）下列三相變壓器組何者不可並聯運用？①Y-Y 與△-△②Y-△ 與 Y-Y③△-Y 與 Y-△④△-△ 與△-△。

　　▶解：電機機械－三相變壓器在施行並聯運用時必須知道它的極性，才不會連接錯誤導致短路或電壓異常現象，雖然變壓器極性可以不同，但是變壓器之變壓比應正確一致且變壓器之阻抗比應為容量之反比，因此無法應用在 Y-△ 與 Y-Y 連接法。（並聯條件：一次、二次電壓，極性，匝數比，相序，等值電阻、電抗及位移角需相同）

36.（3）量測變壓器銅損的方法是①溫升試驗②開路試驗③短路試驗④耐壓試驗。

　　▶解：電機機械－變壓器測量銅損為短路試驗，開路試驗為測量變壓器鐵損，變壓器銅損是指繞線或是其他電子設備上，因導線流過電流產生的熱損失。

37.（2）欲求變壓器之阻抗電壓應作下列何種試驗？①溫升試驗②短路試驗③變壓比試驗④無載試驗。

　　▶解：電機機械－變壓器短路試驗主要側銅損另外可測等值阻抗、滿載功因；開路試驗主要為測變壓器鐵損，另可測無載功因、無載電流與激磁導納；變壓比試驗為測量匝數比與電壓比。

38.（1）變壓器接成 Y 接時，下列敘述何者為正確？①線電流＝相電流②線電壓＝相電壓③相電壓＝$\sqrt{3}$ 線電壓④相電流＝$\sqrt{3}$ 線電流。

　　▶解：電機機械－變壓器 Y 連接時 $V_l = \sqrt{3} V_p$，$I_l = I_p$。

39.（1） 變壓器一次側電壓維持不變，而二次側接線由 Y 接改成△接，則二次側電壓為原來的多少倍？① $\frac{1}{\sqrt{3}}$ ② $\sqrt{3}$ ③ $\frac{1}{\sqrt{2}}$ ④ $\sqrt{2}$ 。

▶ 解：電機機械－變壓器 Y 接電壓為△接的 $\frac{1}{\sqrt{3}}$ 。

40.（1） 三具均為 10kVA、11400/220V、60Hz 的單相變壓器，擬接成 11400/380V 以供給三相負載使用，請問其連接方法應為①△-Y②Y-△③△-△④Y-Y。

▶ 解：電機機械－變壓器 Y 連接時 $V_l = \sqrt{3}V_P$，△ 連接時 $V_l = V_P$，所以 $\frac{11400}{220}$ 變為 $\frac{11400}{380}$ 必須改為 △-Y 連接。

41.（1） 10kVA 單相變壓器三具以 Y-△連接時，可供三相容量為多少 kVA？①30②26③17.3④8.66。

▶ 解：電機機械－變壓器 10kVA 單相變壓器三具以 Y-△連接時，可供三相容量為 30kVA。

42.（2） 若兩具單相變壓器額定均為 10kVA，採 V-V 連接，則其三相總輸出容量為多少 kVA？①10②17.32③20④30。

▶ 解：電機機械－變壓器的 V-V 接線的產能利用率 86.6%，所以三相使用容量為 $10KVA \times 2 \times 0.866 = 17.32\,KVA$ 。

43.（3） 三具單相變壓器，每具容量為 10kVA，接成△-△接線供給 20kVA 三相平衡負載，今若其中一具故障，其餘二具繼續負擔全部負載時，則此兩變壓器之總過載量為多少 kVA？①10②8.66③2.68④1.34。

▶ 解：電機機械－變壓器 V-V 接線的利用率為 86.6%，
$S = 2 \times 10KVA \times 086.6\% = 17.32KVA \Rightarrow 17.32KVA - 20KVA = -2.68KVA$ 。

44.（1） 將電阻與電抗之比不相等的兩具變壓器作並聯運轉時，則此兩具變壓器所分擔的電流大小之和①大於兩具單獨運轉之電流和②等於兩具單獨運轉之電流和③小於兩具單獨運轉之電流和④可大於也可小於兩具單獨運轉之電流和。

▶ 解：電機機械－變壓器並聯運轉時，各變壓器額定容量與等效阻抗成反比，亦即容量大分擔大，兩部變壓器分別為 Z_A 及 Z_B 時，供應的負載電流及分擔分別為 $I_A = I_L \times \frac{z_B}{Z_A + Z_B}$，$S_A = S \times \frac{z_B}{Z_A + Z_B}$，$I_B = I_L \times \frac{z_A}{Z_A + Z_B}$，$S_B = S \times \frac{z_A}{Z_A + Z_B}$。

45. (3) 將匝數比為 a 之雙繞組變壓器，改接成升壓自耦變壓器，則自耦變壓器與原雙繞組變壓組之負載容量比為多少倍？①1/(1+a)②1/(1-a)③1+a④1-a。

> 解：電機機械－自耦變壓器中雙繞組變壓器連接成升壓自耦變壓器時，當雙繞組變壓器匝數比為 a ，則自耦變壓器的匝數比為 $=1+\dfrac{1}{a}$ ，$\dfrac{雙繞組變壓器容量}{自耦變壓器容量}=1+a$ 。

46. (2) 關於變壓器銅損之敘述，下列何者較正確？①與頻率平方成正比②與負載電流平方成正比③與負載電流成正比④與頻率成正比。

> 解：電機機械－變壓器的銅損與負載電流的平方成正比($P=I_{SC}^{2}R_{TH}$)，另外銅損跟負載率有關，負載低時，銅損比較少。

47. (1) 有一 50kVA、6600/220V 之單相變壓器經由開路及短路試驗測得其鐵損及銅損分別為 300W 及 500W，若變壓器在滿載時功率因數為 0.8，則滿載效率為多少％？①98②90③85④80。

> 解：電機機械－變壓器的效率 $\eta\%=\dfrac{P_o}{P_i}=\dfrac{50\times10^3\times0.8}{50\times10^3\times0.8+300+500}\times100\%=98\%$ 。

48. (3) 變壓器若為 220/110V，則高壓繞組之等值電阻約為低壓繞組之等值電阻的幾倍？①2②$\dfrac{1}{2}$③4④$\dfrac{1}{4}$。

> 解：電機機械－變壓器高壓繞組電阻等於低壓繞組 $\times a^2$ ，$\left(\dfrac{220}{110}\right)^2=4$ 。

49. (2) 變壓器的激磁電流中，含諧波振幅最大者為①二次諧波②三次諧波③四次諧波④五次諧波。

> 解：電機機械－變壓器的激磁電流的奇數諧波會導致通訊干擾，其中以第三諧波所產生的影響最大。

50. (3) 正弦波加於變壓器一次側時，由鐵心的磁滯影響造成激磁電流成為①正弦波②含偶次諧波③含奇次諧波④鋸齒波。

> 解：電機機械－變壓器因鐵心的磁滯其激磁電流會有正弦波外，另含有多次的奇次變形正弦諧波。

51. (3) 下列何者試驗主要在量測變壓器之效率及電壓調整率？①短路試驗②開路試驗③負載試驗④溫升試驗。

▶解：電機機械－變壓器負載試驗可以量測變壓器的效率電壓調整率及功率因數。

52.（3）變壓器於二次側接有負載時，其鐵心內之公共磁通 φm 係由①一次安匝單獨產生②二次安匝單獨產生③一次及二次安匝聯合產生④無法判定。

　　▶解：電機機械－變壓器二次側連接負載時，二次側會有負載電流，因此其鐵心內的公共磁通是由一次及二次安匝所產生。

53.（1）比流器(CT)其額定為 50/5A，15VA，則二次電路之最大阻抗為多少Ω？①0.6②1③2④2.5。

　　▶解：電機機械－特殊變壓器中比流器的負擔
$$S = I^2 \times Z \Rightarrow 15VA = 5^2 \times Z \Rightarrow Z = 0.6\Omega \; 。$$

54.（2）配電盤上之 CT，標示為 0.5 級係表示①絕緣等級②準確度③耐壓④形狀大小。

　　▶解：電儀表學－儀表符號與標示，儀表 0.5 級是表示其誤差百分率為±0.5%。

55.（1）變壓器之額定容量常以下列何種單位表示之？①kVA②kW③kVAR④kWH。

　　▶解：電機機械－變壓器額定容量是指在一般常用狀態下輸出的使用限度。單位常以(kVA)或(MVA)表示。

56.（3）變壓器之一次側係指①高壓側②低壓側③電源側④負載側。

　　▶解：電機機械－變壓器連接電源的一端為一次測。

57.（3）變壓器感應電勢 E＝4.44Nφmf，式中 E 表示電壓之①瞬時值②最大值③有效值④平均值。

　　▶解：電機機械－變壓器的電源為交流電源，因此感應電動勢是依有效值導出。

58.（4）220/110V，10kVA 之變壓器，若改接成 110/330V 之自耦變壓器，則可供給之容量為多少 kVA？①5②8.6③10④15。

　　▶解：電機機械－自耦變壓器的容量 $S_{自} = (1+a)S = 10 \times \left(1 + \frac{110}{220}\right) = 15KVA$ ，則可供給 15KVA 的容量。

59.（2）匝數比為 2：1 之單相變壓器三具，連接成△-Y時，當二次側線電流為 10A 時，則一次側線電流約為多少 A？①5② $5\sqrt{3}$ ③ $10\sqrt{3}$ ④20。

　　▶解：電機機械－變壓器一次側線電流 $\frac{10}{2} \times \sqrt{3} = 5\sqrt{3}A$ 。

60.（2）變壓器施行絕緣耐壓時，各繞組之間，應能耐壓 1.5 倍最大使用電壓之試驗電壓多少分鐘？①5②10③15④20。

▶解：用戶用電第 21 條。

61.（1）用戶自備電源變壓器，其二次側對地電壓超過多少伏時，應採用設備與系統共同接地？①150②300③600④750。

▶解：用戶用電第 27 條-3。

62.（3）某單相 200kVA 變壓器於滿載時，其功率因數為 0.85 落後，則輸出為多少 kW？①85②100③170④200。

▶解：電機機械－變壓器的輸出電功率為 $P = S\cos\theta = 200KVA \times 0.85 = 170KW$。

63.（4）使用三台 11.4kV/220V 之單相變壓器，若一次側電源電壓為三相三線式 11.4kV，欲供給三相 380V 電動機，則變壓器應使用何種接線法？①Y-Y② $\triangle$ - $\triangle$ ③Y- $\triangle$ ④ $\triangle$ -Y。

▶解：電機機械－變壓器結線 Y 連接時 $V_l = \sqrt{3}V_p$，$\triangle$ 連接時 $V_l = V_p$，所以11400採用 $\triangle$ 連接，二次側由 220V 升為 380V，則必須採 $\triangle$ -Y 連接。

64.（2）維修某變壓器，於繞紮線圈時，不慎將其一次線圈匝數增加，則二次線圈端之電壓將何變化？①升高②降低③不變④負載增加則電壓升高，反之降低。

▶解：電機機械－變壓器 $\dfrac{V_1}{V_2} = \dfrac{N_1}{N_2}$，一次側匝數增加，則二次側電壓上升。

65.（2）變壓比為 30：1 之理想單相變壓器，若二次側伏特表指示為 110 伏特，則一次側之電壓為多少伏特？①2200②3300③6600④11400。

▶解：電機機械－變壓器的 $\dfrac{V_1}{V_2} = \dfrac{N_1}{N_2} \left(\dfrac{30}{1} = \dfrac{V_1}{110}, V_1 = 30 \times 110 = 3300V\right)$。

66.（1）有一變壓器，滿載時銅損為 180W，則 $\dfrac{1}{3}$ 負載時銅損為多少 W？①20②30③60④90。

▶解：電機機械－變壓器的損失與負載平方成正比所以銅損 $= \left(\dfrac{1}{3}\right)^2 \times 180 = 20W$。

67.（2）一電感性負載消耗之有效功率為 600W，無效功率為 800VAR，則此負載之功率因數為何？①0.6 超前②0.6 落後③0.8 超前④0.8 落後。

▶解：電路學－交流電功率 $\cos\theta = \dfrac{P}{S} = \dfrac{600}{\sqrt{600^2 + 800^2}} = 0.6$ 電感性功率因數為落後。

68.（4） 有甲和乙兩台容量皆為 80kVA 之單相變壓器作並聯運轉，供給 100kVA 負載。甲和乙之百分比阻抗壓降分別為 4%與 6%，則甲、乙分擔之負載分別為多少 kVA？①30、70②70、30③40、60④60、40。

> 解：電機機械－變壓器的並聯運轉時，各變壓器的額定容量與等效,阻抗成反比因此各變壓器分擔容量為 $S_A = 100KVA \times \dfrac{6\%}{4\% + 6\%} = 60KVA$ ，
>
> $S_B = 100KVA \times \dfrac{4\%}{4\% + 6\%} = 40KVA$ 。

69.（2） 一般電力變壓器在最高效率運轉時，其條件為下列何者？①銅損小於鐵損②銅損等於鐵損③銅損大於鐵損④效率與銅損及鐵損無關。

> 解：電機機械－變壓器的損失變壓器，在銅損等於鐵損時可以得到系統的最大效率。

70.（4） 下列何者不是變壓器的試驗項目之一？①溫升試驗②開路試驗③衝擊電壓試驗④衝擊電流試驗。

> 解：電機機械－變壓器一般試驗有：1.變壓比試驗；2.極性試驗；3.繞組電阻試驗；4.開路試驗；5.短路試驗；6.溫升試驗；7.絕緣耐壓試驗；8.負載特性試驗。在絕緣耐壓試驗中有衝擊電壓試驗，沒有衝擊電流試驗。

複選題

71.（1,2,3,4） 內鐵式與外鐵式變壓器比較，則內鐵式①磁路略長②易拆裝，修理簡便③絕緣特性佳④散熱能力較佳。

> 解：電機機械－變壓器的形式內鐵式變壓器散熱能力較外鐵式為差,其中內鐵式適合用於高電壓低電流其絕緣容易,散熱加修護容易;外鐵式則適合用於低電壓大電流,磁路短抑制應力良好。

72.（2,4） 有關變壓器之銅損，下列敘述哪些正確？①與電壓平方成正比②與電流平方成正比③可由開路試驗求得④可由短路試驗求得。

> 解：電機機械－變壓器的損失銅損失是指導線 $P = I_{SC}^2 R_{TH}$ 部分損失，因此僅與電流有關，並由短路試驗可以得到。

73.（1,2,4） 漏磁電抗在變壓器中，將使變壓器①功率因數降低②體積變大③功率因數升高④電壓調整率變差。

▶解：電機機械－變壓器的損失中漏磁電抗,會造成電抗壓降導致功率因數下降,且電壓調整率變差。

74. （1,2,3）　下列哪些是變壓器鐵心應具備之的條件？①導磁性良好②成本低③鐵損小④激磁電流大。

　　▶解：電機機械－變壓器的鐵心是一個低磁阻、低損失的磁路,常以矽鋼片堆疊而成。其中矽鋼片是以含矽量約 3%~4%,厚度約 0.3mm ~0.35mm,每片矽鋼片都塗上絕緣凡立水,再疊製成鐵心,使其具有導磁性能良好、激磁電流減小、鐵損降低的目的。

75. （1,2）　變壓器無載損失包括下列哪些項目？①鐵損②介質損③銅損④機械磨擦損。

　　▶解：電機機械－變壓器的損失銅損與機械摩擦損失屬於負載損,變壓器二次側空載時之輸入功率就是無負載損,其中包函,激磁損失,鐵損,漏磁損,少量銅損。

76. （1,4）　一般變壓器均將一次繞組與二次繞組分別作若干小繞組交互疊置,其下列哪些是其目的①減少漏磁②減少渦流③工作容易④改善電壓調整率。

　　▶解：電機機械－變壓器的損失無法減少渦流,採用小繞組交互疊置的目的為減少漏磁急電抗壓降,以改善電壓調整率。

77. （1,3）　兩台變壓器在施行並聯運用時,必須滿足下列哪些條件？①極性相同②容量相同③變壓比相同④阻抗相同。

　　▶解：電機機械－變壓器並聯運轉極性相同及變壓比相同的條件。（並聯條件：一次、二次電壓,極性,匝數比,相序,等值電阻、電抗及位移角需相同）

78. （2,3）　下列哪些變壓器接線,其二次側中性點可施行接地？①Y-Δ②Y-Y③Δ-Y④Δ-Δ。

　　▶解：電機機械－變壓器的結線 Y-Δ 與 Δ-Δ 兩次側均無可接至地面的接點。

79. （1,2,4）　下列哪些是自耦變壓器之優點？①漏電抗可減少②成本較低③電壓比甚低④構造簡單。

　　▶解：電機機械－特殊變壓器自耦變壓器的優點：1.以較少的容量得到較大的輸出容量；2.體積小製造成本低；3.漏磁電抗降低少電壓變動率低；4.激磁電流小效率高。缺點為絕緣困難,電壓比低。

80. （2,3,4） 下列哪些是變壓器絕緣油應具備之條件？①黏度高②介質強度高③比熱高
④不碳化。

    ▶ 解： 電機機械－變壓器絕緣油不可以黏度過高，因為會導致散熱不佳。變
    壓器絕緣油還要有冷卻的功用，幫助變壓器散熱，故變壓器絕緣油須
    具備絕緣耐力高、黏度低、導熱性佳、凝固溫度低、不易燃、不易劣
    化及化學性質安定等特性。

81. （1,2,3） 三具匝數比 N1/N2＝20 之單相變壓器，接成 Y-Y 接線，供應 220V、10 kW、
功率因數為 0.8 之負載，則下列敘述哪些正確？①一次側相電壓為 2540 V②
二次側線電流為 32.8 A③一次側線電流為 1.64 A④一次側相電流為 2.84 A。

    ▶ 解： 電機機械－變壓器並聯運轉二次側線電壓 $V_{L2}＝220V$，二次側相電壓
    $$V_{P2} = \frac{V_{L2}}{\sqrt{3}} = \frac{220}{\sqrt{3}} = 127V \text{ ，一次側相電壓 } V_{P1} = aV_{P2} = 20 \times 127 = 2540V \text{ ，}$$
    $V_{L1} = \sqrt{3}V_{P2} = \sqrt{3} \times 2540 = 4400V$ 。二次側線電流
    $$I_{L2} = \frac{P}{\sqrt{3}V_{L2}\cos\theta} = \frac{10KW}{\sqrt{3} \times 220 \times 0.8} = 32.8A \text{ ，} I_{P2} = I_{L2} = 32.8A \text{ ，}$$
    $$I_{P1} = \frac{I_{P2}}{a} = \frac{32.8}{20} = 1.64A \text{ ，} I_{L1} = I_{P1} = 1.64A \text{ 。}$$

82. （2,3,4） 利用三具單相變壓器連接成三相變壓器常用的接線方式中，哪些接線方式不
會產生三次諧波電流而干擾通訊線路？①Y-Y 接線②Y-△接線③△-△接線
④△-Y 接線。

    ▶ 解： 電機機械－變壓器並聯運轉 Y-Y 接線一、二次側均可以接地，所以
    不會產生三次諧波電流而干擾通訊線路。

83. （1,2,4） 下列哪些是變壓器鐵心採用矽鋼片之原因？①鐵損小②電阻係數大③磁性
穩定④激磁電流小。

    ▶ 解： 矽鋼片是一種含碳極低的矽鐵軟磁合金，一般含矽量為 0.5~4.5%。
    加入矽可提高鐵的電阻率和最大磁導率，降低矯頑力、鐵芯損耗（鐵
    損）和磁時效。變壓器採用矽鋼片為提高導磁係數、減少激磁電流且
    減少磁滯損，而採用堆疊的目的為增加疊片間的電阻值，減少渦流損。

84. （1,2,4） 下列哪些是變壓器作極性試驗的目的？①並聯運轉②三相連接③耐壓試驗
④試驗用變壓器串聯運用。

    ▶ 解： 電機機械－變壓器的試驗耐壓試驗並非極性試驗的目的。

工作項目 ⑦ 電容器工程裝修

單選題

1. （2）　電容器之配線，其安培容量應不低於電容器額定電流之多少倍？①1.25②1.35③1.5④2.5。

　　　▶解：用戶用電第 185 條，用戶用電設備裝置規則中有關電容器的倍數均為 1.35 倍。

2. （3）　兩具相同額定之電容器串聯，其合成電容值為單具電容器的多少倍？①4②2③$\frac{1}{2}$④$\frac{1}{4}$。

　　　▶解：電路學－電容器並聯電容值 $C_T = \dfrac{C_1 \times C_2}{C_1 + C_2} = \dfrac{1}{2}$。

3. （3）　低壓電容器之容量(kVAR)，以改善功率因數至百分之多少為原則？①八五②九〇③九五④一〇〇。

　　　▶解：用戶用電第 181 條-4。

4. （4）　3φ440V、60Hz、100kVAR 之電容器，使用在 3ψ380V、60Hz 之供電系統中，其電容器容量約變為多少 kVAR？①37.3②43.2③50④74.6。

　　　▶解：電路學－電容器容量 $= \left(\dfrac{V_2}{V_1}\right)^2 \times 原KVAR = \left(\dfrac{380}{440}\right)^2 \times 100KVAR = 74.6KVAR$。

5. （2）　某工廠負載為 1000kVA，功率因數為 0.8 滯後，若欲改善功率因數至 1.0，則需裝置多少 kVAR 之電容器？①800②600③400④200。

　　　▶解：電路學－電容器的無效功率為
　　　$Q = \sqrt{S^2 - P^2} = \sqrt{1000^2 - (1000 \times 0.8)^2} = 600KVAR$。

6. （1）　電容器額定電壓超過 600 伏者，其放電設備應能於線路開放後五分鐘內，將殘餘電荷降至多少伏以下？①50②60③70④80。

　　　▶解：用戶用電第 433 條-2。

7. （4）　高壓電容器之開關設備，其連續載流量不得低於電容器額定電流之多少倍？①1.05②1.15③1.25④1.35。

　　　▶解：用戶用電第 435 條-1-1。

8.（2） 含有多少公升以上可燃性液體之低壓電容器，應封閉於變電室內或隔離於屋外處？①5②10③15④20。

▶ 解：用戶用電第 179 條-1。

9.（3） 低壓電容器分段設備之連續負載容量值不得低於電容器額定電流之多少倍？①1.1②1.25③1.35④1.5。

▶ 解：用戶用電第 182 條-3。

10.（2） 電容器如個別配裝於電動機之分路，以改善功率因數時，導線之安培容量，不得低於電動機分路容量之① $\frac{1}{4}$ ② $\frac{1}{3}$ ③ $\frac{1}{2}$ ④ $\frac{2}{3}$ 。

▶ 解：用戶用電第 184 條-1。

11.（3） 三相 11.4kV 之受電用戶，未裝電容器改善功率因數時，電源側供應之負載電流為 100 安，功率因數 0.8 滯後，如將功率因數改善至 1.0 時，則由電源側供應之負載電流變為多少安？①60②70③80④100。

▶ 解：電路學－三相電功率為 $P_{3\varphi} = \sqrt{3} \times V_L \times I_L \cos\theta$

$P = \sqrt{3} VI \cos\theta = \sqrt{3} \times 11.4 \times 10^3 \times 100 \times 0.8 = \sqrt{3} \times 11.4 \times 10^3 \times I \times 1$ ，$I = 80A$ 。

12.（4） 相同的電容器 n 個，其並聯時的電容量為串聯時的多少倍？① $\frac{1}{n^2}$ ② $\frac{1}{n}$ ③n④n^2。

▶ 解：並聯電容值 $= C_1 + C_2 + ... = nC$，串聯電容值 $= \dfrac{1}{\dfrac{1}{C_1} + \dfrac{1}{C_2} + ...} = \dfrac{C}{n}$，因此 $\dfrac{nC}{\dfrac{C}{n}} = n^2$。

13.（3） 3φ 380V 60Hz 50kVAR 之電容器，使用在 3ψ 380V 50Hz 之供電系統時，其電容器容量(kVAR)①不變②增加③減少④隨負載變動。

▶ 解：電路學－儲能元件中電容器的容量與電源電壓的平方成正比，與頻率成正比，運用公式為 $Q = \omega CV^2$（$\omega = 2\pi f$），因此 $\left(\dfrac{2\pi \times 60}{2\pi \times 50}\right) = 0.832$，約減少 $Q = 1 - 0.832 = 0.17 = 17\%$。

14.（2） 電容器串聯之目的在於使各電容器分擔①電流②電壓③電阻④電抗。

▶ 解：電路學－儲能元件電容器串聯為分擔電壓，並聯為改善線路的功率因數。

15.（4） 電力系統並接電容器之主要目的為①保護線路②增加絕緣強度③增加機械強度④改善功率因數。

▶解：電路學－儲能元件加裝電容器，可以降低線路電流改善電路功率因數。

16.（1） 純電容性之負載①電流超前電壓相位 90°②電壓超前電流相位 90°③電流與電壓同相④電壓與電流相差 30°。

　　▶解：電路學－儲能元件。

17.（2） 某工廠主變壓器之容量為 1000kVA，漏磁電抗 X_ℓ 為 5%，激磁電抗 X_m 為 1%，在滿載時其消耗之無效電力為多少 kVAR？①70②60③50④40。

　　▶解：電機機械－變壓器的無效功率為額定容量與激磁電抗 X_l 加上激磁電抗 X_m 的乘積，因此 $1000KVA \times (1\% + 5\%) = 60KVAR$。

18.（2） 高壓電容器之開關設備，其連續載流量，不得低於電容器額定電流多少倍？①1.25②1.35③1.5④2.5。

　　▶解：用戶用電第 435 條-1-1。

19.（1） 兩只電容器電容值與耐壓規格分別為 50μF/50V、100μF/150V，若將其並聯後，則此並聯電路的總電容值與總耐壓規格為何？① 150μF/50V ② 150μF/150V ③ 75μF/50V④75μF/150V。

　　▶解：電路學－並聯總電容 $C_T = C_1 + C_2 = 50 + 100 = 150\mu F$，並聯耐壓取較小者。

20.（4） 三只電力電容器接成 Y 接，並聯連接於三相感應電動機的電源側，主要目的為何？①增加電動機輸出轉矩②增加電動機轉軸轉速③使電源側的有效功率增加④使電源側的無效功率減少。

　　▶解：電容器主要為提高電路的功率因數可以使電路的無效功率減少，如接在電源端主要為降低輸出電流及使無效功率減少。

21.（1） 相同的電容器 n 個，其串聯時的電容量為並聯時的多少倍？①$\frac{1}{n^2}$ ②$\frac{1}{n}$ ③n④n^2。

　　▶解：電路學－並聯電容值 $= C_1 + C_2 + ... = nC$，串聯電容值 $= \dfrac{1}{\dfrac{1}{C_1} + \dfrac{1}{C_2} + ...} = \dfrac{C}{n}$，因此

　　$= \dfrac{\frac{C}{n}}{nC} = \dfrac{1}{n^2}$。

22.（4） 電容量為 100μF 的電容器，其兩端電壓差穩定於 100V 時，該電容器所儲存的能量為多少焦耳？①2.0②1.5③1.0④0.5。

▶ 解：電路學－電容值所儲存的能量為 $E = \dfrac{1}{2}CV^2 = \dfrac{1}{2} \times 100 \times 10^{-6} \times 100^2 = 0.5$ 焦耳。

23.（2）有一電容器的電容值為 $10\mu F$，其中英文字母 μ 代表的數值是①$10^{-3}$②$10^{-6}$③$10^{-9}$④$10^{-12}$。

▶ 解：電路學－電容單位前為倍率 $\mu = 10^{-6}$，$m = 10^{-3}$，$K = 10^3$。

24.（1）有一電容器之容量為 $50kVAR$，其中英文字母 k 代表的數值是①$10^3$②$10^6$③$10^9$④$10^{12}$。

▶ 解：電路學－電容單位前為倍率 $\mu = 10^{-6}$，$m = 10^{-3}$，$K = 10^3$。

25.（1）在純電容電路中，電壓與電流相位關係為何？①電壓落後電流 90 度②電壓落後電流 45 度③電壓超前電流 90 度④電壓與電流同相位。

▶ 解：電路學－儲能元件。

複選題

26.（1,3,4）高壓電容器隔離開關應符合下列哪些規定？①作為隔離電容器或電容器組之電源②具有自動跳脫且有適當容量的隔離開關③應於啟斷位置時有明顯易見之間隙④隔離或分段開關（未具啟斷額定電流能力者）應與負載啟斷開關有連鎖裝置或附有「有載之下不得開啟」等明顯之警告標識。。

▶ 解：用戶用電第 435 條開關設備應符合下列規定：（三）隔離或分段開關（未具啟斷額定電流能力者）應與負載啟斷開關有連鎖裝置或附有「有載之下不得開啟」等明顯之警告標識。

27.（2,4）功率因數 100%時，如再增加電力電容器時，則①功率因數變得更高②功率因數變得更差③變成電感性電路④線路電壓落後電流。

▶ 解：電路學－電容器的功率因數最高為 100%，如再增加電容量只會讓功率因數變差。

28.（1,4）電力電容器之容量 Q_C 與下列哪些之關係為正確？①與頻率 f 成正比②與頻率 f 成反比③與電壓 V 成正比④與電壓平方 V^2 成正比。

▶ 解：電路學－電容電容器的容量

$$Q_c = CV = \omega X_c \times V = 2\pi f X_c \times V = 2\pi f \dfrac{V}{I} \times V = \dfrac{2\pi f V^2}{I}。$$

29. （1,3） 低壓電容器容量之決定應符合下列哪些規定？①電容器之容量(KVAR)以改善功率因數至百分之九五為原則②電容器之容量(KVAR)以改善功率因數至百分之一百為原則③電容器以個別裝置於電動機操作器負載側為原則④電容器以個別裝置於電動機操作器電源側為原則。

　　▶解：用戶用電第 181-1、第 181-2 條。

30. （2,3,4） 有關低壓電容器分段設備，應符合下列哪些規定？①電容器之分段設備須能啟斷各接地導線②電容器之分段設備須能啟斷各非接地導線③低壓電容器之分段設備得採用斷路器④低壓電容器之分段設備得採用安全開關。

　　▶解：用戶用電第 182 條分段設備應符合下列規定：1.除第 184 條第 2 款另有規定外，引接各電容器組之非接地導線應裝有分段設備，以便必要時將電容器切離電源。2.電容器之分段設備須能啟斷各非接地導線。3.分斷設備之連續負載容量值不得低於電容器額定電流之 1.35 倍。4.低壓電容器之分段設備得採用斷路器或安全開關。

31. （1,3,4） 有關低壓電容器過電流保護，應符合下列哪些規定？①額定值或標置應以電容器額定電流之 1.35 倍為原則②額定值或標置應以電容器額定電流之 1.5 倍為原則③應採用斷路器配裝熔絲④應採用安全開關配裝熔絲。

　　▶解：用戶用電第 183 條過電流保護應符合下列規定：1.除第 184 條第 2 款另有規定外，引接電容器之各非接地導線應裝有過電流保護器。2.過電流保護之額定值或標置應以電容器額定電流之 1.35 倍為原則。3.低壓電容器過電流保護應採用斷路器或安全開關配裝熔絲。

32. （2,3） 高壓電容器開關設備作為電容器或電容器組啟閉功能之開關，應符合下列哪些規定？①具有啟斷電容器或電容器組之最小連續負載電流能力②連續載流量不得低於電容器額定電流之 1.35 倍③應能承受最大衝擊電流④電容器側開關等故障所產生之長時間載流能力。

　　▶解：用戶用電第 435 條開關設備應符合下列規定：一、作為電容器或電容器組啟閉功能之開關應符合下列條件：(1)連續載流量不得低於電容器額定電流之 1.35 倍。(2)具有啟斷電容器或電容器組之最大連續負載電流能力。(3)應能承受最大衝擊電流（包括來自裝置於鄰近電容器之衝擊電流）。(4)電容器側開關等故障所產生之短時間載流能力。

33. （1,2,4） 下列哪些為裝設電力電容器改善功率因數之效益？①減少線路電流②減少線路電力損失③減少系統供電容量④節省電力費用。

   ▶解：電路學－電容電力電容器改善功率因數後，系統供電容量為固定值改善功率因數並無法減少，僅能減少線路電流及電力線路損失。

34. （1,2,3,4） 下列哪些是串聯電容器的主要應用？①補償系統之電抗，以改善電壓調整率②對特定負載作功率因數改善③對於小型電力系統之起動大型電動機有助益④減低電焊機的 kVA 需量。

   ▶解：電路學－電容上述均為串聯電容器的後可以達到的效益。

35. （1,2,3） 下列哪種電容器用於電路上，其兩個接腳能任意反接？①陶質電容器②紙質電容器③雲母電容器④電解質電容器。

   ▶解：電路學－電容電解質電容器有極性，因此兩個接腳不能任意反接。

36. （1,2,4） 電力電容器串聯電抗器主要目的，下列敘述哪些錯誤？①減少電流②加速充電③抑制投入時之突波（突入電流）④限制啟斷電流。

   ▶解：電路學－電容此題與 26 題相同，電力電容器所串聯的電抗器並無法抑制投入時之突波。

37. （3,4） 台灣地區 22.8kV 之一般高壓用?，以斷路器保護時，總開關除裝置低電壓電驛(27)、過壓電驛(59)外，通常再配合下列哪些電驛保護？①測距電驛(21)②頻率電驛(81)③過流電驛附瞬時過流元件(51/50)④接地過流電驛(51N)。

   ▶解：用戶用電第 486 條屋內配線設計圖符號高壓設備如以斷路器保護時，總開關除裝置低電壓電驛(27)、過壓電驛(59)外，通常再配合接地電過電流電驛及接地過電流電驛保護。

代號	保護電驛或設備功能
21	測距電驛／接地測距電驛
27	低電壓／欠壓電驛
50/50N	瞬時相間／接地過電流電驛
51/51N	延時相間／接地過電流電驛
59/59Vo	相間／接地過電壓電驛
81	頻率電驛

38. （2,3,4）保護電驛之工作電源應由下列哪些電源供電，以確保斷電時電驛尚能運作？①交流電源②交流電源並聯專用之電容跳脫裝置(CTD)③不斷電系統(UPS)④直流電源系統。

> ▶解：工業配線－高壓工配元件保護電驛是一種電氣設備，對輸入訊息，於預先設定條件，使接點改變或是使控制迴路動作；裝保護電驛的目的是要將故障設備快速由電力系統中隔離，使其他部分仍能正常運轉，並維持系統穩定度，使故障設備損害減低至最小程度、縮短故障設備修護時間、降低生產損失、減低人員損傷。保護電驛基本要求為(1)信賴性、(2)選擇性、(3)快速性、(4)靈敏性、(5)簡練性，其中信賴性是指電驛在不需要它動作時不會誤動作，而在需要動作時不會有拒絕動作的情形出現。快速性是要求電驛要在最短時間內隔離線路上的故障部分，選擇性是要在可能最小範圍內把故障點隔離，靈敏度是指電驛對電力系統事故的反應能力，簡單性是指保護電驛裝置越簡單，其本身動作的可靠性越高。

39. （1,2,3,4）下列哪些高壓設備必須由指定之試驗單位，依有關標準試驗合格且附有試驗報告始得裝用？①電力及配電變壓器②比壓器③比流器④熔絲。

> ▶解：用戶用電 401 條-1。

40. （1,2,3）用戶電力電容器最理想的裝置位置，下列敘述哪些錯誤？①主幹線匯流排上②各分路線上③受電設備幹線上④接近各用電設備處。

> ▶解：電路學－電容用戶電力電容器最理想的裝置位置地點為接近各用電設備處，因為如此才能改善用電設備的功率因數。

工作項目 08　避雷器工程裝修

單選題

1.（4）3φ4W 接線 11.4kV 非有效接地系統之避雷器額定電壓宜採用多少 kV？①3②4.5③9④12。

> ▶解：台電配電系統 11.4KV 是 Y 接線，所以各非接地導線對地電壓（或非有效接地系統）$=\frac{11400}{\sqrt{3}}=6581V$是有效值，最大（峰）值$=6581\times\sqrt{2}=9307V$，避雷器絕緣依其絕緣等級，額定電壓可以區分為 4.5KV、9KV、12KV、15KV、18KV、27KV，因此選用避雷器額定電壓 12KV。

2.（2） 下列何者為避雷器之特性？①放電時間長②放電電流大③放電阻抗值高④不放電時阻抗低。

▶解：工業配線－高壓工配元件避雷器的特性為放電時間短，放電電流大，放電時阻抗值小，正常時阻抗高，動作可靠，構造堅固可重複使用。

3.（3） 3φ4W 接線 11.4kV 中性點直接接地系統之避雷器額定電壓應採用多少 kV？①3②4.5③9④12。

▶解：台電配電系統 11.4KV 是 Y 接線，所以 N 相（中性點）接地各接地導線對地電壓＝$\frac{11400}{\sqrt{3}}$=6581V，避雷器絕緣依其絕緣等級，額定電壓可以區分為 4.5KV、9KV、12KV、15KV、18KV、27KV，因此選用避雷器額定電壓 9KV。

4.（1） 台電公司供應 11.4kV 供電之高壓用戶，其裝設之避雷器規格應選用多少 kV？①9②12③18④24。

▶解：台電配電系統 11.4KV 是 Y 接線，所以 N 相（中性點）接地各接地導線對地電壓＝$\frac{11400}{\sqrt{3}}$=6581V，所以選用 9KV 等級避雷器。

5.（1） 依用戶用電設備裝置規則規定，避雷器之接地電阻應在多少 Ω 以下？①10②25③50④100。

▶解：用戶用電第 444 條。

6.（2） 避雷器與大地間之引接線應使用銅線或銅電纜線，且應不小於多少平方公厘？①8②14③22④38。

▶解：用戶用電第 443 條。

7.（3） 避雷器之瓷管外觀為波浪狀，其主要目的為增加①放電電流②耐熱強度③洩漏距離④耐熱及放電電流。

▶解：工業配線－高壓工配元件避雷器採波浪狀為增加磁管的表面長度，以增加線端對大地的洩漏距離。

8.（2） 避雷器開始放電時之電壓稱為避雷器之臨界崩潰電壓，其值約為正常電壓之多少倍？①1②1.5③2④2.5。

▶解：工業配線－高壓工配元件。

9.（4） 避雷器其主要功能作為下列何種事故之保護？①防止接地故障②防止短路③防止過載④抑制線路異常電壓。

▶解：用戶用電第 439 條高壓以上用戶之變電站應裝置避雷器以保護其設備，避免受到異常電壓之破壞。

10.（3） 架空線路防止直接雷擊最有效的辦法是裝置①熔絲鍵開關②電力熔絲③架空地線④空斷開關。

▶解：工業配線－高壓工配元件避雷針、避雷器等避雷設備需做單獨接地，雷擊的時候能量湧進接地線直達地底，在地面的一小點散開來，但因整個房屋的地面電位會因前後距離而相差甚大，而地面的電位各處不同，會使其他接地線的電位也不同，因此將所有的接地線做連結，達到每個接地點都等電位，在地底下接地系統亦做連結，雷擊時大能量分散進入多條的接地線，分散成較小的能量進入地底，對所有設備及人員都算是安全保障。

11.（3） 台電公司 22.8kV 之配電系統，所選用之避雷器額定電壓為多少 kV？①9②12③18④24。

▶解：台電配電系統 22.8KV 是 Y 接線，所以 N 相（中性點）接地各接地導線對地電壓$=\dfrac{22800}{\sqrt{3}}=13163V$ 是有效值，避雷器絕緣依其絕緣等級，額定電壓可以區分為 4.5KV、9KV、12KV、15KV、18KV、27KV，因此選用避雷器額定電壓 15KV，無此答案所以選較高一等級。

12.（4） 避雷器之接地引接線如裝於電桿表面上，其離地面上多少公尺以下部位應以 PVC 管掩蔽？①0.9②1.2③1.5④2.5。

▶解：輸配電第 18 條-2 接地導體（線）若需防護，應針對在合理情況下可能之暴露，以防護物加以保護。接地導體（線）防護物之高度應延伸至大眾可進入之地面或工作台上方二‧四五公尺或八英尺以上。

13.（1） 裝設避雷器時可不考慮①相序②接地電阻③裝設地點④引接線長短。

▶解：工業配線－高壓工配元件相序並不影響避雷器的功能。

14.（2） 避雷器截止放電時之電壓稱為避雷器臨界截止電壓，其值通常為線路正常電壓之多少倍？①1.2②1.4③2④2.5。

▶解：工業配線－高壓工配元件避雷器臨界截止電壓為線路正常電壓之$\sqrt{2}$倍，所以選 1.4 倍。

複選題

15. （2,3,4） 下列哪些用戶的變電站應裝置避雷器以保護其設備？①3φ4W 220/380V 供電②3φ3W 11kV 供電③3φ3W 69kV 供電④3φ3W 161kV 供電。

   ▶解：用戶用電第 439 條高壓以上用戶之變電站應裝置避雷器以保護其設備，220/380V 並非高壓系統，高壓元件的每一非接地系統才需要加裝避雷器。

16. （1,4） 避雷器與電源線間之導線及避雷器與大地間之接地導線，下列敘述哪些正確？①儘量縮短②儘量彎曲③預留伸縮空間④避免彎曲。

   ▶解：用戶用電第 443 條避雷器與電源線（或匯流排）間之導線及避雷器與大地間之接地導線應使用銅線或銅電纜線，應不小於 14 平方公厘，該導線應儘量縮短，避免彎曲，並不得以金屬管保護，如必需以金屬管保護時，則管之兩端應與接地導線妥為連結。

17. （2,3） 三相系統之避雷器額定電壓選擇與下列哪些項目有關？①系統短路容量②系統公稱電壓③系統接地方式④系統電壓變動率。

   ▶解：工業配線－高壓工配元件避雷器額定電壓的選擇，應考慮系統公稱電壓稱及系統接地方式，並不包括短路容量及電壓變動率。

18. （1,3,4） 下列哪些是引起過電壓的原因？①雷擊②短路故障③電流在其波形未達零點時的強制切斷④接地故障時中性點的移位。

   ▶解：工業配線－高壓工配元件短路故障並不會引起過電壓。

19. （1,2,3） 下列哪些設備可使用避雷器防止雷擊造成傷害？①變壓器②交流迴轉機③架空電線④建築物。

   ▶解：工業配線－高壓工配元件建築物屬於低壓用電，並不需要使用避雷器防止雷擊，高壓元件的每一非接地系統才需要加裝避雷器。

20. （3,4） 避雷器額定電壓為 72kV 者，可供下列哪些避雷器型式選用？①低壓級②配電級③中間級（中極）④變電所級（電廠級）。

   ▶解：工業配線－高壓工配元件避雷器是一種過電壓保護設備，在極短時間將突波導入大地，消除雷擊或開關突波之異常突升電壓，避免設備的絕緣破壞；於放電後又恢復開路狀態，避免干擾正常電力系統運轉。

避雷器的作用主要功能為：防止雷突波導致設備破壞（高電壓，時間短）及防止開關突波（低電壓，時間長）。依 IEEE Std C62. 11 所提在依不同需求之應用下可將避雷器區分下列三種等級：廠用級(Station)、中間級(Intermediate)及配電級(Distribution)。避雷器額定電壓 72KV 可工高壓中間級或變電所及選用。

21. （1,2,3,4）要使系統對雷擊有適當的保護，下列那些基本因素是應加以考慮的？①被保護的配電設備對突波的基本耐壓基準(BIL)②保護突波耐壓基準所要的安全界限③雷擊電流的嚴重程度④雷擊保護與供電連續性間的關係。

　　▶解：工業配線－高壓工配元件為使系統對雷擊有適當的保護，應對被保護的配電設備對突波的基本耐壓基準、保護突波耐壓基準所要的安全界限、雷擊電流的嚴重程度、雷擊保護與供電連續性間的關係做處理。

22. （1,2,3）下列哪些項目是避雷器應具有之特性？①構造牢固②動作可靠③可多次重複使用④動作後需立刻更換動作元件。

　　▶解：工業配線－高壓工配元件避雷器為對系統或設備保護的裝置，應於放電後恢復系統或設備使用能力。避雷器的特性包括:放電時間要短、放電電流要大、動作時阻抗值低，不影響電路系統的穩定度、正常時阻抗值高、構造堅固可靠、可重複使用。

23. （1,2,3,4）接地故障時中性點電壓的移位與下列哪些項目有關？①中性點接地狀況②電源至故障點的系統阻抗③大地的電阻係數④系統接地方式。

　　▶解：工業配線－高壓工配元件接地故障時中性點電壓的移位的產生與中性點接地狀況、電源至故障點的系統阻抗、大地的電阻係數、系統接地方式等因素有關。

24. （1,3）避雷器裝於屋內者，其位置應符合下列那些條件？①遠離通道②靠近通道③遠離建築物之可燃部分④遠離建築物之非可燃部分。

　　▶解：用戶用電第 442 條 避雷器裝於屋內者，其位置應遠離通道及建築物之可燃部分，為策安全該避雷器以裝於金屬箱內或與被保護之設備共置於金屬箱內為宜。

工作項目 09 配電盤、儀表工程裝修

單選題

1. (4) 某 11.4kV 供電之用戶，其電度表經由 12kV/120V 之 PT 及 20/5A 之 CT 配裝後，其電度表讀數為 6 度，該用戶實際用電度數應為多少度？①500②1000③1500④2400。

▶解：電路學－電度表實際度數 $= \dfrac{V_1}{V_2} \times \dfrac{I_1}{I_2} \times$ 電度表讀數 $= \dfrac{12000}{120} \times \dfrac{20}{5} \times 6 = 2400$ 度。

2. (4) 配電箱之分路額定值如為 30 安以下者，其主過電流保護器應不超過多少安？①30②60③100④200。

▶解：用戶用電第 67 條-4。

3. (1) 配電箱之分路額定值如為多少安以下者，其主過電流保護器應不超過 200 安？①30②50③75④90。

▶解：用戶用電第 67 條-4。

4. (2) 電度表容量在多少安以上者，其電源側非接地導線應加裝隔離開關，且須裝於封印之箱內？①50②60③70④80。

▶解：用戶用電第 475 條。

5. (2) 高壓電力斷路器"VCB"係指①油斷路器②真空斷路器③六氟化硫斷路器④少油量斷路器。

▶解：工業配線－高壓工配元件高壓斷路器包括油斷路器(OCB)、少油量斷路器(MOCB)、真空斷路器(VCB)、六氟化硫斷路器(GCB)、氣衝斷路器(ACB)、磁吹斷路器(MBB)。

6. (1) 額定值為交流 220V、50Hz 之電磁開關線圈，若使用於 220V、60Hz 之電源時，則其線圈激磁電流約較 50Hz 時①減少 17%②減少 31%③增加 17%④增加 31%。

▶解：工業配線－低壓工配元件的線圈磁通量與角速度成反比，因為 $\omega = 2\pi \times f(f = 50 \Rightarrow \omega = 314, f = 60 \Rightarrow \omega = 377)$，因此電源由 50Hz 變成 60Hz，則磁通變成原來的 $\dfrac{314}{377} = 0.83289$，線圈阻抗 Z >> R 且 $Z = \sqrt{R^2 + X_L^2}$ 因為，因此 X_L 增加 17%，Z 也增加 17%，$I = \dfrac{V}{Z}$ 因此線圈激磁電流約較 50Hz 時減少 17%。

7. (3)　如右圖所示之線路，CT 之變流比為 200/5，當 I_R、I_S、I_T 均為 $40\sqrt{3}$ 安時，則電流表 A 之讀數為多少安？①2 ② $\frac{\sqrt{3}}{2}$ ③3④ $\sqrt{3}$。

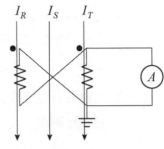

> ▶解：電路學－因為 CT 將電源電流縮小了 40 倍，所以線電流等於 $\frac{40\sqrt{3}}{40}=\sqrt{3}A$ ，在 △ 接線下
>
> I_p（相電流）$=\frac{1}{\sqrt{3}}I_L$（線電流），因此安培表上的電流等於 $\frac{\sqrt{3}}{1/\sqrt{3}}=3A$ 。

8. (2)　接地比壓器(GPT)可檢出下列何種事故？①過電流②接地③逆相④過電壓。

> ▶解：工業配線－低壓工配元件接地比壓器使用在三相三線非接地系統警報電路，以檢測出接地故障，亦可配合零相比流器及方向性接地電驛，連接斷路器以達到保護電路的目的。

9. (3)　配電盤之儀表、訊號燈、比壓器及其他所有附有電壓線圈之設備，應由另一電路供電之，該電路過電流保護裝置之額定值應不得超過多少安？①30②20③15④10。

> ▶解：用戶用電第 68 條-4。

10. (3)　配電盤之整套型變比器(MOF)中包含①比壓器②比流器③比流器及比壓器④電容器。

> ▶解：工業配線－高壓工配元件中搭配比壓器及比流器測量高壓大電流的電路。

11. (3)　中國國家標準(CNS)規定屋內閉鎖型配電盤之箱體如以鋼板製成，其厚度應在多少公厘以上？①1.0②1.2③1.6④2.0。

> ▶解：用戶用電第 477 條-3。

12. (1)　供裝置開關或斷路器之金屬配（分）電箱，如電路對地電壓超過多少伏應加接地？①150②300③450④600。

> ▶解：用戶用電第 44 條。

13. (2)　高壓以上用戶，合計設備容量一次額定電流超過多少安者，其受電配電盤原則上應裝有電流表及電壓表？①25②50③75④100。

> ▶解：用戶用電第 414 條-3。

14.（1）分路用配電箱，係指其過電流保護設備中 30 安以下額定者占百分之多少以上者？
①一○②二○③三○④五○。

▶解：用戶用電第 67 條-1。

15.（2）高壓電力開關設備 "GIS"係指①氣體斷路器②氣體絕緣開關設備③電力熔絲④雙
投空斷開關。

▶解：工業配線－高壓工配元件。

16.（2）3E 電驛在做三相感應電動機保護時，需與比流器及下列何種器具配合使用？①伏
特計用切換開關②電流轉換器③安培計用切換開關④比壓器。

▶解：工業配線－高壓工配元件 3E 電驛的功能為三相電動機搭配比壓器及比流
器做為欠相、過載、逆向保護。

17.（4）高壓電路過電流保護器為斷路器者，其標置之最大始動電流值不得超過所保護導
線載流量之幾倍？①1.25②1.5③3④6。

▶解：用戶用電第 413 條-1。

18.（2）配電盤、配電箱之箱體若採用鋼板，其厚度應在多少公厘以上？①1.0②1.2③1.6
④2.0。

▶解：用戶用電第 68 條-2。

19.（4）分路用配電箱，其過電流保護器極數，主斷路器不計入，兩極斷路器以兩個過電
流保護器計，三極斷路器以三個過電流保護器計，則過電流保護器極數不得超過
幾個？①24②30③36④42。

▶解：用戶用電第 67 條-2。

20.（2）電度表之裝設，離地面高度應在 1.8 公尺以上，2.0 公尺以下為最適宜。如現場場
地受限制，施工確有困難時得予增減之，惟最高不得超過多少公尺？①2.0②2.5
③3.0④3.5。

▶解：用戶用電第 473 條-1。

21.（3）電度表接線箱，其箱體若採用鋼板其厚度應在多少公厘以上？①1.0②1.2③1.6④
2.0。

▶解：用戶用電第 477 條-3。

22.（3）高壓配電盤內裝置有 CO、LCO、UV、OV 等保護電驛，如電源停電時，則何種電驛會動作？①CO②LCO③UV④OV。

> 解：工業配線－高壓工配元件停電時電壓應為零所以使用低電壓電驛(UV)，CO 是瞬時過流電驛，LCO 是過流接地電驛，OV 是過壓電驛。

23.（1）從事 600 伏交連 PE 纜線之絕緣電阻測試工作，使用多少伏級規格之絕緣電阻計最佳？①500②1,000③1,500④2,000。

> 解：用戶用電第 19 條-6。

複選題

24.（1,2,4）下列哪些是配電盤送電前應檢查之項目？①檢查控制線、電力電纜、匯流排之連接是否正確、端子台是否鎖緊②檢查各熔線座是否均裝有熔線③檢查是否有異常噪音產生④檢查斷路器及操作開關是否置於 OFF 位置。

> 解：用戶用電第 401 條-1-1。

25.（1,2,3）下列哪些開關得用於屋內及地下室？①電力熔絲②負載啟斷開關③高壓啟斷器④熔絲鏈開關。

> 解：用戶用電第 412 條-5-1：1.熔絲鏈開關之裝置應考慮人員操作及換裝熔絲時之安全，熔絲熔斷時所驅出管外之電弧及高溫氣體不得傷及人員，該開關不得裝用於屋內、地下室或金屬封閉箱內為原則。2.熔絲鏈開關不適於啟斷滿載電流電路，惟經附安裝適當之負載啟斷裝置者可啟斷全部負載。

26.（1,2,4）用戶之電力系統中，下列哪些為故障電流之來源？①電動機②發電機③電熱器④供電系統。

> 解：輸配電－在電力系統裡，所謂的故障是指任何不正常的電流（比如短路電流或斷路）存在於電力系統中。在三相系統中，故障可能牽涉到單相、多相與地間或者相與相間之不正常電流，依其故障電流的相角變化，可分為對稱性故障與非對稱性故障。對稱性故障：三相平衡故障；非對稱性故障：單線對地故障、雙線對地故障、線對線故障；對稱性故障的成因是在三相間同時發生短路故障，此時三相的故障電流與相位差皆相等；非對稱性故障三相之間電流的大小與相角皆不相

等。三相平衡故障發生的機率並不高，但卻是最嚴重的故障類型，因為其故障電流是最大的。當故障發生之時，電力系統保護裝置（如斷路器）將被觸發，阻絕故障之區域以減少造成的損害。

27. （1,3） 一般高壓受配電盤計器用變比器，下列敘述哪些正確？①CT 二次側額定電流為 5A 或 1A②CT 二次側不得短路③PT 二次側額定電壓為 110V④PT 二次側不得開路。

　　▶解：電機機械－變比器高壓受配電盤計器用變比器CT二次側額定電流為 5A 或 1A，CT 二次側不得開路且必須保持短路狀態，PT 二次側額定電壓為 110V，PT 二次側不得短路。

28. （1,2,3） 有關 3E 電驛用於三相感應電動機之保護作用時，下列哪些正確？①過載②逆相③欠相④接地。

　　▶解：工業配線－高壓工配元件 3E 電驛為可檢測出過電流、欠相、逆相三種事故謂之，馬達過電流時易導致機具燒毀，嚴重者引起火災；馬達欠相時導致動力不足，發出嚴重噪音，馬達發熱，線電流上升；馬達逆相時轉子逆轉，在某些禁止馬達逆轉的場合中會損毀機具甚至發生致命危險。

29. （1,3） 有關貫穿型 CT，下列哪些項目是可變的？①一次側匝數②二次側匝數③變流比④一次側電流。

　　▶解：工業配線－高壓工配元件所謂「比流器」就是將表頭無法承受的大電流降為表頭可測量的小電流，貫穿式比流器係採取變動一次側匝數及達到變動變流比以達到此目的。

30. （1,2,3） 下列哪些電驛不宜在 3φ4W 11.4kV 多重接地配電系統中作為接地保護？①CO②OV③UV④LCO。

　　▶解：工業配線－高壓工配元件 CO 是過流電驛 OV 是過壓電驛 UV 是低電壓電驛無法作為多重接地配電系統中作為接地保護。

31. （2,3,4） 下列哪些開關具有啟斷故障電流能力，且可在有載情形下操作？①隔離開關(DS)②負載啟斷開關(LBS)③真空斷路器(VCB)④六氟化硫斷路器(GCB)。

　　▶解：工業配線－高壓工配元件隔離開關，其作用為隔離電路，通常設於電源系統最高處（電源進來的地方）。通常在電路要維修、保養時，電

源端必須切斷，此時就要切斷隔離開關，以隔離電源，人員可安全維護電路。

32. （2,3,4）　下列哪些不是使用零相比流器(ZCT)之目的？①檢出接地電流②量測高電壓③量測功率④量測大電流。

> 解：工業配線－低壓配線元件，使用零相比流器(ZCT)之目的為檢出接地電流。

工作項目 ⑩ 照明工程裝修

單選題

1.（3）　放電管燈之附屬變壓器或安定器，其二次開路電壓超過多少伏時，不得使用於住宅處所？①300②600③1000④1500。

> 解：用戶用電第 125 條-1。

2.（2）　放電管燈之附屬變壓器或安定器，其二次短路電流不得超過多少毫安？①30②60③100④150。

> 解：用戶用電第 127 條變壓器或安定器其二次開路電壓不得超過 15,000 伏，二次短路電流不得超過 60 毫安。

3.（3）　手捺開關控制下列何種燈具時，其負載電流應不超過手捺開關額定電流值之80%？①白熾燈②聖誕燈③日光燈④真珠燈。

> 解：用戶用電第 46 條-3。

4.（3）　電路供應工業用紅外線燈電熱裝置，其對地電壓超過 150 伏，且在多少伏以下時，其燈具應不附裝以手操作之開關？①200②250③300④400。

> 解：用戶用電第 171 條-1-3。

5.（2）　分路額定容量超過多少安培之重責務型燈用軌道，其電器應有個別之過電流保護？①15②20③30④40。

> 解：用戶用電第 292 條-7。

6.（4）　40 瓦以上之管燈應使用功率因數在百分之多少以上之高功因安定器？①七五②八〇③八五④九〇。

▶ 解：用戶用電第 129 條。

7.（ 4 ）　學校之一般課桌照度標準為多少 Lx？①1200~1500②1000~1200③500~1000④300~500。

　　▶ 解：用戶用電第 102 條一般照明標準表 1-2-3　一般照度標準

建築物種類	照明場所	照度(Lx)
學校	課桌	300~500
	黑板、製圖桌	500~1000
	一般	75~100
	餐桌	150~200
	閱讀、廚房	300~750

8.（ 4 ）　屋外電燈線路距地面應保持多少公尺以上？①2②3③4④5。

　　▶ 解：用戶用電第 136 條。

9.（ 4 ）　燈用軌道分路負載依每 30 公分軌道長度以多少伏安計算？①30②50③60④90。

　　▶ 解：用戶用電第 292 條-6。

10.（ 2 ）　燈用軌道之銅導體最小應在多少平方公厘以上？①3.5②5.5③8④14。

　　▶ 解：用戶用電第 292 條-9。

11.（ 3 ）　燈具、燈座、吊線盒及插座應確實固定，但重量超過多少公斤之燈具不得利用燈座支持之？①1.7②2③2.7④3.5。

　　▶ 解：用戶用電第 92 條。

12.（ 4 ）　燈具裝置於易燃物附近時，不得使易燃物遭受超過攝氏多少度之溫度？①60②70③80④90。

　　▶ 解：用戶用電第 87 條。

13.（ 1 ）　櫥窗電燈應以每 30 公分水平距離不小於多少瓦，作為負載之計算？①200②150③120④100。

　　▶ 解：用戶用電第 112 條。

14.（ 1 ）　臨時燈設施，設備容量每滿多少安即應設置分路，並應裝設分路過電流保護？①15②20③30④40。

▶解：用戶用電第 393 條設備容量每滿 15 安即應設置分路，並應裝設分路過電流保護，但每燈不必另裝開關。

15.（3）住宅之一般照明負載，其每平方公尺單位負載以多少伏安計算？①5②10③20④30。

▶解：用戶用電第 102 條表 102.2 一般照明標準。

16.（4）學校之黑板一般照度標準以多少 Lx 計算？①150~200②300~500③300~750④500~1000。

▶解：用戶用電第 102 條表 102.2 一般照明標準。

17.（4）將 100 燭光的燈泡垂直於桌子正上方 2 公尺處，該 2 公尺水平面照度為多少 Lx？①200②100③50④25。

▶解：照明設計－照度（I ilumination，以 e 代表），光源照射面每單位面稱之光通量，稱為照度。照度的單位為勒克斯（lux，簡寫為 lx）。若某光之光束 f(lm)，均勻垂直照射在面積為 $A(m^2)$ 之平面上，則此平面上之照度 e 為：$e=F/A(lx)=100/4=25Lx$。

18.（2）一住宅樓板面積為 150 平方公尺，若其照明負載以每平方公尺 20 伏安計算，如以 110 伏 15 安的過電流保護開關配置，則照明負載需要多少個分路？①1②2③3④4。

▶解：照明設計－照明負載共計伏安 $150×20＝3000VA$，過電流保護開關的伏安數為 $110×15＝1650VA$，$\frac{3000}{1650}≈1.8$ 所以照明負載需要 2 分路。

19.（4）照度與光源距離①成正比②成反比③平方成正比④平方成反比。

▶解：電儀表學－光亮度的測量。

20.（2）有一間教室面積為 80 平方公尺，裝置 40W 日光燈 20 支，每支日光燈為 2800 流明，若所有光通量全部照射到教室桌面上，其平均照度為多少 Lx？①500②700③1200④1400。

▶解：照明設計－平均照度為 $=\dfrac{總光通量}{單位面積}=\dfrac{2800×20}{80}=700L_x$。

21.（2）路燈線路工程，對地電壓超過多少伏時，其專用分路以裝置漏電斷路器為原則？①110②150③220④300。

▶解：用戶用電第 146 條。

22.（4） 線路電壓 300V 以下之人行道，路燈離地最小高度應不低於多少 m？①2②2.5③3 ④3.5。

▶ 解：用戶用電第 137 條-2-2 屋外照明採用多芯電纜，並以架空方式跨越者，其 對地高度應符合下列規定：二、三‧七公尺以上：對地電壓三〇〇伏以下， 跨越住宅區及其車道，及卡車不得通行之商業區。

23.（3） 線路電壓 300V 以下之車行道，路燈離地最小高度應不低於多少 m？①2②3③4④ 5。

▶ 解：用戶用電第 137 條-2-2 屋外照明採用多芯電纜，並以架空方式跨越者，其 對地高度應符合下列規定：二、三‧七公尺以上：對地電壓三〇〇伏以下， 跨越住宅區及其車道，及卡車不得通行之商業區。

複選題

24. （1,3） 分路供應有安定器、變壓器或自耦變壓器之電感性照明負載，其負載計算， 下列敘述哪些正確？①應以各負載額定電流之總和計算②應以各負載額定 電壓之總和計算③不以燈泡之總瓦特數計算④應以燈泡之個別瓦特數計算。

▶ 解：用戶用電第 104 條分路最大負載應依下列規定辦理：1.分路所供應負 載應不超過分路額定容量。2.分路如同時供應 1/8 馬力以上之固定電 動機炎動設備及其他負載，其負載計算應以 1.25 倍最大電動機負載 加其他負載之總和計算。3.分路供應有安定器、變壓器或自耦變壓器 之電感性照明負載，其負載計算應以各負載額定電流之總和計算，而 不以燈泡之總瓦特數計算。4.分路供應長時間（指連續使用 3 小時以 上者）負載應不超過分路額定之 80%。

25. （2,4） 花線應符合下列哪些規定？①適用於 600 伏以下之電壓②適用於 300 伏以下 之電壓③花線得使用於新設場所④花線原則使用於既設更換場所，新設場所 不得使用。

▶ 解：用戶用電第 93 條花線應符合下列規定：一、花線之導體是由細小銅 線組成，以橡膠或塑膠為絕緣之柔軟性電線。二、花線適用於 300 伏以下之線路。三、具有同等性能之絕緣材料亦得作為花線。四、花 線原則使用於既設更換場所，新設場所不得使用花線。

26. （1,2,4） 花線得使用於下列哪些場所？①照明器具內之配線②吊線盒配線③永久性 分路配線④移動式電燈之配線。

▶解：用戶用電第 96 條花線得使用於下列處所：一、照明器具內之配線。二、作為照明器具之引接線。三、吊線盒之配線。四、移動式電燈及小型電器之配線。五、固定小型電器經常改接之配線。

27.　（3,4）　花線不得使用於下列哪些場所？①移動式電燈及小型電器之配線②固定小型電器經常改接之配線③沿建築物表面配線④貫穿於牆壁、天花板或地板。

　　▶解：用戶用電第 97 條花線不得使用於下列處所：一、永久性分路配線。二、貫穿於牆壁、天花板或地板。三、門、窗或其他開啟式設備配線。四、沿建築物表面配線。五、隱藏於牆壁、天花板或地板內配線。

28.　（1,2,3）　有關螢光燈的動作原理，下列敘述哪些正確？①安定器的主要功能為限制燈管電流②起動器短路後，恢復開路的瞬間燈管開始點亮③弧光放電期間燈管電流會越來越高④點亮後燈管呈現高阻抗。

　　▶解：照明設計－螢光燈基本構造包括燈管、安定器及啟動器，其中管的兩端為電極，上有二圈或三圈的鎢絲，將電子放射物質塗布在鎢絲上，管內有適量水銀並填充氬氣，同時在管的內壁塗布螢光物質。發光原理電源輸入後，電流會流過電極，鎢絲的溫度上升，同時電子放射物質的溫度也上升，大量的熱電子被釋放，這個熱電子在兩極間加壓，由負極流向正極，造成管內電流的流動，在管內撞擊水銀原子，因而產生能量激發紫外線，再由紫外線照射玻璃管壁的螢光物質，由紫外線吸收可視光造成螢光燈管發光，而由於螢光燈管所塗布的螢光物質種類的不同，顯現出燈泡色、畫白色、畫光色等多種顏色。其安定器的主要功能為限制燈管電流，而起動器短路後，恢復開路的瞬間燈管開始點亮，弧光放電期間燈管電流會越來越高。

29.　（1,2,4）　下列敘述哪些為日光燈安定器之功能？①產生日光燈起動時所需之高壓電②發光後抑制電流變化，保護燈管③在電極間並聯一電容，以抑制輝光放電之高諧波④發光後使啟動器中的電壓降低，不會再啟動。

　　▶解：照明設計－安定器在燈管啟動回路是由一種高漏磁的自耦變壓器或電抗器所組成可視為一種電感，當電源輸入後起動器內部之電容器充電而產生高壓，內部之雙金屬片因高壓而接合，電流即流經燈絲至雙金屬片，燈絲預熱後射出電子撞擊管內水銀離子，此時雙金屬片因高熱而彈開形成開路現象，由楞次定理得知此時安定器兩端之電流強度變化時，安定器所產生之壓降亦隨之變化，故通過安定器之電流可保

持一定，因此安定器有以下之四點功能：1.協助燈管啟動之作用。2.供給燈絲正常範圍之預熱電流。3.限制燈管兩極電壓之變化。4.穩定燈管電流。

30. （1,2,4） 如右圖所示，兩電燈泡 A 與 B 之規格。若該兩電燈泡之材質相同，串聯時，下列敘述哪些正確？①A 較亮②流經 A 的電流為 0.2 A③B 較亮④流經 B 的電流為 0.2 A。

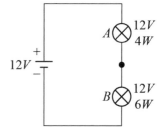

▶ 解：電路學－在相同額定電壓下，串聯時瓦數小的電阻較大，因此電壓較大會較亮，連電流均相同 $R_A = \dfrac{V^2}{P_A} = \dfrac{12^2}{4} = 36\Omega$，$R_2 = \dfrac{V^2}{P_B} = \dfrac{12^2}{6} = 24\Omega$，$I = \dfrac{12}{36+24} = 0.2A$，串聯後各燈炮消耗的電功率為 $P_A = I^2 R_A = 0.2^2 \times 36 = 1.44W$，$P_B = I^2 R_B = 0.2^2 \times 24 = 0.96W$，所以燈泡 A 較亮。

31. （1,2,3） 燈具導線應依下列哪些條件選用適當絕緣物之導線？①電壓②電流③溫度④體積。

▶ 解：用戶用電第 90 條燈具之導線，應依燈具之電壓、電流及溫度，選用適當絕緣物之導線。

32. （1,2,3） 燈用軌道不得裝置於下列哪些地方？①潮濕處所②穿越牆壁③危險場所④超過地面 1.5 公尺之乾燥場所。

▶ 解：用戶用電第 292-4 條燈用軌道不得裝置在下列場所：一、易受外物碰傷。二、潮濕或有濕氣。三、有腐蝕性氣體。四、存放電池。五、屬危險場所。六、屬隱蔽場所。七、穿越牆壁。八、距地面 1.5 公尺以下。但有保護使其不受外物碰傷者除外。

33. （2,3,4） 分路供應有安定器、變壓器或自耦變壓器之電感性照明負載，其負載計算，下列敘述哪些錯誤？①各負載額定電流之總和計算②各負載額定電壓之總和計算③燈泡之總瓦特數計算④燈泡之個別瓦特數計算。

▶ 解：用戶用電第 104-3 條分路最大負載應依左列規定辦理：三、分路供應有安定器、變壓器或自耦變壓器之電感性照明負載，其負載計算應以各負載額定電流之總和計算，而不以燈泡之總瓦特數計算。

工作項目 ⑪ 電動機工程裝修

單選題

1.（1） 三相 220V、60Hz、6P、20HP 感應電動機，在額定電流及頻率下，滿載轉差率為 5%，則其滿載轉子速度為多少 rpm？①1140②1152③1164④1200。

▶解：電機機械－感應電動機的同步速度 $N_s = \dfrac{120f}{P} = \dfrac{120 \times 60}{6} = 1200\text{rpm}$ ，

$s = \dfrac{N_s - N_r}{N_s} \Rightarrow N_r = N_s(1-s) = 1200 \times (1-0.05) = 1140\text{rpm}$ 。

2.（2） 有一△接線之三相感應電動機，滿載運轉時線電流為 40 安，若以額定電壓起動，則起動電流為滿載之 6 倍，今改接為 Y 接線，仍以額定電壓起動，則起動電流為多少安？①40②80③120④240。

▶解：電機機械－感應電動機 Y 接線的起動電流為△接線啟動電流的 2 倍 $= \dfrac{1}{3} \times 40 \times 6 = 80\text{A}$ 。

3.（1） 感應電動機的轉子若停止不轉，其轉差率為①1②-1③0④0.5。

▶解：電機機械－變壓器的轉差率因轉子不轉 $N_r = 0$ 所以轉差率為 $s = \dfrac{N_s - N_r}{N_s} = \dfrac{N_s}{N_s} = 1$ 。

4.（3） 一般鼠籠型感應電動機之特性為①低起動電流，高起動轉矩②低起動電流，低起動轉矩③高起動電流，低起動轉矩④高起動電流，高起動轉矩。

▶解：電機機械－感應電動機啟動電流約 6 倍額定電流，啟動轉矩約為 3 倍額定轉矩，因此鼠籠式感應電動機須高啟動電流低啟動轉矩。

5.（3） 三相感應電動機欲改變旋轉方向，可用下列何種方法？①改變電壓大小②改變頻率大小③對調三條電源線之任意兩條④改變磁極大小。

▶解：電機機械－感應電動機要改變其旋轉方向只需改變電源相序即可，亦即任意變更其中兩條導線，另一根導線不動。

6.（4） 有關三相感應電動機在定電壓時之敘述，下列何者不正確？①S 為 0 時機械輸出功率為零②S 為 0 時電磁轉矩為零③S 為 1 時機械輸出功率為零④S 為 1 時電磁轉矩為零。

▶解：電機機械－感應電動機轉差率為 0 表示同步時，此時轉子線圈沒有感應電動勢，此時輸出功率為 0，電磁轉矩亦為 0。轉差率為 1 表示啟動時轉子不動。

7. (3) 三相感應電動機採 Y-△降壓起動開關，於起動時，下列敘述何者為錯誤？①繞組為 Y 接②繞組所加的電壓小於額定電壓③可提高起動轉矩④可降低起動電流。

▶解：電機機械－感應電動機 Y-△ 啟動電壓 Y 為 △ 的 $\dfrac{1}{\sqrt{3}}$，啟動電流 Y 為 △ 的 $\dfrac{1}{3}$，啟動轉矩 Y 為 △ 的 $\dfrac{1}{3}$。

8. (3) 單相 110V、1HP 之電動機，其效率為 0.75，功率因數為 0.75，則其滿載電流約為多少安？①24②20③12④7。

▶解：電機機械－感應電動機的輸出功率
$$P = V \times I \times \eta \times \cos\theta \Rightarrow 1 \times 746 = 110 \times I \times 0.75 \times 0.75 \Rightarrow I = 11.1 \approx 12A \text{ 。}$$

9. (1) 一部 110V、60Hz 感應電動機，極數為 4，測得轉速為 1710rpm，則其轉差率為多少%？①5②8③10④15。

▶解：電機機械－感應電動機的同步速率 $N_s = \dfrac{120f}{P} = \dfrac{120 \times 60}{4} = 1800\text{rpm}$，
$$s = \dfrac{N_s - N_r}{N_s} = \dfrac{1800 - 1710}{1800} = 5\% \text{ 。}$$

10. (3) 三相六極感應電動機當電源為 60Hz，轉差為 0.05 時，則其轉子轉速為多少 rpm？①1200②1160③1140④1800。

▶解：電機機械－感應電動機的同步速率 $N_s = \dfrac{120f}{P} = \dfrac{120 \times 60}{6} = 1200\text{rpm}$，轉子轉速為 $N_r = N_s(1-s) = 1200 \times (1-0.05) = 1140\text{rpm}$ 。

11. (1) 一部 6 極、60Hz 三相感應電動機，轉差率為 4%，轉子銅損為 80W，則電動機內部之電磁轉矩約為多少 N-m？①15.9②22.6③12.7④21.4。

▶解：電機機械－感應電動機的同步速率 $N_s = \dfrac{120f}{P} = \dfrac{120 \times 60}{6} = 1200\text{rpm}$，轉子銅損為 sP，因此轉子輸入功率為 $P = \dfrac{80}{0.04} = 2000\text{W}$，所以電磁轉矩為
$$T = \dfrac{P}{\omega} = \dfrac{2000}{2\pi \times \dfrac{1200}{60}} = 15.9\text{N} - \text{m} \text{ 。}$$

12.（1） 某 1 馬力單相交流電動機，電源電壓為 220V，若滿載電流為 7A，功率因數為 0.7 滯後，則滿載效率約為多少%？①69.2②75.4③84.6④94.4。

▶ 解：電機機械－電動機的效率 $\eta\% = \dfrac{P_o}{P_i} = \dfrac{1 \times 746}{220 \times 7 \times 0.7} = 69.2\%$。

13.（3） 採用感應電動機之電風扇，欲增加其轉速時，可以用下列何種方法達成？①增加磁極數②減小電源頻率③調高繞組電壓④增大轉子電阻。

▶ 解：電機機械－電動機的故障小型感應電動機，其轉速可以經由改變線電壓的方式來控制，或於轉子電路中插入外加電阻但此種方式會降低電動機的效率（只適合短時間使用）。

14.（2） 三相 220V、4P、20HP 感應電動機，滿載時轉速 1760rpm，若此時負載減半，則其轉速約為多少 rpm？①1800②1780③1760④1740。

▶ 解：電機機械－感應電動機的同步速率 $N_s = \dfrac{120f}{P} = \dfrac{120 \times 60}{4} = 1800$rpm，負載減半轉速增加但無法達同步速率，其轉速比滿載轉速為大，因此選 1780rpm。

15.（3） 三相感應電動機運轉中，若電源線其中一條斷路時，電動機的情形為①繼續原速運轉②速度變快且發出噪音③負載電流增大④立即停止。

▶ 解：電機機械－感應電動機電源如果一條斷線時電動機會變成單相運轉，造成轉速下降，負載電流增加，旋轉磁場不平行會發出噪音。

16.（2） 三相感應電動機使用動力計作負載實驗時，若電動機之電源保持在定電壓及定頻率下，當所加負載變大時，其轉差率①變小②變大③不變④不一定。

▶ 解：電機機械－感應電動機的負載增加，負載電流會增加，轉速會下降，轉差率變大。

17.（3） 必須用分相法產生旋轉磁場以起動之電動機為①三相感應電動機②同步電動機③單相感應電動機④伺服電動機。

▶ 解：電機機械－因為單相感應電動機無法自行啟動，因此必須利用分相法來產生旋轉磁場以作為電動機的啟動。

18.（3） 感應電動機的轉矩與電源電壓①成正比②成反比③平方成正比④平方成反比。

▶ 解：電機機械－感應電動機 $\tau_{ind} = \dfrac{3}{\omega_s}\left[\dfrac{E_{th}^2}{\left(R_{th}+\dfrac{R_2}{s}\right)^2+(X_{th}+X_2)^2}\right]\left(\dfrac{R_2}{s}\right)$。

19.（4） 永久電容式單相感應電動機的故障為「無法起動，但用手轉動轉軸時，便可使其起動」，試問下列何者最不可能故障之原因？①起動繞阻斷線②行駛繞組斷線③電容器損壞④離心開關之接線脫落。

　　▶ 解：電機機械－單相感應電動機永久電容式，是利用自己本身的電容與啟動線圈串接，以產生旋轉磁場，而離心開關的啟動繞組並未串接離心開關，因此離心開關接線脫落並不是無法啟動的原因。

20.（1） 三相感應電動機的無載試驗可以得知感應電動機之①無載電流及相角②銅損③角堵住時之定子電流及其相角④極數。

　　▶ 解：電機機械－感應電動機的無載試驗是測量鐵損、功因角及無載電流。

21.（2） 六極 60Hz 三相感應電動機，滿載時之轉差率為 5%，則其轉差速率為多少 rpm？①36②60③18④1200。

　　▶ 解：電機機械－感應電動機的同步速度 $N_s = \dfrac{120f}{P} = \dfrac{120 \times 60}{6} = 1200\text{rpm}$，轉差速率 $s \times f = 5\% \times 1200 = 60\text{rpm}$。

22.（4） 一部 6P、60Hz、5HP 之三相感應電動機，已知其滿載轉子銅損為 120W，無載旋轉損為 150W，試問該電動機在滿載時，其轉子的速度約為多少 rpm？①1193②1182③1178④1164。

　　▶ 解：電機機械－感應電動機同步速度 $N_s = \dfrac{120 \times 60}{6} = 1200\text{rpm}$，

　　　　$\eta\% = \dfrac{5 \times 746}{5 \times 746 + 120 + 150} \times 100\% = 0.9325$，

　　　　$s = \dfrac{N_s - N_r}{N_s} = \dfrac{1200 - N_r}{1200} = 3\% \Rightarrow N_r = 1164\text{rpm}$ 轉子的轉速約為 1164rpm。

23.（3） 一部 6 極三相感應電動機以變頻器驅動，當轉速為 280rpm，其轉差率為 4%，則變頻器輸出頻率約為多少 Hz？①11.6②12.3③14.6④18.7。

　　▶ 解：電機機械－感應電動機的轉差速率 $280 \times 4\% = 11.2\text{rpm}$，$280 + 11.2 = 291.2\text{rpm}$，變頻器輸出頻率 $f = \dfrac{291.2 \times 6}{120} = 14.56\text{Hz}$。

24.（ 3 ）　下列對單相感應電動機之敘述何者正確？①雙值電容式電動機常用於需變速低功因之場合②雙值電容式電動機之永久電容器容量較起動電容器大③蔽極電動機中蔽極部分之磁通較主磁通滯後④蔽極電動機起動轉矩比電容起動式電動機大。

　　　▶解：電機機械－單相感應電動機雙值電容常用於高啟動轉矩、高運轉轉矩時，其特點為容量小、耐較高電壓，通常使用於變速及高功因的電動機；單相蔽極式電動機則是使用於低轉矩、低功因的電動機。

25.（ 4 ）　下列何項試驗可求得三相感應電動機之全部銅損？①電阻測定②溫度試驗③無載試驗④堵住試驗。

　　　▶解：電機機械－感應電動機利用堵住試驗測量電動機的銅損。

26.（ 2 ）　蔽極式單相感應電動機的蔽極線圈之作用是①減少起動電流②幫助起動③提高功率因數④提高效率。

　　　▶解：電機機械－蔽極式單相感應電動機，利用蔽極的銅環產生滯後的磁通與主磁通和成衣移動磁場，使蔽極式電動機啟動，此種電動機轉矩小、功因低效率差。

27.（ 3 ）　單相感應電動機輕載時，雖接上電源而不能起動，若以手轉動轉子，則可轉動並正常運動，其原因為①主線圈燒燬②主線圈短路③起動線圈開路④轉軸彎曲並卡住。】

　　　▶解：電機機械－感應電動機如果啟動線圈開路會導致旋轉磁場消失，因此無法自行啟動此時必須靠手動方式。

28.（ 4 ）　下列何種單相感應電動機之起動和運轉特性最佳？①分相式②電容起動式③永久電容分相式④起動和運轉雙值電容式。

　　　▶解：電機機械－感應電動機。

29.（ 3 ）　三相感應電動機全壓起動時起動電流為 200 安，若經自耦變壓器壓 50%抽頭降壓起動，則線路之起動電流變為多少安？①100②75③50④40。

　　　▶解：電機機械－感應電動機的啟動轉矩與啟動電流均與電源電壓的平方成正比，因此啟動電流 $I = (0.5)^2 \times$ 原電流 $= 0.25 \times 200 = 50A$ 。

30.（ 1 ）　一部三相 220V、7.5HP、cosθ 為 0.82、效率為 0.9 之感應電動機，其滿載電流約為多少安？①20②30③40④50。

▶解：電機機械－感應電動機三相電功率 $P_{3\Phi}=\sqrt{3}\times\eta\times V_L\times I_L\cos\theta\Rightarrow$
$7.5\times746=\sqrt{3}\times0.9\times220\times I_L\times0.82\Rightarrow I_L=20A$。

31.（3） 三相感應電動機，端子電壓 220V 電流 27A，功率因數 85%，效率 86%，則此電動機之輸出約為多少 kW？①15②11③7.5④5.5。

▶解：電機機械－感應電動機的效率
$\eta\%=\dfrac{輸出功率}{輸入功率}\Rightarrow0.86=\dfrac{P_o}{\sqrt{3}\times220\times27\times0.85}\Rightarrow P_o=7520W\approx7.5KW$。

32.（4） 繞線轉子型感應電動機之轉部電路電阻變為 2 倍，則最大轉矩將變為原來的幾倍？
①$\dfrac{1}{4}$②$\dfrac{1}{2}$③2④1。

▶解：電機機械－感應電動機的轉矩與外加電壓平方成正比，與轉子的電阻大小無關。

33.（2） 60Hz 的三相感應電動機使用於 50Hz 同一電壓的電源時，則下列敘述何項錯誤？①溫度增大②無載電流減小③轉速降低④最大轉矩將增大。

▶解：電機機械－感應電動機的無載電流為磁化電流與鐵損電流的向量和，而磁化電流與漏磁電抗成反比，漏磁電抗與頻率成正比，所以頻率變小則無載電流應增加。

34.（4） 三相感應電動機同步轉速為 N_s，轉子轉速為 N_r，則其轉差率為①$s=\dfrac{N_s+N_r}{N_s}$②$s=\dfrac{N_r-N_s}{N_r}$③$s=\dfrac{N_s}{N_s-N_r}$④$s=\dfrac{N_s-N_r}{N_s}$。

▶解：電機機械－感應電動機的轉差率 $s=\dfrac{N_s-N_r}{N_s}$。

35.（3） 要使感應電動機變成感應發電機，須使其轉差率①大於 1②大於 2③小於 0④介於 1 至 0 之間。

▶解：電機機械－感應電動機當轉速大於同步轉速時，則轉差率為負值因此電動機此時變為發電機。

36.（3） 三相電動機之名牌標明額定功率為 5.5kW 時，則該電動機輸出約為多少 HP？①3②5③7.5④10。

▶解：電機機械－電動機輸出馬力數等於 $\dfrac{5500}{746}\approx7.5HP$。

37.（2）一般用感應電動機之起動電流①等於滿載電流②數倍於滿載電流③小於滿載電流④等於無載電流。

> 解：電機機械－感應電動機啟動到運轉，於啟動時電流最高，可能數倍於滿載電流。

38.（4）額定不超過－馬力之低壓電動機，如每臺之全載額定電流不超過多少安者，得數具共接於一分路？①1②2③3④6。

> 解：用戶用電第 154 條-1。

39.（2）低壓電動機其分路導線之安培容量不得低於電動機額定電流之多少倍？①1.15②1.25③1.35④1.5。

> 解：用戶用電第 157 條-1。

40.（2）額定電壓在 300V 以下，容量在 2 馬力以下之固定裝置電動機，其操作器採用一般開關者，其額定值不得低於電動機全載電流之多少倍？①1②2③3④4。

> 解：用戶用電第 156 條-4-1。

41.（2）供應二具以上電動機之幹線，其安培容量應不低於所供應電動機額定電流之和加最大電動機額定電流之百分之多少？①一五②二五③五〇④一〇〇。

> 解：用戶用電第 158 條-1。

42.（1）一部 10HP 之三相同步電動機，原接於 50Hz 電源，當改接於 60Hz 電源時，其轉速①增加 20%②減少 20%③不變④無法轉動。

> 解：電機機械－同步電動機的轉速與頻率成正比，因此轉速增加為原來的 $\dfrac{6}{5}=1.2$。

43.（3）鼠籠式感應電動機之優點為①起動轉距大，起動電流小②改善功率因數，轉速容易變更③便宜，耐用④起動電流小，起動容易。

> 解：電機機械－感應電動機。

44.（2）單相蔽極式感應電動機係靠下列何種原理來旋轉？①旋轉磁場②移動磁場③排斥作用④吸引作用。

> 解：電機機械－單相蔽極式感應電動機利用移動磁場方式使電動機轉動，其特性為啟動轉矩小，公因數低效率差但其構造簡單。

45.（1） 繞線轉子型感應電動機，若轉部開路時，其轉速①接近於零②增加③降低④無關。

> ▶解：電機機械－繞線轉子型感應電動機轉部開路，二次側相當於開路，因此轉子不轉。

46.（3） 三相感應電動機若轉子達到同步速率時，將①產生最大轉矩②產生最大電流③無法感應電勢④感應最大電勢。

> ▶解：電機機械－感應電動機轉子達同步轉速，則轉子線圈無法感應電動勢。

47.（3） 額定為 220V、10HP、50Hz 之感應電動機，使用於 220V、60Hz 電源時，若負載及轉差率皆不變，則轉速為原轉速之多少倍？①0.833②1③1.2④1.414。

> ▶解：電機機械－感應電動機的轉速與頻率成正比，所以轉速為原轉速 $\frac{60}{50}=1.2$ 倍。

48.（1） 10HP 之電磁接觸器，其 10HP 一般指下列何者之容量？①主接點②輔助接點③線圈④鐵心。

> ▶解：工業配線－低壓工配元件的電磁接觸器主接點容量以馬力或瓩來表示。

49.（2） 三相感應電動機各相繞組間之相位差為多少電工角度？①90②120③150④180。

> ▶解：電機機械－三相感應電動機各相繞組間為 120 度電工角。

50.（2） 11kV 級高壓供電用戶之高壓電動機，每台容量不超過多少馬力，不限制其起動電流？①200②400③600④800。

> ▶解：用戶用電第 430 條-1-2。

51.（4） 高壓用戶之低壓電動機，每台容量不超過多少馬力者，起動電流不加限制？①15②50③150④200。

> ▶解：用戶用電第 162 條-2。

52.（3） 凡連續運轉之低壓電動機其容量在多少馬力以上者，應有低電壓保護？①7.5②10③15④50。

> ▶解：用戶用電第 160 條-4。

53.（2） 單相四極分相式感應電動機，其行駛繞組與起動繞組置於定部槽內時，應相間隔多少機械角度？①30②45③60④90。

> ▶解：電機機械－分相式感應電動機。

54.（2） 三相 220V△接線之感應電動機，如接到三相 380V 之電源時，應改為下列何種接線？①V②Y③雙△④雙 Y。

▶ 解：電機機械－感應電動機於 △ 接時，$V_p = V_l = 220V$，當線電壓為 $V_l = 380V$，則應改為 Y 接線，使相電壓為 $V_p = 220V$，使電動機電機不變，所以 △ -Y 接具有雙壓的功能。

55.（3） 22kV 級高壓供電用戶之高壓電動機，每台容量不超過多少馬力時，不限制起動電流？①200②400③600④800。

▶ 解：用戶用電第 430 條-1-3。

56.（1） 三相交流繞線轉子型感應電動機於轉子電路附加二次電阻起動之目的是①增加起動轉矩，減少起動電流②增加起動電流，減少起動轉矩③增加起動電流，增加起動轉矩④減少起動電流，減少起動轉矩。

▶ 解：電機機械－感應電動機。

57.（3） 三相感應電動機之起動轉矩與下列何者成正比？①電流②定子繞組電阻③外加電壓平方④功率因數。

▶ 解：電機機械－感應電動機的啟動轉矩與電源電壓的平方成正比

$$\tau_{ind} = \frac{3}{\omega_s}\left[\frac{E_{th}^2}{\left(R_{th} + \frac{R_2}{s}\right)^2 + \left(X_{th} + X_2\right)^2}\right]\left(\frac{R_2}{s}\right)。$$

58.（3） 工廠內裝有交流低壓感應電動機共五台，並接在同一幹線，其中最大容量的一台額定電流 40 安，其餘 4 台額定電流合計為 60 安，則該幹線之安培容量應為多少安？①90②100③110④150。

▶ 解：用戶用電第 158 條：幹線的總安培容量等於最大電動機額定電流的 1.25 倍加上其他電動機電流總和，亦即 $(40 \times 1.25) + 60 = 110A$。

59.（2） 一部三相四極 60Hz 感應電動機，其轉子轉速為 1728rpm，則該電動機的轉差率多少％？①3②4③5④6。

▶ 解：電機機械－感應電動機的同步速率 $N_s = \frac{120f}{P} = \frac{120 \times 60}{4} = 1800rpm$，$s = \frac{N_s - N_r}{N_s} = \frac{1800 - 1728}{1800} = 4\%$。

60.（2） 若三相電源之三接線端為 R、S、T，而三相感應電動機之三接線端為 U、V、W，當電動機正轉時，接法為 R-U、S-V、T-W，則下列何種接法可使電動機仍保持正轉？①R-V、S-U、T-W②R-V、S-W、T-U③R-W、S-V、T-U④R-U、S-W、T-V。

> ▶ 解：電機機械－感應電動機三相感應電動機如要改變旋轉方向，則對調三條電源線之任意兩條即可，如要保持原轉動方向，僅將原接續方式按順序變動即可。

61.（4） 三相感應電動機定子繞組為△接線時，測得任意兩線間的電阻為 0.4Ω，若將其改接為 Y 連接時，則任意兩線間的電阻應為多少Ω？①9②4③1.5④1.2。

> ▶ 解：電機機械－感應電動機的電阻 $R_Y = 3R_\triangle \Rightarrow R_Y = 3 \times 0.4 = 1.2\Omega$（2R//R=0.4，又 $\frac{2R \times R}{2R+R} = 0.4$，2R2=1.2R，所以 Y 接時各 R=0.6Ω，任意兩線間的電阻 R = 0.6 × 2 = 1.2Ω）。

62.（2） 某工廠有一般用電動機 3φ220V、3HP(9A)、5HP(15A)及 15HP(40A)各一台之配電系統，採用 PVC 管配線，若各電動機不同時起動時，則幹線過電流保護器額定值最小應選擇多少 A？①75②100③125④150。

> ▶ 解：用戶用電第 159 條-2：幹線(Feeder)過電流保護器以能承擔各分路之最大負載電流及部分起動電流。如各電動機不同時啟動時，其電流額定應為各分路中最大額定之電動機之全載電流 1.5 倍再與其他各電動機額定電流之和。 40×1.5+9+15＝84A，因電流在選擇高一級的電流保護器 100A。

63.（3） 某工廠有一般用電動機 3φ220V、3HP(9A)、5HP(15A)及 15HP(40A)各一台之配電系統，採用 PVC 管配線，若依表（一）之 PVC 管配線同一導線管內之導線數 3 根以下之安培容量表，則幹線之最小線徑應選擇多少 mm^2？①14②22③30④38。

表（一）PVC 管配線之安培容量表（35℃以下，同一導線管內之同一導線數 3 以下）

$14mm^2$	$22mm^2$	$30mm^2$	$38mm^2$
50A	60A	75A	85A

> ▶ 解：用戶用電第 158 條-1：幹線安培容量＝9+15+40×1.25＝74A，所以選③。

64.（4） 380V 供電之用戶，三相感應電動機每台容量超過 50 馬力者，應限制該電動機起動電流不超過額定電流之多少倍？①1.25②1.5③2.5④3.5。

> ▶ 解：用戶用電第 162 條-1-3。

65.（1）　連續性負載之繞線轉子型電動機自轉子至二次操作器間之二次線，其載流量應不低於二次全載電流之多少倍？①1.25②1.35③1.5④2.5。

　▶解：用戶用電第 153 條-4。

66.（3）　感應電動機電源電壓降低 5%，其起動轉矩減少約多少%？①20②15③10④50。

　▶解：電機機械－感應電動機的啟動轉矩與電源電壓的平方成正比，當電源電壓下降 5%，則電源電壓為原來的 95%，平方後得到 0.9025，$\tau = (1-0.9025) = 0.0975$，因此其轉矩約下降 10%。

67.（2）　三相 220V 四極 50Hz 應電動機，若接上三相 220V、60Hz 源使用，則磁通變為原來的多少倍？①0.577②0.83③0.866④1.2。

　▶解：電機機械－感應電動機的磁通量與角速度成反比，因為 $\omega = 2\pi \times f(f = 50 \Rightarrow \omega = 314, f = 60 \Rightarrow \omega = 377)$，因此電源由 50Hz 變成 60Hz，則磁通變成原來的 $\dfrac{314}{377} = 0.83289$。

68.（3）　三相感應電動機之端電壓固定，將一次的定子線圈由△接改為 Y 接，則電動機最大轉矩變成多少倍？①3②$\sqrt{3}$③$\dfrac{1}{3}$④$\dfrac{1}{\sqrt{3}}$。

　▶解：電機機械－感應電動機△接改為 Y 接其電壓變為原來的 $\dfrac{1}{\sqrt{3}}$，最大轉矩與電源電壓的平方成正比所以 $\tau_{新} \approx \left(\dfrac{1}{\sqrt{3}}\right)^2 \tau_{原} = \dfrac{1}{3}\tau_{原}$。

69.（3）　三相感應電動機採用 Y-△降壓起動開關起動的目的為①增加起動轉矩②增加起動電流③減少起動電流④減少起動時間。

　▶解：電機機械－感應電動機以 Y-△降壓起動主要為可以降低啟動電流。

70.（3）　三相感應電動機作堵轉試驗可求得①鐵損與銅損②鐵損與激磁電流③銅損與漏磁電抗④鐵損與漏磁電抗。

　▶解：電機機械－電機特性試驗中堵轉試驗，主要測量銅損及漏磁電抗。

71.（4）　三相感應電動機之無載試驗中，以兩瓦特計測量功率時，會造成瓦特計反轉的原因，乃是由於①電流小②電壓低③功率因數高於 0.5④功率因數低於 0.5。

　▶解：電儀表學－三相電功率的測量 $W_1 = VI\cos(\theta - 30°)$，$W_2 = VI\cos(\theta + 30°) \Rightarrow$ 其中一瓦特計為負時，$\cos\theta < 0.5$，因為 $\theta > 60°$。

72.（4） 電動機操作器負載側個別裝設電容器時，其容量以能提高該電動機之無負載功率因數達百分之多少為最大值？①85②90③95④100。

 ▶ 解：用戶用電第 181 條-3。

73.（3） 三相四極 220 伏 5 馬力之電動機，其額定電流約為多少安培？①25②20③15④10。

 ▶ 解：電機機械－三相 220V 感應電動機的全載電流通常以一馬力 3A 來計算，亦可由電功率 $P = \sqrt{3} \times V \times I \times \cos\theta \Rightarrow I = \left(\dfrac{5 \times 746}{\sqrt{3} \times 220 \times 0.75} \right) = 13.05 \approx 15A$ 。

74.（1） 某電動機分路過電流保護為 20 安培，其控制線線徑在多少平方公厘以上者，控制回路得免加裝過電流保護？①0.75②0.85③1.25④2.0。

 ▶ 解：用戶用電第 153 條-3。

75.（4） 能將電能轉換為機械能之電工機械稱為①變壓器②變頻器③發電機④電動機。

 ▶ 解：電機機械－感應電動機。

76.（4） 相同容量下，若以高效率、體積小、保養容易等因素為主要考量時，下列電動機何者最適宜？①直流無刷電動機②直流串激電動機③直流分激電動機④感應電動機。

 ▶ 解：電機機械－感應電動機。

77.（4） 有一台抽水馬達輸入功率為 500 瓦特，若其效率為 80%，其損失為多少瓦特？①400②300③200④100。

 ▶ 解：電機機械－感應電動機 $P_{in} = P_{out} + P_{loss} = 500 \times 0.8 + P_{loss} = 500 \Rightarrow P_{loss} = 100W$ 。

78.（1） 有關單相電容起動式感應電動機之電容器，下列敘述何者正確？①電容器串接於起動繞組②電容器串接於運轉繞組③電容器並接於起動繞組④電容器並接於運轉繞組。

 ▶ 解：電機機械－單相電容啟動式感應電動機當轉速達到額定轉速 75%時，啟動繞組的電容器及離心開關會跳脫。

79.（4） 三相感應電動機在運轉時，若在電源側並接電力電容器，其主要目的為何？①降低電動機轉軸之轉速②增加起動電阻③減少電動機電磁轉矩④改善電源側之功率因數。

 ▶ 解：電機機械－感應電動機電力電容器主要為提升電路的功率因數，降低使用電流，降低線路損失。

80.（1）關於三相感應電動機之定子與轉子分別所產生之旋轉磁場，下列敘述何者正確？①兩者同步②兩者不同步，會隨電源頻率而變③兩者不同步，會隨負載而變④兩者不同步，會隨起動方式而變。

　　▶解：三相感應馬達的定子線圈，供以三相電源時，即可產生旋轉磁場使得馬達轉動，定子與轉子分別所產生之旋轉磁場兩者同步，其轉速皆為同步轉速。

81.（1）三相感應電動機無載運轉時，如欲增加其轉速，可選用下列何種方法？①增加電源頻率②減少電源頻率③減少電源電壓④增加電動機極數。

　　▶解：電機機械－感應電動機由 $s = \dfrac{N_s - N_r}{N_s} \Rightarrow N_r = (1-s)N_s = (1-s) \times \dfrac{120f}{P}$ ，要增加轉速可以由電源頻率及極數來控制。

82.（4）如要使單相電容式感應電動機之旋轉方向改變，可選用下列何種方法？①調換電容器兩端的接線即可②運轉繞組兩端的接線相互對調，而且起動繞組兩端的接線也要相互對調③運轉繞組與起動繞組的接線不變，由電源線兩端接線相互對調④運轉繞組兩端的接線維持不變，起動繞組兩端的接線相互對調。

　　▶解：電機機械－感應電動機。

83.（2）一台 3φ、220V、15HP、60Hz 感應電動機，若滿載線電流為 40A，以 Y-Δ 降壓起動，並於線電流線路上裝置一積熱電驛(TH-RY)，若安全係數為 1.15，積熱電驛(TH-RY)跳脫值應設於多少 A？①40②46③50④60。

　　▶解：工業配線－低壓工配元件：積熱電驛(TH-RY)跳脫值為滿載電流乘以安全係數即 40A×1.15=46A。

84.（2）一台 3φ、220V、15HP、60Hz 感應電動機，若滿載線電流為 40A，以 Y-Δ 降壓起動，並於相電流線路上裝置一積熱電驛(TH-RY)，若安全係數為 1.15，積熱電驛(TH-RY)跳脫值應設於多少 A？①23②27③40④46。

　　▶解：工業配線－低壓工配元件：積熱電驛(TH-RY)跳脫值為滿載電流乘以安全係數即 $\dfrac{40}{\sqrt{3}} \times 1.15 \cong 27A$ 。

複選題

85.　（1,2）感應電動機負載增加時①轉差率增大②運轉電流增大③轉矩減小④轉速增加。

▶解：電機機械－感應電動機應電動機負載增加時，運轉電流增大轉差率增
　　大。

86.　（3,4）　感應電動機之運轉公式 $N = 2\dfrac{f}{P}$ rps 中①n 係指轉動轉速②f 係指轉動頻率③p
係指該機極數④rps 係指每秒鐘轉速。

▶解：電機機械－感應電動機的同步速度 $N_s = \dfrac{120f}{P}$ （每分鐘轉速）

$N = 2\dfrac{f}{P}$ rps （每秒鐘轉速），f 係指電源頻率，p 係指該機極數。

87.　（2,3,4）　繪製三相感應電動機之圓線圖，須藉下列哪些試驗之數據始可完成？①極性
試驗②無載試驗③堵住試驗④定部繞組電阻測定。

▶解：電機機械－感應電動機圓線圖的繪製需要經無載試驗、堵住試驗、定
部繞組電阻測量出測出電動機的定子電阻、轉子電阻以及定子電感抗
跟轉子電感抗、激磁電抗等。

88.　（2,3,4）　有關三相感應電動機之最大轉矩，下列敘述哪些正確？①與轉子電阻成反比
②與定子電阻、電抗成反比③與轉子電抗成反比④與線路電壓平方成正比。

▶解：電機機械－感應電動機最大轉矩

$$\tau_{max} = \dfrac{3V_{th}^2}{2\omega_{sync}\left[R_{th} + \sqrt{R_{th}^2 + (X_{th} + X_2)^2}\right]}$$，最大轉矩與電源電壓的平方成

正比，與定子阻抗及轉子電阻的大小成反比。

89.　（1,3）　繞線式感應電動機起動時，下列哪些是轉部加入起動電阻之目的？①降低起
動電流，增加起動轉矩②增加起動電流，增加起動轉距③提高起動時之功率
因數④提高電動機之效率。

▶解：電機機械－感應電動機轉部加入起動電阻會降低起動電流，增加起動
轉矩並且提高起動時之功率因數。

90.　（2,3）　三相感應電動機以滿載來和無載運轉比較，則滿載①轉差率小②功率因數高
③效率高④轉速高。

▶解：電機機械－感應電動機滿載時的較無載時，效率高且功率因數大。

91.（1,2,3,4）　感應電動機負載增加，則①轉差率增加②轉速降低③轉矩增加④轉子銅損增
加。

▶解：電機機械－感應電動機負載增加額附載電流增加此時轉子銅損增加，轉差率增加會轉速降低。

92. （1,2,3） 設計為 50HZ 之感應電動機，使用於 60HZ 電源，下列敘述哪些正確？①同步轉速增加②容量略為增加③鐵損減少④阻抗減少。

▶解：電機機械－感應電動機頻率增加會使電動機轉速增加，鐵損減少，阻抗增加，容量增加。

93. （2,3,4） 繞線式感應電動機，轉部電阻增加，則下列敘述哪些正確？①轉速增加②起動電流降低③起動轉矩增加④轉差率增加。

▶解：電機機械－感應電動機繞線式感應電動機,當轉部電阻增加時起動電流會降低、導致起動轉矩增加、轉差率增加。

94. （1,2,4） 電動機 Y-△ 起動時，下列敘述哪些正確？①Y 起動電流較小②Y 起動轉矩較小③△ 起動轉矩為 Y 的 $\frac{1}{3}$ 倍④Y 起動電流為△ 起動的 $\frac{1}{3}$ 倍。

▶解：電機機械－單相電動機 Y-△ 型降壓型操作器，可限制起動電流與起動轉矩，均降為全壓起動之 $\frac{1}{3}$。

95. （2,3,4） 有關轉差率 S，下列敘述哪些正確？①S=1 表示起動狀態②S=0 表示同步狀態③S>1 表示反轉制動④S<1 表示運轉狀態。

▶解：電機機械－電動機的轉差率為 $s = \dfrac{N_s - N_r}{N_s}$，S=0 表示同步狀態，S>1 表示反轉制動，S<1 表示運轉狀態。

96. （1,2,4） 下列哪些是單相感應電動機主繞組的特點？①匝數多、線徑粗②電阻小、電感大③電阻大、電感小④通過電流較起動繞組滯後。

▶解：電機機械－感應電動機由主繞組及輔助繞組產生旋轉磁場加速後,將輔助繞主切離剩下主繞組運轉,因此輔助繞組採用較細的導線圈數較少,使其電阻較主繞組為大電感抗較小。

97. （1,3,4） 下列哪些是單相感應電動機起動繞組的特點？①導線繞於槽的外層②導線繞於槽的內槽③圈數少④電感小、電阻大。

▶解：電機機械－感應電動機起動繞組的圈數少而且導線繞於槽的外層所以電感小、電阻大。

98. （1,2,3） 下列有關蔽極式電動機的述敘哪些正確？①採用移動磁場②起動轉矩小③構造簡單、價格廉④效率及功率因數高。

> 解：電機機械－單相電動機蔽極式其定部主極中另設一小極（蔽極），並穿以短路銅環，此銅環稱為蔽極線圈。當主磁極繞組產生磁通時，銅環感應電壓產生短路電流，因而產生較主磁極磁通落後約 90 度之副磁通，主、副磁通相互作用即於氣隙中產生移動性磁揚，轉子上之導體切割移動性磁場即感應電壓產生短路電流以驅動轉子轉動。此式電動機所能產生之轉矩甚小，效率亦差，惟其結構簡單堅固，故小功率輸出場合亦常使用。

99. （2,4） 有關單相電動機，下列敘述哪些正確？①蔽極式效率最佳②推斥式起動轉矩最大③電容起動式之起動電流最小④分相式之起動電流最大。

> 解：電機機械－單相電動機中推斥式起動轉矩最大而分相式之起動電流最大。

100. （1,2,3） 有起動線圈的單相電動機為①分相式②永久電容式③電容起動式④推斥式。

> 解：電機機械－單相電動機推斥式電動機內部有電刷利用推斥原理將電流送至轉子來才啟動，而不是用感應磁場的方式，待起動且運轉高速後，再由離心開關脫離電刷，使馬達變回感應運轉之馬達，因此不需使用啟動線圈。

101. （1,2） 具有換向器與電刷之單相電動機為①串激式②推斥式③電容式④蔽極式。

> 解：電機機械－串激式與推斥式單相電動機具有換向器及電刷。

102. （1,2,3） 下列哪些是交流單相串激電動機之特性？①轉矩與電流平方成正比②高起動轉矩③重載時效率高④轉矩與電壓平方成正比。

> 解：電機機械－單相電動機串激電動機磁場電流與電樞電流均隨電源頻率變換而同時改變，使得定子與轉子所產之磁通亦同時改變，因此所產生的轉矩方向維持不變，故串激電動機可交直流兩用，外加交流電源，其轉向不變，所以具有高起動轉矩輕載時功率因數高速率調整佳等優點。

103. （1,2,4） 電動機有載運轉時，下列哪些是保險絲燒斷之可能原因？①欠相②短路③滿載使用過久④電壓降低。

▶解：電機機械－單相電動機有載運轉時，保險絲燒斷之可能原因為電流過大，所以可能的因素為欠相、短路、電壓降低。

104.（1,2,3）　電動機繞組短路故障時，則有①噪音發生②增加電流③溫度升高④速度變快。

　　　▶解：電機機械－感應電動機繞組短路故障會使電動機發生噪音增加電流病史電動機溫度升高。

105.（2,4）　三相感應電動機在輕載運轉中，若有一相電源線斷路，則該電動機會下列哪些情形？①立即停止②負載電流變大③負載電流變小④繼續轉動。

　　　▶解：電機機械－感應電動當電動機繞組中有一相繞組斷路，或並聯支路中有一條支路斷路時，都將導致三相電流不平衡，使電動機過熱，此時負載電流會增加，馬達會繼續運轉。

106.（1,2,3）　電動機無載起動後、加負載時，下列哪些是產生轉速降低或停止的可能原因？①漏電②配電容量不足或電壓降過大③線圈發生不完全之層間短路④定子或轉子繞組斷線。

　　　▶解：電機機械－感應電動機電動機帶負載運行時轉速緩慢或停止的原因：(1)電源電壓過低、(2)漏電、(3)線圈或線圈組有短路點、(4)線圈或線圈組有接反處、(5)相繞組反接、(6)、過載、(7)繞線式轉子一相斷路、(8)繞線式轉子電動機起動變阻器接觸不良、(9)電刷與滑環接觸不良等。

107.（3,4）　感應電動機之功率因數很差，下列哪些是可能的原因？①軸承不良②通風不良③氣隙大小不均勻④磁路容易飽和。

　　　▶解：電機機械－感應電動機功率因數差的原因是電動機氣隙大小不均勻及磁路容易飽和。

108.（2,3,4）　感應電動機之電氣制動有①電磁制動②再生制動③逆向電壓動力制動④單相制動。

　　　▶解：電機機械－感應電動機再生制動是指當感應電動機轉速超過同步轉速時，電動機會變成發電機，有制動、防止超速的作用；感應電動機的動力制動方法，係將直流電加給定子繞組，使定子繞組產生固定磁場，轉子因而停止轉動。

109.（1,2,3） 電風扇轉部轉動，但有嗡嗡聲，下列哪些是其原因？①電容器短路或開路②起動繞組短路或開路③軸承太緊④主線圈開路。

　　▶解：電機機械－感應電動機電容器短路或開路、起動繞組短路或開路、軸承太緊，均可能使電風扇轉動產生嗡嗡聲。

110.（2,3,4） 下列哪些電動機可自行起動？①單繞組單相感應電動機②單相串激電動機③蔽極式感應電動機④三相感應電動機。

　　▶解：電機機械－感應電動機可以自行啟動的電動機有單相串激電動機、蔽極式感應電動機、三相感應電動機。

111.（1,2,3） 下列哪些為步進電動機之特性？①旋轉總角度與輸入脈波總數成正比②轉速與輸入脈波頻率成正比③靜止時有較高之保持轉矩④需要碳刷，不易維護。

　　▶解：電機機械－步進馬達是直流無刷馬達的一種，為具有如齒輪狀突起（小齒）相鎖合的定子和轉子，可藉由切換流向定子線圈中的電流，以一定角度逐步轉動的馬達。只需要通過脈波信號的操作，即可簡單實現高精度的定位，並使工作物在目標位置高精度地停止且旋轉總角度與輸入脈波總數成正比，其轉速與輸入脈波頻率成正比而且靜止時有較高之保持轉矩。

112.（2,3,4） 下列敘述哪些正確？①欲使三相感應電動機反轉，必須考慮電動機接線為 Y 接或 △ 接，Y 接時變換電源任兩相，△ 接時必須三相換位方可反轉②欲使三相感應電動機反轉，只須變換三相電源的任兩條線即可③欲使單相感應電動機反轉，可將起動繞組的兩端點對調，運轉繞組保持不變④欲使單相感應電動機反轉，可將運轉繞組的兩端點對調，起動繞組保持不變。

　　▶解：電機機械－感應電動機三相感應電動機如果要反轉，只須變換三相電源的任兩條線即可，或將起動繞組的兩端點對調，運轉繞組保持不變，或者將運轉繞組的兩端點對調，起動繞組保持不變。

113.（1,2,4） 在低壓三相感應電動機正反轉控制配線中，若三相電源之接線端為 R、S、T，電動機之接線端為 U、V、W，當電動機正轉時接法為 R-U、S-V、T-W，下列敘述哪些正確？①接法改為 R-W、S-U、T-V 仍保持電動機正轉②接法改為 R-W、S-V、T-U 可使電動機反轉③接法改為 R-V、S-U、T-W 仍保持電動機正轉④接法改為 R-U、S-W、T-V 可使電動機反轉。

▶解：電機機械－感應電動機欲使三相感應電動機反轉，只須變換三相電源的任兩條線即可。

114.（1,2,4）　下列哪些起動方法適用於三相鼠籠式感應電動機？①Y-△降壓起動法②一次電抗降壓起動法③轉子加入電阻法④補償器降壓起動法。

　　　▶解：電機機械－感應電動機三相鼠籠式感應電動機的啟動方法有：1.Y-△降壓起動法，2.電抗（或電阻）降壓起動法，3.補償器降壓起動法。

工作項目 ⑫ 　可程式控制器工程運用

單選題

1.（2）　電極式液面控制器不適用於下列何種場所？①儲水槽②絕緣油槽③地下水池④水塔。

　　　▶解：工業配線－低壓工配元件電極式液面控制器是利用水導電的原理達到控制水位的目的，絕緣油槽不導電，係利用浮球開關。

2.（3）　右圖控制電路若用布林代數(Boolean Algebra)式表示，則可寫成①F=(AB+CD)+E②F=(A+B)(C+D)E③F=(AB+CD)E④F=(A+B)(C+D)+E。

　　　▶解：邏輯設計－布林代數串聯用乘號，並聯用加號。

3.（2）　可程式控制器之高速計數輸入模組通常與下列哪一項輸入元件連接，以達到精密定位控制之要求？①熱電偶②編碼器③液面控制器接點④按鈕開關。

　　　▶解：可程式控制器-高速計數輸入模組為達精密的定位控制要求以編碼器為輸入元件。

4.（1）　當輸入信號從 OFF(0)到 ON①觸發時，能使可程式控制器內部邏輯信號作動，則該輸入信號係屬何種觸發？(1)正緣(Lead)②負緣(Trailing)③脈動④殘留。

　　　▶解：可程式控制器高速計數輸入模組高速計數輸入模組。

5.（4）　下列哪一項週邊裝置可與可程式控制器 ASCII 輸入／輸出模組連結使用？①接點式溫度感測器②接點式壓力開關③按鈕開關④印表機。

▶ 解：可程式控制器。

6.（2） 在十六進位數字系統中之數值 A5，若轉換為十進位，則其數值為①155②165③205 ④215。

　　▶ 解：邏輯設計-16 進制系統是以 16 為基底，簡單來說就是「逢十六進位」的數字系統。十六進制以 16 為底的數字系統，使用 0，1，2，3，4，5，6，7，8，9，A，B，C，D，E，F（A 代表 10，B 代表 11，C 代表 12，D 代表 13，E 代表 14，F 代表 15）等合計 16 個基本符號來表示數字；$A5 = 10 \times 16^1 + 5 \times 16^0 = 165$。

7.（1） 設 00100101 為 BCD 碼，若將其轉換為十進位數值表示，則其值為①25②45③111 ④211。

　　▶ 解：邏輯設計－單位系統互換將四個 10 作為一組，前面四個為十位數後面四個維個位數所以(0010)(0101)=25。

8.（3） 一個位元(bit)，若以鮑率(Baud Rate)為 9600 的傳送速率連續傳送 10 秒的資料，則共可傳送多少位元組(Bytes)的資料？①1200②2400③12000④24000。

　　▶ 解：電腦概論－鮑率：是指從一裝置發到另一裝置的傳符號率，即每秒鐘多少符號 baud per second (baud/s)。典型的鮑率是 300, 1200, 2400, 9600, 19200, 115200 等 baud/s。一般通訊兩端裝置都要設為相同的鮑率，但有些裝置也可以設定為自動檢測鮑率，一位元組等於 8 位元，因此鮑率 9600 的傳送速率連續傳送 10 秒的資料等於 $\frac{9600}{8} \times 10 = 12000$ 位元組，則共可傳送 12000 位元組。

9.（4） 可程式控制器與電腦利用 RS232C 作非同步傳輸連線時，下列何項非為設定參數之一？①資料位元(Data Bits)②結束位元(Stop Bits)③通訊埠(COM Port)④緩衝器(Buffer)。

　　▶ 解：可程式控制器。

10.（3） 電磁開關所用之積熱電驛(TH-RY)，其主要過載動作元件是①電磁線圈②彈簧③雙金屬片④熱敏電阻。

　　▶ 解：工業配線－低壓工配元件的電磁接觸器是利用雙金屬片來作過載保護。

11.（1） 二進位數目系統中的每一位數稱為位元(Bit)，而 8 個位元等於多少個位元組(Byte)？①1②2③3④4。

> 解：數位邏輯（數字系統）二進位的每一個位數稱之為位元(Bit)。可用來表示 0 或 1 的狀態，相對於電子元件的狀態，則可以將 0 視為關，1 視為開。位元(Bit)是記憶體的最小儲存單位，但只能夠產生 2 種變化（0 與 1），為了表達更多狀態的變化，因此必須組合多個位元。由於電腦硬體結構的定址緣故，因此，通常會將 8 個位元(Bits)組合成 1 個位元組(Byte)，也就是 1Byte=8 Bits。

12.（3）　二進位的 1011 相當於十進位的①9②10③11④12。

> 解：邏輯設計－單位系統互換 $1011_2 = 1 \times 2^3 + 0 \times 2^2 + 1 \times 2^1 + 1 \times 2^0 = 8 + 0 + 2 + 1 = 11$。

13.（4）　下列何種開關，能不接觸物體即可檢測出位置？①浮球開關②極限開關③按鈕開關④光電開關。

> 解：工業配線－低壓工配元件光電開關透過遮光即可檢測出物件的位置。

14.（2）　當輸入信號從 ON①到 OFF(0)觸發時，能使可程式控制器內部邏輯信號作動，則該輸入信號屬於何種觸發？(1)正緣(Lead)②負緣(Trailing)③脈動④殘留。

> 解：可程式控制器－可程式控制器內部邏輯信號的正緣觸發為脈波從 0 到 1 瞬間電路才會動作，負緣觸發為脈波從 1 到 0 瞬間電路才會動作。

15.（2）　有關 D/A 轉換器的敘述，下列何者正確？①類比信號轉換為數位信號②數位信號轉換為類比信號③電流信號轉換為電壓信號④電壓信號轉換為電流信號。

> 解：可程式控制器－D/A 轉換器是將數位信號轉換為類比信號。

16.（1）　有關 A/D 轉換器的敘述，下列何者正確？①類比信號轉換為數位信號②數位信號轉換為類比信號③電壓信號轉換為電流信號④電流信號轉換為電壓信號。

> 解：可程式控制器－A/D 轉換器是將類比信號轉換為數位信號。

複選題

17.　（1,2,4）　在 RS-232C 通訊標準中，它規範了資料通訊設備(DCE)以及資料終端設備(DTE)，下列哪些是屬於 DTE 設備？①個人電腦②印表機③數據機(Modem)④掃描器。

> 解：電腦概論－通訊協定 RS-232 是美國電子工業聯盟(EIA)制定的串行數據通信的接口標準，資料終端設備則包括個人電腦印表機及掃描器。

18. （1,2,4） 下列哪些不是無線電傳輸特性？①Duplex②Full Duplex③Half Duplex④Simplex。

▶解：可程式控制器－無線電傳輸特性是採用半雙工方式傳輸(Half Duplex)而不是雙工 Duplex 或全雙工 Full Duplex 及雙重單工 Simplex。

19. （1,3） 可程式控制器與電腦間利用 RS232C 作非同步傳輸連線時，下列哪些是設定參數之一？①資料位元(Data Bits)②通訊線徑大小③通訊埠(COM Port)④緩衝器(Buffer)。

▶解：可程式控制器－RS-232 在傳送資料時，並不需要另外使用一條傳輸線來傳送同步訊號，就能正確的將資料順利傳送到對方，因此叫做「非同步傳輸」，不過必須在每一筆資料的前後都加上同步訊號，把同步訊號與資料混和之後，使用同一條傳輸線來傳輸，因此將資料位元及通訊埠作為設定參數。

20. （1,3） 工業控制中，下列哪些場所之特性適合使用電極式液位控制器？①地下水池②絕緣油槽③家庭用儲水塔④工業用污水池。

▶解：工業配線－低壓工配元件電極式液位控制器係針對地下水池及家庭用儲水塔所設計的使用水控制裝置。

21. （1,2,3） 下列哪些是使用可程式控制器(PLC)的主要特點？①高可靠性②採用模組化結構③安裝簡單，維修方便④占空間、不易學習。

▶解：可程式控制器－通用性強，使用方便功能強，適應面廣可靠性高，抗干擾能力強撰寫方法簡單，容易掌握 PLC 控制系統的設計、安裝、調試和維修工作量少，極為方便，採用模組化結構，控制程式變化方便，具有很好的柔性體積小、重量輕、功耗低。

22. （1,2,3） 下列哪些是使用可程式控制器(PLC)的主要應用範圍？①邏輯控制②計數控制③PID 控制④通訊流量控制。

▶解：可程式控制器－可程式控制器(PLC)的主要應用於開關量邏輯控制、運動控制、閉迴路(PID)控制、數據處理、通訊網路。

23. （1,2） 下列哪些裝置（元件）可連接於可程式控制器(PLC)的繼電器輸出模組？①電磁接觸器②指示燈③熱電偶④近接開關。

▶解：可程式控制器－可程式控制器內部基本結構，其內部處單元包括
　　　　CPU、輸入模組、輸出模組三大部門，PLC 的 CPU 會經由輸入模組
　　　　取得輸入元件所產生的訊號，再從記憶體中逐一取出原先以程式書寫
　　　　器中輸入的控制指令，經由運算部門邏輯演算後，再將結果過輸出模
　　　　組加以驅動外在的輸出元件，因此可以連接電磁接觸器及指示燈。

24.（1,2,3,4）為了滿足工業控制的需求，可程式控制器廠商開發了下列哪些專門用途 I/O
　　　　模組？①高速計數器模組②定位控制模組③網路模組④PID 模組。

　　　　▶解：可程式控制器－可程式控制器應用在工業控制專業用途的 I/O 模組
　　　　　　　包括高速計數器模組、定位控制模組、網路模組、PID 模組。

25.（1,2,4）可程式控制器所用之 PID 介面模組，通常應用於任何需要連續性閉路控制的
　　　　程序控制系統中，其提供下列哪些控制的作動？①積分②比例③溫度④微
　　　　分。

　　　　▶解：可程式控制器－可程式控制器所用之 PID 介面模組，應用於需要連
　　　　　　　續性閉路控制的程序控制，提供微分、積分、比例控制的作動。

26.（2,3,4）下列哪些是無線電的特點？①無法穿透物體②容易製造安裝③容易互相干
　　　　擾④發訊端無須對準收訊端。

　　　　▶解：－無線電是指在自由空間傳播的電磁波，其頻率 300GHz 以下。無
　　　　　　　線電技術是通過無線電傳播信號的技術。在天文學上，無線電波被稱
　　　　　　　為無線電波，簡稱無線電。電磁波產生後，可以在空間中直接傳播，
　　　　　　　但其路徑也可能被反射、折射及繞射等影響。電磁波的強度會因幾何
　　　　　　　距離而變小，有些情形下介質也會吸收能量。雜訊也會影響電磁波的
　　　　　　　訊號，電磁干擾的來源可能是自然的，也可是人造的。雜訊也可能因
　　　　　　　為設備本身的特性而產生，如果雜訊的強度太大，就無法分辨電磁波
　　　　　　　中的訊號及雜訊，這也是無線電通訊的基本限制，因此其特點為可以
　　　　　　　穿透物體、容易製造安裝但是也容易互相干擾，發射的信號裝置不必
　　　　　　　對準收訊端。

27.（1,4）為了增強可程式控制器(PLC)抗干擾能力，提高其可靠性，PLC 在輸入端電
　　　　路都採用下列哪些技術？①光電隔離②運算放大電路③正反器④R-C 濾波。

　　　　▶解：可程式控制器－可程式控制器為提高其可靠性及抗干擾能力，一般會
　　　　　　　在 PLC 輸入端電路中採取光電隔離及 R-C 濾波方式。

28. （2,3） 在電力監控系統中，若進行變壓器油溫信號監控傳遞，為正確傳輸資料至電腦，必須經過下列哪些感測與轉換技術？①DAC②ADC③溫度感測器④濾波器。

   ▶解：在電力系監控系統中是採取溫度感測器連接 ADC 技術進行信號監控傳遞。

29. （1,2,3） 國際電工協會(National Electrical Manufacturers Association)為整合各廠家可程式控制器(PLC)語法與硬體架構，在 1993 年制訂了 IEC1131 的標準，而第三部分 IEC1131-3 為語法規範，下列哪些是其定義的規範？①階梯圖(LD)②功能方塊圖(FBD)③順序功能圖(SFC)④C 語言。

   ▶解：可程式控制器－國際電工協會整合各家的 PLC 語法與硬體架構，在 1993 年制定 IEC1131 的標準，而第三部分 IEC1131-3 為語法的相關規範，其中定義五種 PLC 程式語法，包含階梯圖(Ladder Diagram, LD)、功能方塊圖(Function Block Diagram, FBD)、順序功能圖(Sequential Function Chart, SFC)等三種圖形化語言，以及指令列(Instruction List, IL)與結構化文字(Structured Text, ST)。

30. （1,2,3） 下列哪些週邊裝置不可與可程式控制器 ASCII 輸入/輸出模組連結使用？①溫度感測器②壓力開關③變頻器④印表機。

   ▶解：可程式控制器－可程式控制器 ASCII 輸入/輸出模組 PLC 的對外功能，主要是通過各種輸入/輸出模組與外界聯繫的 I/O 模組集成了 PLC 的 I/O 電路，其輸入暫存器反映輸入信號狀態，輸出點反映輸出閂鎖狀態。輸入單元是用來連結擷取輸入元件的信號動作並透過內部匯流排將資料送進記憶體由 CPU 處理驅動程式指令部分。PLC 輸入模組 PLC 系統的架構和輸入模組產品的選擇端視需要被監測的輸入訊號位準而定。來自不同類型被監測的感測器與流程控制之變量訊號，可以涵蓋從 ±10mV 至 ±10V 的輸入訊號範圍。輸出單元是用來驅動外部負載的介面，主要原理是由 CPU 處理以書寫在 PLC 裡的程式指令，判斷驅動輸出單元在進而控制外部負載，如指示燈、電磁接觸器、繼電器、氣（油）壓閥等，因此並不包括印表機。

31. （1,3,4） 為讀取並計算輸入脈波信號，下列哪些輸入裝置不可以與可程式控制器之高速計數輸入模組連接？①熱電偶②編碼器③極限開關④按鈕開關。

▶解：可程式控制器－因為讀取或計算脈波信號會與可程式控制器之高速
計數輸入模組信號相衝突導致信號誤判，為避免誤動作不可連接熱電
偶極限開關及按鈕開關。

32.　（1,3）　可程式控制器掃描一週的時間(scan
time)為 15ms，現有兩個輸入信號，其
中一個輸入信號的動作時間為 10ms，
另一個是 30ms，若依照下列輸入信號
與掃描時間的關係圖所示，下列敘述
哪些正確？①A 點輸入信號不能正確
被 PLC 讀取②A 點輸入信號可以正確

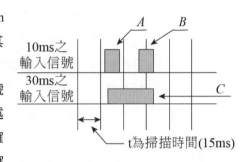

被 PLC 讀取③B、C 點輸入信號可以正確被 PLC 讀取④B、C 點輸入信號不
能正確被 PLC 讀取。

▶解：可程式控制器－可程式控制器，係一種固態電子裝置，它結合內部儲
存的程式及輸入信號的掃描來控制機械動作或程序的操作並不斷重
複執行，以達控制的目的，這種方式稱為連續掃描的控制方式。而所
謂的可程式控制器的掃描時間兩點式輸出介面的工作，則是當可程式
控制器之輸出 1 時，輸出介面電路將此邏輯電壓經過此介面線路之
轉換來驅動輸出裝置，上述輸入信號與掃描時間的關係圖中 A 點輸
入信號不能正確被 PLC 讀取 B、C 點輸入信號可以正確被 PLC 讀取。

33.　（1,2,4）　如右圖所示，若用邏輯式表示，下列敘述哪
些錯誤？
①F=(AB+CD)+E②F=(A+B)(C+D)E
③F=(AB+CD)E④F=(A+B)(C+D)+E。

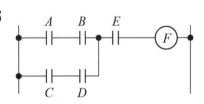

▶解：邏輯設計-布林代數串聯用乘號，並
聯用加號。

34.　（1,3,4）　有關唯讀記憶體(Read Only Memory，ROM)，下列敘述哪些錯誤？①能隨時
讀寫或更改記憶內容②內部資料經設定儲存後，即無法更改③可以用紫外線
消除記憶體內容④供應電源斷電後，內部資料會消失。

▶解：可程式控制器－唯讀記憶體是一種半導體記憶體,其特性是一旦儲存
資料就無法再將之改變或刪除,且內容不會因為電源關閉而消失。在

電子或電腦系統中，通常用以儲存不需經常變更的程式或資料；如要寫入資料則必須使用「高電壓」強迫電子由 N 型矽晶圓注入浮動閘極，代表寫入資料（這個位元此時為 1）。如要抹除資料則必須使用「紫外光」照射浮動閘極，電子吸收了高能量的紫外光，會由浮動閘極內流出，代表抹除資料（這個位元此時為 0）。

35. （1,2,4） 可程式控制器通訊模組與區域網路連接時，使用雙絞線 RJ-45 接頭連接，下列敘述哪些正確？①UTP 線的接頭有八個腳位（凹槽），其金屬接點有 8 個②用在 10-BaseT 與 100-Base 系列網路，只使用 1、2、3、6 腳位③必須加裝終端電阻④必要時可施作網路線跳線(cross-over)。

▶解： 可程式控制器－RJ-45 則是一個 8 線的連結器，這一種連結器將常使用在區域網路中，方便將網路線插入網路卡或是集線器、路由器之間用以連結網路。UTP 為非屏蔽雙絞線為一種網路線金屬接點有 8 個，於必要時可做為網路線跳線使用。

36. （1,3,4） Modbus 通信規約基本上是遵循 Master and Slave 的通信步驟，有一方扮演 Master 角色採取主動詢問方式，送出 Query Message 給 Slave 方，然後由 Slave 方依據接到的 Query Message 內容準備 Response Message 回傳給 Master。下列哪些裝置可當作 Slave 方？①量測用儀表②人機界面（監控系統 HMI）③熱電偶④可程式控制器。

▶解： 可程式控制器－ModBus 通訊協議分為 RTU 協議和 ASCII 協議遵循主從事通信步驟，當 Master 送出查詢信息給 Slave，Slave 一端即將信息內容回傳給 Master，因此 Master 可以是量測用儀表、熱電偶或可程式控制器。

37. （1,3,4） 可程式控制器與 Modbus 裝置做連接通訊時，通信傳送資料因考慮信號可能受外界干擾，下列哪些不是通訊協定所採取措施？①必須加上 Device Address②必須做 Error Check③必須考慮 Function Code④資料長度(Bit)必須正確。

▶解： 可程式控制器－可程式控制器與 Modbus 裝置做連接通訊時，通信傳送資料因考慮信號受外界干擾，必須加上裝置位址 (Device Address)，而且必須考慮 Function Code 及資料長度(Bit)必須正確。

38. （1,2,3,4）下列哪些項目是可程式控制器可以處理之信號控制資料型態？①DI:Digital Input②DO:Digital Output③AI:Analog Input④AO:Analog Output。

　　▶解：可程式控制器－可程式控制器可以處理之信號控制資料型態包括：數位輸入、數位輸出、類比輸入、類比輸出四種類型。

39. （1,2,3）下列哪些控制信號數值型態屬於 AO:Analog Output？①溫度②流量③轉速④啟動電動機。

　　▶解：可程式控制器－控制信號數值型態為類比輸出信號，有溫度及流量及轉速裝置。

40. （2,3）下列哪些控制信號數值型態屬於 DI:Digital Input？①溫度②開關③接觸點④流量。

　　▶解：可程式控制器－控制信號數值型態為數位輸入信號，有溫度及接觸點裝置。

41. （1,2）下列哪些控制信號數值型態屬於 AI:Analog Input？①液位②重量③極限開關點④警鈴。

　　▶解：可程式控制器－控制信號數值型態為類比輸入信號，有液位及重量裝置。

42. （1,4）下列哪些控制信號數值型態屬於 DO:Digital Output？①電動機啟動或停止②污水混濁度③轉速④警鈴。

　　▶解：可程式控制器－控制信號數值型態為數位輸出信號，有電動機的啟動或停止及警鈴裝置。

43. （1,2,4）在工廠自動化控制通訊協定中，使用乙太網路(Ethernet)與 Modbus，下列敘述哪些正確？①於同一 Ethernet 網路系統上 IP Address 必須是唯一的②串列式通信上只有一個 Modbus Master 設備③串列式通信上不可以連上多台 Modbus Slave 設備④Modbus Address 是由通信規約內所制定的。

　　▶解：可程式控制器－使用乙太網路與 Modbus，於同一 Ethernet 網路系統上 IP Address 必須是唯一的，在串列式通信上只有一個 Modbus Master 設備 Modbus Address 是由通信規約內所制定的。

工作項目 **13** 變頻器運用

單選題

1.（4） 電度表配合比壓器(PT)及比流器(CT)使用時，已知 PT 的電壓比為 3300/110V，CT 之電流比為 100/5A，則該電度表實際量測值應乘以多少倍？①20②100③300④ 600。

▶ 解：電路學－電度表實際度數 $=\dfrac{3300}{110}\times\dfrac{100}{5}=600$ 倍。

2.（3） 電源頻率若從 60Hz 變為 50Hz 時，阻抗不受影響之裝置為①日光燈②變壓器③電阻式電熱器④感應電動機。

▶ 解：電路學－RLC 電路電阻式電熱器不受電源頻率影響。

3.（4） 低壓變頻器外殼應採何種接地施工？①特種②第一種③第二種④第三種。

▶ 解：用戶用電第 25 條表 25 低壓變頻器屬低壓用電設備。

4.（3） 三相感應電動機使用變頻器作減速控制時，為了避免電動機因產生再生電壓而造成變頻器過電壓失速，除了設定加長減速時間外，還可在變頻器中加裝①交流電抗器②電磁接觸器③煞車電阻器④雜訊濾波器。

▶ 解：電機機械－感應電動機中以變頻器作減速控制，必須設定家常減速時間及加裝剎車電阻器。

5.（1） 為改善變頻器因連接交流電動機所產生的金屬噪音，通常需要①外加交流電抗器②在變頻器電源端加電磁接觸器③加煞車電阻器④降低變頻器內部電力元件切換的速度。

▶ 解：電機機械－變頻器加裝交流電抗器主要是減少高次諧波干擾，以免電動機願轉時產生噪音。

6.（3） V/f 轉換器可將輸入電壓轉換為①電流②時間③頻率④電阻。

▶ 解：電機機械－變頻器。

7.（2） 當安培計用切換開關(AS)切至 OFF 時，其所連接的比流器(CT)二次側應該①全部開路②全部短路③部分開路④部分短路。

▶ 解：工業配線－工業控制元件安培計切換開關在切入至 OFF 時，應使筆流器二次側電路全部短路，以免二次側產生高壓使器具燒毀。

8.（2）　控制系統中，輸出信號與輸入信號之比率稱為①倍率函數②轉移函數③位移函數④負載函數。

　　　▶ 解：自動控制。

9.（2）　交流同步電動機在起動時，其主磁場繞組①應加交流電激磁②不可加直流電激磁且應短路③應開路④應降低電源電壓。

　　　▶ 解：電機機械－同步電動機同步電動機起動時，轉子的磁場繞組應該外接電阻定子有電樞繞組，轉子有磁場繞組，於正常運轉時，定子加交流電，轉子加直流電。

10.（1）　單相蔽極式感應電動機係靠下列何種原理來旋轉？①移動磁場②旋轉磁場③推斥磁場④固定磁場。

　　　▶ 解：電機機械－感應電動機。

11.（4）　電動機銘牌上所註明的電流係指①半載電流②無載電流③$\frac{1}{2}$滿載電流④滿載電流。

　　　▶ 解：用戶用電 152 條-1。

12.（2）　三相 5HP 交流感應電動機，原接於頻率為 50Hz 之電源，若改接於 60Hz，則其轉速將①減少百分之二〇②增加百分之二〇③轉速保持不變④無法起動。

　　　▶ 解：電機機械－同步電動機的轉速與頻率成正比，因此轉速增加為原來的 $\frac{6}{5}=1.2$ 。

13.（3）　有一低壓三相鼠籠式感應電動機，如採全壓起動時，起動電流為 120 安，若採用 Y-△降壓起動開關起動，則起動電流約為多少安？①120②100③40④20。

　　　▶ 解：電機機械－感應電動機的全壓起動的啟動電流為 Y-△降壓起動啟動電流的 1/3 倍因此電流為 $120 \times \frac{1}{3}=40A$ 。

14.（3）　比流器(CT)的主要作用可①減少線路損失②增加線路壓降③擴大交流安培計測定範圍④改變線路功率因數。

　　　▶ 解：電機機械－特殊變壓器中比流器式用來作為擴大交流安培計測量範圍，比壓起為擴大交流伏特表測量範圍。

15.（2） 貫穿型比流器規格為 150/50，基本貫穿匝數 1 匝，若與刻度為 50A，表頭滿刻度電流為 5A 之電流表連接使用時，該比流器一次側應貫穿幾匝？①2②3③4④10。

> 解： 電機機械－變壓器貫穿型比流器之貫穿的匝數
> $$= \frac{\text{比流器一次側電流} \times \text{基本貫穿匝數}}{\text{安培表一次側電流}} = \frac{150 \times 1}{50} = 3 \text{匝}。$$

16.（3） 高阻計(Megger)可用來測量感應電動機的①輸出功率②滿載電流③絕緣電阻④運轉轉速。

> 解： 電儀表學－絕緣電阻的測量，常用的高阻計可區分為晶體是高阻計及手搖式高阻計。

17.（1） 若交流電動機的轉速由變頻器來作控制，則電動機轉速與變頻器輸出頻率的關係為下列何者？①正比②反比③平方正比④平方反比。

> 解： 變頻器－變頻器主要由整流（交流變直流）濾波、再次整流（直流變交流）制動單元、驅動單元、檢測單元微處置單元等組成的，電機的旋轉速度同頻率成比例變頻器（Variable-frequency Drive，縮寫：VFD），也稱為變頻驅動器或驅動控制器。變頻器是可調速驅動系統的一種，是應用變頻驅動技術改變交流馬達工作電壓的頻率和幅度，來平滑控制交流馬達速度及轉矩。

複選題

18.（1,2,4） 在目前的節能設備中，變頻器(Inverter)為最直接之節能控制方法之一，下列哪些是其應用案例？①空調冷卻風扇②家電洗衣機③家電電熱器④抽排煙機。

> 解： 變頻器－家電用的電熱器並不需要變動頻率方式來操控。

19.（1,2） 下列哪些項目是變頻器相關的周邊控制工程施工應裝設備？①迴路斷路器裝置②煞車電阻裝置③濾波控制裝置④轉速控制器。

> 解： 變頻器－變頻器的周邊設備包含迴路斷路器裝置與煞車電阻裝置等，迴路的剎車裝置主要係應用在短路事故發生時切斷變頻器的電源，選用斷路裝置時其額定電流為電動機額定電流的 1.5 倍以上，剎車電阻則以電動機於剎車時之回升能量以避免直流鏈電壓過高。

20.（1,3,4） 變頻器與相關的周邊設備配線時，下列哪些項目是正確作法？①嚴禁電源輸入線直接接在變頻器的電動機接線端子(U-V-W)②可以直接使用電源線上的

「無熔線開關」來啟動與停止電動機③變頻器及電動機請確實實施機殼接地，以避免人員感電④變頻器電源側與負載側的接線需使用「絕緣套筒壓接端子」。

> ▶解：變頻器－變頻器與相關的周邊設備配線區分為：
>
>　　1. 主迴路端配線：
>
>　　　(1) 嚴禁電源輸入線直接接在變頻器的電動機接線端子(U-V-W)，否則將造成變頻器的損壞。
>
>　　　(2) 不可在變頻器輸出端加裝功因修正進相電容、湧浪抑制器以及電磁接觸器。
>
>　　　(3) 物使用電源上的電磁接觸器或無熔絲斷路器來啟動或停止電源。
>
>　　　(4) 變頻器及電動機應機殼應確實接地，避免觸電危險。
>
>　　　(5) 主迴路接線線徑、壓接端子的規格與無熔絲開關的規格及電磁接觸器的規格務必選用壓降 2%以下較粗的導線。
>
>　　　(6) 電源側及負載側接線必須使用絕緣套筒壓接端子。
>
>　　　(7) 電源斷電後短時間內的端子 P-N 間仍有高電壓存在，不可觸摸以免觸電。
>
>　　2. 控制端迴路配線：
>
>　　　(1) 類比信號端子所使用的導線必須為隔離線。
>
>　　　(2) 控制面板配線選用 0.75 平方公厘導線。
>
>　　　(3) 控制面板接線應遠離主迴路端配線。

21.（1,2,3,4）下列哪些項目是變頻器本身事故防止機能？①過電流保護②回生過電壓保護③電動機過熱保護④漏電或低電壓保護。

> ▶解：變頻器－變頻器故障包括參數設置類故障、過電壓類故障、過電流故障、過載故障及其他故障，因此必須針對故障防止事故的發生，因此包括設置過電流保護、回生過電壓保護、電動機過熱保護、漏電或低電壓保護、IGBT 模組過熱保護、風扇異常保護、剎車晶體異常保護、漏電流過大保護。

22.（1,2,3,4）下列哪些項目是目前市售變頻器驅動控制方法之一？①電壓／頻率控制(V/F Control)技術②向量控制(Vector Control)技術③直接轉矩控制(Direct Torque Control, DTC)④無轉軸量測器控制(Sensorless Control)。

▶解：變頻器－變頻器驅動馬達的方式，其中最簡單的是 V/f 純量控制，變頻器的輸出電壓和輸出頻率成正比；向量控制及直接轉矩控制(DTC)則是根據輸出電流及馬達轉速調整輸出電壓的大小及角度；變頻器的輸出利用逆變器，則是用脈衝寬度調變(PWM)的方式控制輸出交流電壓；另外還有空間向量調變及無轉軸量測器控制。

23. （1,2,3,4）下列哪些是一般變頻器故障的原因？①參數設置類故障②溫度過高③過電流故障④過電壓故障。

▶解：變頻器－變頻器故障包括參數設置類故障、過電壓類故障、過電流故障、過載故障及其他故障。

24. （3,4）下列哪些不是變頻器日常維護保養與點檢項目？①絕緣電阻②冷卻系統③電動機極性④配線線徑大小與負載容量。

▶解：變頻器－變頻器日常維護保養與點檢項目包括檢查：

(1) 運行中的變頻器輸出三相電壓，並注意比較他們之間的平衡度與絕緣電阻。

(2) 變頻器的三相輸出電流，並注意比較他們之間的平衡度。

(3) 環境溫度，散熱器溫度（冷卻系統）；察看變頻器有無異常振動、聲響，風扇是否運轉正常。

25. （1,2,4）下列哪些不是三相感應電動機使用變頻器作減速控制時，為了避免電動機因產生再生電壓而造成變頻器過電壓失速，除了設定加長減速時間外，還可在變頻器中加裝的裝置？①交流電抗器②電磁接觸器③煞車電阻器④雜訊濾波器。

▶解：變頻器－使用變頻器作三相感應電動機轉速控制，在選用 V/f 曲線時，應配合電動機的電壓與頻率特性及其最高轉速避免電動機再生電壓，可以設定加長減速時間，也可在變頻器中加裝的裝置、交流電抗器、電磁接觸器或雜訊濾波器，改善變頻器過電壓失速。

26. （1,2）一般變頻器所採用的通訊協定 Modbus，指的是下列哪些通訊標準？①RS-422②RS-485③Ethernet④ProfiBus。

▶解：變頻器－ModBus 通訊協議分為 RTU 協議和 ASCII 協議遵循主從事通信步驟，當 Master 送出查詢信息給 Slave，Slave 一端即將信息內容回

傳給 Master，Modbus 通信規約基本上是遵循 Master and Slave 的通信步驟，Modbus 裝置通訊通過串列埠 RS-485 RS-422 實體層進行。

27.（1,2,3）　下列哪些是一般變頻器上的轉速控制？①直接從變頻器面板上的可變電阻調整②外接類比電壓或電流信號來調整③變頻器支援 Modbus 通訊，可利用上位控制器以通訊的方式改變變頻器轉速④可外接電磁接觸器直接控制。

　　▶解：變頻器－變頻器的轉速控制以改變頻率和電壓的方式最佳，亦可從變頻器面板上的可變電阻調整或外接類比電壓或電流信號來調整，或採用變頻器支援 Modbus 通訊，利用上位控制器以通訊的方式改變變頻器轉速。

工作項目 14　開關及保護設備裝修

單選題

1.（4）　進屋線為單相三線式，計得之負載大於 10 千瓦或分路在六路以上者，其接戶開關額定值應不得低於多少安？①20②30③40④50。

　　▶解：用戶用電第 31 條-3。

2.（4）　分路供應重責務型燈座之出線口時，每一出線口以多少伏安來計算？①180②300③500④600。

　　▶解：用戶用電第 102 條-3-3。

3.（2）　啟斷容量為 500MVA 之 12kV 斷路器，能通過之最大故障電流約為多少 kA？①15②24③50④100。

　　▶解：工業配線－高壓工配元件中斷路器的最大故障電流

$$S = \sqrt{3} \times V \times I \Rightarrow I = \left(\frac{500 \times 10^6}{\sqrt{3} \times 12000} \right) = 24056 \approx 24KA \ 。$$

4.（3）　高壓電氣設備如有活電部分露出者，其屬開放式裝置者，應裝於變電室內，或藉高度達多少公尺以上之圍牆加以隔離？①1.5②2.0③2.5④3.0。

　　▶解：用戶用電第 404 條。

5.（3）　過流接地電驛(LCO)之主要功能為①過載保護②低電壓保護③接地保護④過電壓保護。

▶解：工業配線－低壓工配元件。

6.（1） 斷路器之 IC 值係表示①啟斷容量②跳脫容量③框架容量④積體電路。

　　　▶解：工業配線－低壓工配元件啟斷容量（Interrupting capacity，以 IC 表示）：單位 kA，表示當發生故障電流，能夠斷開斷路器的容量。

7.（2） 裝於住宅處所20安以下分路之斷路器及栓形熔絲應屬下列何種特性者？①高速性②延時性③低速性④定時限性。

　　　▶解：用戶用電第 48 條。

8.（1） 積熱型熔斷器及積熱電驛可作為電氣設備之何種事故之保護？①過載②短路③漏電④感電。

　　　▶解：用戶用電第 51 條。

9.（2） 刀型開關其電壓在 250 伏以下，額定電流在多少安以上者，僅可做為隔離開關之用，不得在有負載之下開啟電路？①100②150③200④400。

　　　▶解：用戶用電用戶用電第 45 條－刀型開關其電壓在 250 伏以下，額定電流在多少 150 安以上及電壓在 600 伏以下而額定電流 75 安以上者，僅可做為隔離開關之用，不得在有負載之下開啟電路。

10.（4） 一般低壓三相 220V 供電用戶，契約容量超過 30kW 者，其選用過電流保護器之最低非對稱啟斷容量為多少 kA？①5②7.5③10④15。

　　　▶解：用戶用電第 58 條表 58。

11.（3） 過流電驛(CO)在設定時，若在同樣的負載電流下，要加速其跳脫時間，則以選擇下列何種方式較佳？①設定較高的始動電流，選用較大的時間標置②設定較低的始動電流，選用較大的時間標置③設定較低的始動電流，選用較小的時間標置④設定較高的始動電流，選用較小的時間標置。

　　　▶解：工業配線－低壓工配元件。

12.（3） 某比壓器(PT)之二次側線路阻抗為 10Ω，二次側線電壓為 50V，則此 PT 之負擔為多少 VA？①10②100③250④1000。

　　　▶解：電機機械－特殊變壓器中比壓器的負擔 $S = \dfrac{V^2}{Z} = \dfrac{50^2}{10} = 250VA$。

13.（1） 漏電斷路器之最小動作電流，係額定感度電流百分之多少以上之電流值？①50②100③125④150。

▶解：用戶用電第 62 條表 62.1。

14.（2） 漏電斷路器之額定電流容量，應不小於該電路之①漏電電流②負載電流③短路電流④感度電流。

　　▶解：用戶用電第 62 條-1-2。

15.（3） 變比器之二次線應採下列何種接地？①第一種②第二種③第三種④特種。

　　▶解：用戶用電第 25 條表 25。

16.（2） 保護低壓進屋線之斷路器或熔絲之標準額定不能配合導線之安培容量時，得選用高一級之額定值，但額定值超過多少安時，不得作高一級之選用？①600②800③1000④1200。

　　▶解：用戶用電第 52 條-1-2。

17.（2） 刀型開關其電壓在 600 伏以下，額定電流在多少安以上者，僅可做為隔離開關之用，不得在有負載之下開啟電路？①50②75③100④150。

　　▶解：用戶用電第 45 條。

18.（4） 一組進屋線供應數戶用電時，各戶之接戶開關得裝設於同一開關箱內或於個別開關箱內（共裝於一處）或在同一配電箱上，其開關數如不超過多少具者，得免設總接戶開關？①2②3③5④6。

　　▶解：用戶用電第 30 條-4。

19.（3） 接戶開關僅供應單相二線式分路二路者，其接戶開關額定值不得低於多少安？①15②20③30④50。

　　▶解：用戶用電第 31 條-2。

20.（1） 以防止感電事故為目的裝置漏電斷路器者，應採用①高感度高速形②高感度延時形③中感度延時形④低感度延時形。

　　▶解：用戶用電第 62 條-2-1。

21.（1） 高速形漏電斷路器在額定感度電流之動作時間多少秒以內？①0.1②0.5③1④2。

　　▶解：用戶用電第 62 條-2-1。

22.（1） 單相 110V 的日光燈分路，若採用單極無熔線開關作保護，則正確配線方式為①選擇非接地導線經過無熔線開關②選擇被接地導線經過無熔線開關③選擇接地線經過無熔線開關④非接地導線、被接地導線或接地線任意選擇其中一條經過無熔線開關。

▶解：工業配線－低壓工配元件「無熔絲開關」，又可稱為無熔線斷路器最主要是提供電路過載與短路的保護，當選用單極時，接線端僅分為電源端及負載端，所以僅連接一條非接地導線。用戶用電第 35 條：分路被接地導線不得裝開關或斷路器且第 54 條-1：電路中每一非接地導線應有一個過電流保護裝置。

23.（4） 通常在電熱水器或飲水機分路加裝漏電斷路器，是因為它具有下列何種主要功能？①檢出斷線故障，完成跳脫以隔離故障點②檢出短路故障，完成跳脫以隔離故障點③檢出過電流故障，完成跳脫以隔離故障點④檢出接地故障，完成跳脫以隔離故障點。

▶解：工業配線－低壓工配元件漏電斷路器可檢出接地故障，完成跳脫以隔離故障點。

複選題

24. （2,3,4） 幹線之分歧線長度不超過 8 公尺，導線之過電流保護有下列哪些情形得免裝於分歧點？①分歧線之安培容量不低於幹線之四分之一者②分歧線之安培容量不低於幹線之三分之一者③妥加保護不易為外物所碰傷者④分歧線末端所裝一組斷路器或一組熔絲，其額定容量不超過該分歧線之安培容量。

▶解：用戶用電第 56 條-5：幹線之分歧線長度不超過 8 公尺而有下列之情形者得免裝於分歧點：（一）分歧線之安培容量不低於幹線之三分之一者。（二）妥加保護不易為外物所碰傷者。（三）分歧線末端所裝之一具斷路器或一組熔絲，其額定容量不超過該分歧線之安培容量。

25. （2,3,4） 熔絲鏈開關原則上不得裝用於下列哪些場所？①屋外電桿上②屋內③地下室④金屬封閉箱內。

▶解：用戶用電第 412 條-5-2-1：熔絲鏈開關之裝置應考慮人員操作及換裝熔絲時之安全，熔絲熔斷時所驅出管外之電弧及高溫氣體不得傷及人員，該開關不得裝用於屋內、地下室或金屬封閉箱內為原則。

26. （1,3,4） 過電流保護裝置於屋內者，其位置除有特殊情形外，應裝於下列哪些處所？①容易接近之處②不容易接近之處③不暴露於可能為外物損傷之處④不與易燃物接近之處。

▶ 解：用戶用電第 56 條-6：過電流保護裝置於屋內者其位置除有特殊情形
　　　　　　者外，應裝於容易接近之處及不暴露於可能為外物損傷之處，以及不
　　　　　　與易燃物接近等處。

27.　（1,2）　下列哪些漏電斷路器之額定感度電流屬於高感度形？①15 毫安②30 毫安③
　　　　　　50 毫安④100 毫安。

　　　▶ 解：用戶用電第 62 條表 62-1：漏電斷路器之種類，額定感度電流 3、15、
　　　　　　30(mA)為高感度形。

28.　（1,2,3,4）　下列哪些項目，斷路器應有耐久而明顯之標示？①額定電壓②額定電流③額
　　　　　　定啟斷電流④廠家名稱或其代號。

　　　▶ 解：用戶用電第 50 條-4：斷路器應有耐久而明顯之標示，用以表示其額
　　　　　　定電流、啟斷電流、額定電壓及廠家名稱或其代號。

29.　（2,3,4）　接戶開關之接線端子應用下列哪些方法裝接？①採用焊錫焊接②採用有壓
　　　　　　力之接頭③採用有壓力之夾子④接用其他安全方法。

　　　▶ 解：用戶用電第 32 條：接戶開關之接線端子，應採用有壓力之接頭或夾
　　　　　　子或其他安全方法裝接，但不得用焊錫焊接。

30.　（1,2,4）　下列哪些用電設備或線路，應按規定施行接地外，並在電路上或該等設備之
　　　　　　適當處所裝設漏電斷路器？①建築或工程興建之臨時用電設備②公共場所
　　　　　　之飲水機分路③住宅場所離廚房水槽超過 1.8 公尺以外之插座分路④商場之
　　　　　　沉水式用電設備。

　　　▶ 解：用戶用電第 59 條，下列各款用電設備遇有漏電易致人員感電傷亡或
　　　　　　招致災害，除應按規定施行接地外，尚要在電路上或該等設備之供電
　　　　　　線路上加裝漏電斷路器：一、建築或工程興建等臨時用電二、游泳池
　　　　　　等水中照明用電。三、灌溉、養魚池等用電。（養魚池得以漏電警報
　　　　　　器代替）。四、辦公處所、學校和公共場所之飲水機用電。五、住宅
　　　　　　處所之電熱水器分路及浴室設有插座之插座分路。六、分路由屋內引
　　　　　　至屋外裝設之插座分路。七、遊樂場所之電動遊樂設備分路。八、對
　　　　　　地電壓超過 150 伏分路按第八條辦理。

31.　（2,4）　為防止感電事故裝置漏電斷路器，不應接用下列哪些類別的漏電斷路器？①
　　　　　　高感度高速形②高感度延時形③中感度高速形④中感度延時形。

> ▶解：用戶用電第 61 條-1：（一）以防止感電事故為目的裝置漏電斷路器者，應採用高感度高速形。

32. （1,2,3,4）下列哪些基本原理能加速滅弧？①拉長電弧②冷卻弧根③施壓力於弧極及弧道④氣體吹過弧道。

> ▶解：工業配線－高壓工配元件基本消弧原理說明：(1)第一階段：使電弧拉長，增加電弧電阻，減少電弧電流。第二階段：去離子化並增加電弧區的介質絕緣，在系統回復電壓下，不再發弧。(2)消弧。六種基本原理：①冷卻：降低溫度，減少離子以消滅電弧。②置換：以低溫的中性絕緣媒體來交換具有多量離子的高溫電弧瓦斯,這種條件的改變可迅速消弧。③加壓：增加電弧週圍氣體或液體壓力，可以有效抑制離子之活動性能，減低電弧之維持能力。④分割：將斷路器增加為多數串聯斷路點，可增加恢復極間絕緣的能力。⑤依附：將活動性能較高的離子依附在不活性的分子上,可減低離子活動能力而達消弧目的。⑥拉長平均自由路徑：在真空中拉長平均自由行程，促使離子行速大增，撞擊絕緣板可得極高之絕緣恢復能力。因此上述四種均可達到加速滅弧的目的。

33. （3,4）下列哪些裝置不得作為導線之短路保護？①栓型熔絲②管形熔絲③積熱型熔斷器④積熱電驛。

> ▶解：用戶用電第 51 條：積熱型熔斷器及積熱電驛以及其他並非設計為保護短路之保護裝置，不得作為導線之短路保護。用戶用電第 49 條-3：栓型及管型熔絲應明白標示其額定電流電壓啟斷路電流。

34. （2,3,4）下列哪些是真空斷路器的優點？①消弧慢②維護簡單③壽命長④無油而無引起火災的危險。

> ▶解：工業配線－高壓工配元件「真空斷路器」因其滅弧介質和滅弧後觸頭間隙的絕緣介質都是高真空而得名；其具有體積小、重量輕、適用於頻繁操作、滅弧不用檢修的優點，在配電網中應用較為普及。真空斷路器是 3~10kV，50Hz 三相交流系統中的戶內配電裝置，可供工礦企業、發電廠、變電站中作為電器設備的保護和控制之用，特別適用於要求無油化、少檢修及頻繁操作的使用場所，斷路器可配置在中置櫃、雙層櫃、固定櫃中作為控制和保護高壓電力設備用。

35.（1,2,3,4）下列哪些項目是斷路器必須具備之額定？①額定電壓②額定電流③額定啟斷容量④絕緣基準。

　　　▶解：工業配線－低壓工配元件斷路器具備之額定包括額定電壓、額定電流、額定啟斷容量、絕緣基準、額定罪高電壓、最低運轉電壓、最大啟斷電流、額定投入電流、啟斷時間、標準責任週期。

工作項目 15　電熱工程裝修

單選題

1.（2）　220V 2000W 之電阻性電熱爐如改接於 110V 電源時，其消耗之功率為多少 W？①100②500③1000④2000。

　　　▶解：電路學－電功率 $W = \dfrac{110^2}{220^2} W_{原} = \dfrac{1}{4} \times 2000 = 500W$。

2.（2）　電路供應工業用紅外線燈電熱裝置者，其對地電壓應不超過多少伏為原則？①110②150③220④300。

　　　▶解：用戶用電第 171 條-1。

3.（2）　除另有規定外，電熱器每具額定電流超過多少安者，應設施專用分路？①10②12③15④20。

　　　▶解：用戶用電第 168 條-1。

4.（3）　電阻電焊機應有之過電流保護器，其額定或標置不得大於該電焊機一次額定電流之多少倍？①2②2.5③3④6。

　　　▶解：用戶用電第 175 條-2-1。

5.（3）　在一定電壓下，兩只 400W 之電阻性電熱器接成串接，每一個電熱器之消耗功率為多少 W？①300②150③100④75。

　　　▶解：電路學－電功率串接個別電功率只有原來的 $\dfrac{1}{4}$，所以每一個電熱器只有100W。

6. （2） 最大電熱器容量在 20 安以上，其他電熱器合計容量在多少安以下並為最大電熱器
容量之二分之一以下，則小容量電熱器可與大容量電熱器併用一分路？①10②15
③20④30。

▶解：用戶用電第 168 條-2-1。

7. （3） 工業用紅外線燈電熱裝置，其對地電壓超過 150 伏，且在多少伏以下時，燈具應
不附裝以手操作之開關？①200②250③300④400。

▶解：用戶用電 171 條-1-3。

8. （2） 工業用紅外線燈電熱裝置內部配線之接續，應使用溫升在攝氏多少度以下之接續
端子？①30②40③50④60。

▶解：用戶用電第 171 條-6。

9. （4） 電阻點焊機分路之導線供應自動點焊機者，其安培容量不得低於電焊機一次額定
電流之百分之①三〇②四〇③五〇④七〇。

▶解：用戶用電第 175 條-1-1。

10. （3） 電阻電焊機分路之導線供應人工點焊機者，其安培容量不得低於電焊機一次額定
電流之百分之①三〇②四〇③五〇④七〇。

▶解：用戶用電第 175 條-1-1。

11. （4） 電熱器之電阻為 100 歐姆，通過 5 安的電流，若使用 1 分鐘，該電熱器產生之熱
量為多少卡？①21340②24000③25920④36000。

▶解：電路學－熱量 $H = 0.24 I^2 \times R \times t = 0.24 \times 5^2 \times 100 \times 1 \times 60 = 36000$ 卡。

12. （1） 兩只完全相同之額定容量為 220V、2000W 之電阻性電熱器串接在 220V 電源時，
其消耗之總功率為多少 W？①1000②750③500④250。

▶解：電路學－電功率中串聯時電功率僅為個別電功率
$W_{新} = \frac{1}{4} W_{原} = \frac{1}{4} \times 2000 = 500W$ 所以總功率為 $W_T = 500W \times 2 = 1000W$。

13. （3） 供應電熱器之低壓幹線，其電壓降不得超過該分路標稱電壓百分之多少？①一②
二③三④五。

▶解：用戶用電第 9 條。

14. （2） 有一電熱器之電阻為 100Ω，若使用 20 分鐘，產生之熱量為 30000 焦耳，通過電
熱器之電流為多少 A？①0.25②0.5③2.5④5。

▶解：電路學－電功率 $E = P \times t = I^2Rt$ $I = \sqrt{\dfrac{30000}{100 \times 20 \times 60}} = 0.5A$。

15.（4）在純電阻電路中，電壓與電流相位關係為何？①電壓落後電流 90 度②電壓落後電流 45 度③電壓超前電流 90 度④電壓與電流同相位。

　　▶解：電路學－儲能元件，純電容性之負載電流超前電壓相位 90°；純電感性之負載電壓超前電流相位 90°。

複選題

16.（1,2,4）下列敘述哪些正確？①1 卡是使 1 克的水升高 1℃所需的熱量②1BTU 是使 1 磅的水升高 1℉所需的熱量③比熱是指物體上升 1℃所需之熱量④1 焦耳是使 1 公升的水上升 0.24×10^{-3}℃的熱量。

　　▶解：物理－比熱比熱是指加熱某物質重一公克，上升 1℃所需的熱量，一焦耳是使一公克的水上升 0.24℃的熱量。

17.（1,2,3）下列哪些單位換算正確？①1cal=4.2joule②1joule=0.24cal③1BTU=1055joule④1BTU=2520cal。

　　▶解：物理－比熱 1BTU=252 卡，1 卡等於 4.2 焦耳。

18.（1,3,4）電爐電阻為 75Ω，通過 2A 電流，若使用 5 分鐘，該電爐產生之熱量為多少 cal，下列哪些結果錯誤？①85.3②21600③51200④85300。

　　▶解：電路學－電功率 $H = 0.24E = 0.24P \times t = 0.24I^2Rt$，
　　　　$H = 0.24 \times 2^2 \times 75 \times 5 \times 60 = 21600$ cal。

19.（1,2）假設電熱器效率為 75%，使用 600W 的電熱器，在一大氣壓之下，將 2 公升的水由 15℃加熱至沸點，需要多少時間？①1574.1 秒②26.2 分③6000 秒④100 分。

　　▶解：電路學－電功率 $H = 0.24E = 0.24P \times t = 0.24I^2Rt = ms\Delta t$，
　　　　$H = 0.24 \times 600 \times 0.75 \times t = 2000 \times 1 \times (100 - 15)\,cal$　$t = 1574.1\,sec = 26.2$分。

20.（2,4）電阻為 330Ω 之電熱器，接於 110V 電源上，浸入 600g、20℃之水中，盛水容器每秒散熱 0.8cal，需加熱多久才能使水之溫度上升至 100℃？①3288 秒②6000 秒③54.8 分④100 分。

▶解：電路學－電功率 $H = 0.24E = 0.24P \times t = 0.24I^2Rt = ms\Delta t$ ，

$$H = 0.24 \times \frac{110^2}{330}t = 600 \times 1 \times (100-20) + 0.8t \text{ cal} ， \quad t = 6000\text{ sec} = 100\text{分} 。$$

21. （1,2,3） 如果太陽能照射於每平方公分面積每秒鐘之熱量是 1.8 卡（1 卡=4.2 焦耳），
則照射於面積 1 平方米的熱能是多少千瓦，下列哪些結果錯誤？①4.2②2.33
③1.8④1.26。

▶解：電 路 學 － 電 功 率 $1m^2 = 10^4 cm^2$ ，因 此 1 平 方 米 的 熱 能 是
$H = 0.24E = 0.24P \times t = 1260$ 瓦。

工作項目 16 接地工程裝修

單選題

1.（1） 第一種接地之接地電阻應保持在多少 Ω 以下？①25②50③75④100。

▶解：用戶用電第 25 條表 25。

2.（2） 高壓電動機外殼之接地屬①設備與系統共同接地②設備接地③高壓電源系統接地
④內線系統接地。

▶解：用戶用電第 25 條表 25。

3.（4） 12kV/120V 比壓器二次側引線接地屬何種接地？①特種②第一種③第二種④第三
種。

▶解：用戶用電第 25 條表 25。

4.（1） 單相三線用戶，接戶線為 30 平方公厘時，其內線系統單獨接地，銅接地導線應採
用多少平方公厘？①8②5.5③3.5④2.0。

▶解：用戶用電第 26 條表 26.1。

5.（4） 低壓電源系統經接地後，其對地電壓超過多少伏者，其電源系統不得接地？①110
②150③208④300。

▶解：用戶用電第 27 條-9-3。

6.（4） 銅板作接地極，其厚度應在 0.7 公厘以上，且與土地接觸之總面積不得小於多少平
方公分？①300②500③700④900。

▶ 解：用戶用電第 29 條-3。

7.（3）　以接地銅棒作接地極，應垂直釘設於地面下多少公尺以上？①0.3②0.6③1.0④1.5。

　　　▶ 解：用戶用電第 29 條-4。

8.（4）　鐵管或鋼管作接地極，其長度不得短於多少公尺？①0.3②0.5③0.7④0.9。

　　　▶ 解：用戶用電第 29 條-4。

9.（4）　屋外供電線其電纜遮蔽層及導線之金屬裝甲之接地線，不得小於多少平方公厘之銅線？①3.5②5.5③8.0④14。

　　　▶ 解：輸配電第 17 條-4。

10.（1）　接地極採用兩管或兩板以上時，為求有效降低接地電阻，則管或板之距離不得小於多少公尺？①1.8②1.5③1.2④1.0。

　　　▶ 解：用戶用電第 29 條-5。

11.（4）　非接地系統之高壓用電設備接地應使用多少平方公厘以上之絕緣線？①38②22③8④5.5。

　　　▶ 解：用戶用電第 25 條表 25：此為第一種接地，加上第 26 條-2 規定。

12.（2）　用電設備單獨接地之接地線或用電設備與內線系統共同接地之連接線，若過電流保護器之額定或標置在 100A 時，其銅接地導線之最小線徑為多少平方公厘？①14②8③5.5④3.5。

　　　▶ 解：用戶用電第 26 條表 26.2。

13.（1）　低壓配電系統之金屬導線管及其連接之金屬箱應採用何種接地？①第三種②第二種③第一種④特種。

　　　▶ 解：用戶用電第 25 條表 25。

14.（4）　多少平方公厘以上絕緣被覆線於接地線系統施工時，在露出部分之絕緣或被覆上以綠色膠帶作為永久識別時，可做為接地線？①3.5②5.5③8.0④14。

　　　▶ 解：用戶用電 27 條-7-3。

15.（2）　特種及第二種接地，設施於人易觸及之場所時，自地面下 0.6 公尺起至地面上多少公尺，均應以絕緣管或板掩蔽？①1.5②1.8③2④2.5。

　　　▶ 解：用戶用電第 29 條-7。

16.（2）以接地銅棒作接地極時，其直徑不得小於多少公厘，且長度不得短於 0.9 公尺？①
10②15③20④25。

▶解：用戶用電第 29 條-4。

17.（1）用以判定屋內線路的被接地導線和非接地導線的簡易工具是①驗電器（氖燈）②
鉤式電流表③絕緣電阻計④瓦特表。

▶解：電儀表學－電流表中鉤式電流表為測量交流電流的儀器（測較大電流），絕
緣電阻計為量測導線或裝備絕緣電阻的儀器，瓦特表則為量測器具使用功
率的儀器。

18.（2）非接地系統之高壓用電設備接地，其接地電阻應在多少 Ω 以下？①10②25③50④
100。

▶解：用戶用電第 25 條表 25。

19.（4）被接地導線之絕緣皮應選用何種顏色來識別？①綠②紅③黑④白。

▶解：用戶用電第 27 條-8。

20.（2）電動機外殼接地的目的是在防止①過載②感電③馬達發生過熱④電壓閃爍。

▶解：電機機械－感應電動機的外殼接地是為防止感電事故的發生。

21.（4）採 60 平方公厘接戶線供電之用戶，其內線系統單獨接地或與設備共同接地之銅接
地導線應採用多少平方公厘以上之銅導線？①5.5②8③14④22。

▶解：用戶用電第 26 條表 26.1。

22.（4）屋外供電線路交流多重接地系統，各接地線之電流容量應為其所引接導線電流容
量之多少以上？①二分之一②三分之一③四分之一④五分之一。

▶解：輸配電第 17 條-2。

23.（4）「輸配電設備裝置規則」規定多重接地系統之中性導體（線）應具有足夠之線徑
及安培容量以滿足其責務，除各接戶設施之接地點不計外，使設置電極或既設電
極於整條線路上每 1.6 公里合計至少有多少個接地點？①1②2③3④4。

24.（4）600kVA 變壓器在施行特種接地時，其接地導線線徑應不小於多少平方公厘？①5.5
②8③22④38。

▶解：用戶用電第 26 條-1-2。

25.（1）有一高壓感應電動機，接於 3.3kV 非接地系統之電源上，該電動機之外殼應採何
種接地？①第一種②第二種③第三種④特種。

　　▶解：用戶用電第 25 條表 25。

26.（1）3φ4W 11.4kV 多重接地系統供電地區用戶變壓器之低壓電源系統接地之接地電阻
應在多少歐姆以下？①10②25③50④100。

　　▶解：用戶用電第 25 條表 25。

27.（1）配電變壓器之二次側低壓線或中性線之接地稱為①低壓電源系統接地②設備接地
③內線系統接地④設備與系統共同接地。

　　▶解：用戶用電第 24 條-3。

28.（1）三相四線多重接地系統供電地區，用戶變壓器之低壓電源系統接地應採用何種接
地？①特種②第一種③第二種④第三種。

　　▶解：用戶用電第 25 條表 25 特種接地。

29.（1）用戶用電裝置規則之特種接地之接地電阻應保持在多少Ω以下？①10②25③50④
100。

　　▶解：用戶用電第 25 條表 25。

30.（3）特種接地如沿金屬物體（鐵塔或鐵柱等）設施時，除依規定加以掩蔽外，地線應
與金屬物體絕緣，同時接地板應埋設於距離金屬物體多少公尺以上？①0.5②0.8
③1.0④1.8。

　　▶解：用戶用電第 29 條-8。

31.（2）停電工作掛接地線時應①手戴棉紗手套②手戴絕緣手套③手戴任何材質手套均可
④不得戴手套。

　　▶解：電工實習（一）－桿上作業家用電器設備由於絕緣性能不好或使用環境潮
濕，會導致其外殼帶有一定靜電，嚴重時會發生觸電事故。為了避免出現
的事故可在電器的金屬外殼上面連接一根電線，將電線的另一端接入大
地，一旦電器發生漏電時接地線會把靜電帶入到大地釋放掉，因此停電仍
應手戴絕緣手套避免觸電。

32.（2）第一種接地工程，其接地電阻應保持在多少歐姆以下？①10②25③50④100。

　　▶解：用戶用電第 25 條表 25。

33.（4）第三種接地對地電壓 301V 以上，其接地電阻應在多少Ω以下?①100②50③25④
10。

▶解：用戶用電第 25 條表 25。

34.（2）屋內線路屬於被接地一線之再行接地者，稱為①設備接地②內線系統接地③低壓
電源系統接地④設備與系統共用接地。

▶解：用戶用電第 24 條-2。

35.（2）變比器二次線接地應使用多少平方公厘以上絕緣線?①3.5②5.5③8④22。

▶解：用戶用電第 26 條-4-1。

36.（4）內線系統接地屬何種接地?①特種②第一種③第二種④第三種。

▶解：用戶用電第 25 條表 25。

37.（4）內線系統接地與設備接地共用一接地線或同一接地電極，稱為①設備接地②內線
系統接地③低壓電源系統接地④設備與系統共用接地。

▶解：用戶用電第 24 條-4。

複選題

38.（1,2,3,4）接地方式有下列哪些?①設備接地②內線系統接地③低壓電源系統接地④
設備與系統共同接地。

▶解：用戶用電第 24 條。

39.（1,2,3,4）接地種類有下列哪些?①特種接地②第一種接地③第二種接地④第三種接
地。

▶解：用戶用電第 25 條。

40.（1,2,3）下列哪些處所之接地屬第三種接地?①低壓用電設備接地②內線系統接地
③變比器二次線接地④高壓用電設備接地。

▶解：用戶用電第 25 條：高壓用電設備接地屬於第一種接地。

41.（2,3）被接地導線之絕緣皮應使用下列哪些顏色以資識別?①綠色②白色③灰色
④綠色加一條以上黃色條紋者。

▶解：用戶用電第 27 條-8：被接地導線之絕緣皮應使用白色或灰色，以資
識別。

42.　（1,4）　個別被覆或絕緣之接地線，其外觀應為下列哪些顏色以資識別？①綠色②白色③灰色④綠色加一條以上黃色條紋者。

　　▶解：用戶用電第 27 條-6：接地線以使用銅線為原則，可使用裸線、被覆線或絕緣之接地線。個別被覆或絕緣之接地線，其外觀應為綠色或綠色加一條以上之黃色條文者。

43.　（2,3）　下列哪些低壓電源系統無需接地？①電容器②電氣爐之電路③易燃性塵埃處所運轉之電氣起重機④電熱裝置。

　　▶解：用戶用電第 27 條-10：低壓電源系統無需接地者如下：
　　　（一）電氣爐之電路。
　　　（二）易燃性塵埃處所運轉之電氣起重機。

44.　（1,3）　下列哪些低壓電源系統除另有規定外應加以接地？①3φ4W　380/220V②3φ3W 380V③3φ4W 440/254V④3φ3W 440V。

　　▶解：用戶用電第 27 條-9-2：（二）電源系統經接地後，其對地電壓不超過三〇〇伏者，除另有規定外應加以接地。因 3φ4W 380/220V 及 3φ4W 440/254V 符合對地電壓不超過三〇〇伏。

45.　（1,2,3,4）　下列哪些低壓用電設備應加接地？①低壓電動機之外殼②電纜之金屬外皮③金屬導線管及其連接之金屬箱④X 線發生裝置及其鄰近金屬體。

　　▶解：用戶用電第 29 條-11：低壓用電設備應加接地者如下：(1)低壓電動機之外殼。(2)金屬導線管及其連接之金屬箱。(3)非金屬管連接之金屬配件如配線對地電壓超過 150 伏或配置於金屬建築物上或人可觸及之潮濕處所者。(4)電纜之金屬外皮。(5)X 線發生裝置及其鄰近金屬體。(6)對地電壓超過 150 伏之其他固定設備。(7)對地電壓在 150 伏以下之潮濕危險處所之其他固定設備。(8)對地電壓超過 150 伏移動性電具。但其外殼具有絕緣保護不為人所觸及者不在此限。(9)對地電壓 150 伏以下移動性電具使用於潮濕處所或金屬地板上或金屬箱內者，其非帶電露出金屬部分需接地。

46.　（2,3,4）　有關接地銅棒作接地極，應符合下列哪些規定？①直徑不得小於 12 公厘②直徑不得小於 15 公厘③長度不得短於 0.9 公尺④垂直釘沒於地面下 1 公尺以上。

　　▶解：用戶用電第 29 條接地系統應符合下列規定之一辦理：(1)接地極應為埋設管、棒或板等人工接地極接地引線連接點應加焊接或以特這之接

地夾子妥接。(2)接地引接線應界焊接或其他方法使其與人工接地極妥接，在該接地線上不得加裝開關及保護設備。(3)銅板作接地極，其厚度應在 0.7 公厘以上，且與土地接觸之總面積不得小於 900 平方公分，並應埋入地下 1.5 公尺以上深度。(4)鐵管或鋼管作接地極，其內徑應在 19 公厘以上；接地銅棒作接地極，其直徑不得小於 15 公厘，且長度不得短於 0.9 公尺，並應垂直釘沒於地面下一公尺以上，如為岩石所阻，則可橫向埋設於地面下 1.5 公尺以上深度。(5)如以一管或一板作為接地極，其接地電阻未能達到規定標準時，應採用兩管或兩板以上，又為求有效降地接地電阻，管或板間之距離不得小於 1.8 公尺，且管或板間應妥為連接使成不斷之導體，其連接線線徑應大於接地線。(6)接地管、棒及鐵板之表面以鍍鋅或包銅者為宜，不得塗漆或其他絕緣物質。(7)特種及第二種系統接地，設施於人易觸及之場所時，自地面下 0.6 公尺起至地面上 1.8 公尺，均應以絕緣管或板掩蔽。(8)特種及第二種接地如沿金屬物體（鐵塔或鐵柱等）設施時，除應依第七款之規定外加以掩蔽外，地線應與金屬物體絕緣，同時接地板應埋設於距離金屬物體 1 公尺以上。9.第一種及第三種接地如設於易受機械外傷之處，應作適當保護。

47. （1,2,3,4）下列哪些項目是工業配電系統中性點接地之優點？①降低暫態過電壓②改善雷擊保護③容易檢出故障④降低線路及設備絕緣等級。

　▶解：工業配線－接地在電力供電系統中,因為系統沒有接地（如△接線）,當接地事故發生時,無法偵測到也就無法保護,不僅如此尚可降低暫態過電壓、改善雷擊保護、容易檢出故障、降低線路及設備絕緣等級等優點。

48. （1,2,3）下列哪些項目和接地銅棒之接地電阻有關？①大地的電阻係數②接地銅棒直徑③接地銅棒長度④接地銅棒的導電率。

　▶解：工業配線－接地接地銅棒之接地電阻值與接地銅棒的直徑與長度有關並與大地的電阻係數有關。

工作項目 **17** 特別低壓工程裝置

單選題

1.（ 4 ）　特別低壓設施係指電壓在多少伏特以下，並使用小型變壓器者？①600②300③150 ④30。

▶解：用戶用電第 361 條。

2.（ 1 ）　特別低壓線路與其他用電線路、水管、煤氣管等應距離多少公厘以上？①150②300 ③500④600。

▶解：用戶用電第 371 條。

3.（ 2 ）　供給特別低壓的小型變壓器，其額定容量之輸出不得超過多少伏安？①50②100③ 150④200。

▶解：用戶用電第 362 條。

4.（ 3 ）　供應用戶用電之電源，如對地電壓超過多少伏特時，該用戶之電鈴應按特別低壓 設施辦理？①30②50③150④300。

▶解：用戶用電第 372 條。

5.（ 2 ）　特別低壓設施應選用導線其線徑不得低於多少公厘？①0.6②0.8③1.0④1.2。

▶解：用戶用電第 367 條。

6.（ 1 ）　特別低壓設施之變壓器，其二次側電壓應在多少伏以下？①30②150③250④300。

▶解：用戶用電第 362 條。

7.（ 1 ）　特別低壓設施之變壓器，其一次側電壓應在多少伏特以下？①250②300③380④ 440。

▶解：用戶用電第 362 條。

8.（ 2 ）　特別低壓線路裝設於屋外，當各項電具均接入時，導線相互間及導線與大地間之 絕緣電阻不得低於多少 MΩ？①0.01②0.05③0.1④0.2。

▶解：用戶用電第 370 條-2。

9.（ 3 ）　特別低壓線路裝設於屋內，當各項電具均接入時，導線相互間及導線與大地間之 絕緣電阻不得低於多少 MΩ？①0.01②0.05③0.1④0.2。

▶解：用戶用電第 370 條-1。

10.（3） 三個電阻並聯，其電阻值分別為 3Ω、6Ω、9Ω，已知流經 9Ω 電阻的電流為 2A，則流經 3Ω 電阻的電流為多少 A ？①2②4③6④8。

▶解：電路學－電阻串並聯電阻兩端電壓為 $9\times2=6\times3=3\times6=18V$，因此 3Ω 電阻的電流為 6A。

11.（4） R_1 與 R_2 兩電阻並聯，已知流過兩電阻之電流分別為 $I_{R1}=6A$，$I_{R2}=2A$，且 $R_1=5\Omega$，則 R_2 消耗功率為多少 W ？①120②100③80④60。

▶解：電路學－電阻串並聯電阻 $R_2=\dfrac{I_{R1}\times R_1}{I_2}=\dfrac{6\times5}{2}=15\Omega$

電功率 $P_2=I_2^2 R_2=2^2\times15=60W$。

12.（4） 在一電路中，有 5A 電流流過一個 4Ω 電阻，其電阻消耗的電功率為多少 W ？①20②60③80④100。

▶解：電路學－電阻串並聯電阻電功率 $P=I^2R=5^2\times4=100W$。

13.（2） 有三個電阻並聯，其電阻值分別為 20Ω、10Ω、5Ω，如果流經 5Ω 電阻的電流為 4A，則此電路總電流為多少 A ？①9②7③5④3。

▶解：電路學－電阻串並聯電阻每一電阻的電壓為 20V，因此流經 20 歐姆電流為 1A，流經 10 歐姆電阻的電流為 2A，因此總電流為 7A。

14.（2） 在 RLC 串聯電路中，已知 $R=8\Omega$、$X_L=8\Omega$、$X_C=2\Omega$，則此電路總阻抗為多少 Ω ？①2②10③16④18。

▶解：電路學－RLC 串並聯 $Z=\sqrt{R^2+\left(X_L-X_C\right)^2}=\sqrt{8^2+\left(8-2\right)^2}=10\Omega$。

15.（1） 如右圖所示之電路，若 V_1 為 6V，則 8Ω 電阻所消耗之功率為多少 W ？①2②4③8④12。

▶解：電路學－電阻串並聯電阻電功率

$I=\dfrac{V}{R}=\dfrac{6}{12}=0.5A,\ P_{8\Omega}=I^2R_{8\Omega}=0.5^2\times8=2W$。

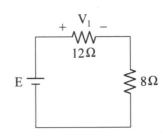

16.（4） 如右圖所示之電路，若 R_1 為 16Ω、R_2 為 8Ω，電阻所消
耗之功率為 64W，則電壓 E 為多少 V？①8②16③32④48。

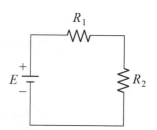

▶解：電路學－電阻串並聯電阻電功率

$P = I^2(R_1 + R_2) \Rightarrow 64 = I^2(16+8)$，$I = 2A$，

$E = 2 \times 24 = 48V$。

17.（1） 下列有關平衡三相電壓的敘述，何者正確？①三相電壓
的大小均相同②三相電壓的相位角均相同③三相電壓的波形可以不相同④三相電
壓的瞬時值總和可以不為零。

▶解：電路學－三相電路中三相交流電一般是將可變的電壓通過三組不同的導
體。這三組電壓大小相等、頻率相等、彼此之間的相位差為 120 度。

18.（2） 有兩個電阻 R_1 與 R_2 並聯後，接於一電源，已知 R_1 之消耗功率為 400W，R_2 之消
耗功率為 200W，已知 $R_1 = 80\Omega$，則 R_2 為多少 Ω？①320②160③60④40。

▶解：電路學－電阻串並聯電阻電功率 $P = \dfrac{V^2}{R} = 400 = \dfrac{V^2}{80}$，$V^2 = 3200$，

$R_2 = \dfrac{V^2}{P} = \dfrac{3200}{200} = 160\Omega$。

19.（3） 將三個電阻 $R_1 = 2\Omega$，$R_2 = 3\Omega$，$R_3 = 5\Omega$ 串聯後，接於 20V 之直流電源，R_2 所消耗
之功率為多少 W？①2②3③12④24。

▶解：電路學－電阻串並聯電阻分壓 $V_{R2} = \dfrac{R_2 \times V}{R_1 + R_2 + R_3} = \dfrac{3 \times 20}{2+3+5} = 6V$，

電功率 $P = \dfrac{V^2}{R} = \dfrac{6^2}{3} = 12W$。

20.（2） 一個 5Ω 之電阻器，若通過電流由 10A 升高至 50A，則功率變為原本多少倍？①
10②25③100④250。

▶解：電路學－電阻串並聯電阻電功率 $\dfrac{P_2}{P_1} = \dfrac{I_2^2 \times R}{I_1^2 \times R} = \dfrac{50^2}{10^2} = 25$ 倍。

21.（2） 在 RLC 串聯電路中，電阻為 5Ω，電感抗為 5Ω 及電容抗為 10Ω，則此電路之總阻
抗為多少 Ω？①5②$5\sqrt{2}$③10④$10\sqrt{2}$。

▶解：電路學－交流電路 $Z = \sqrt{R^2 + (X_L - X_C)^2}$ 因此 $Z = \sqrt{5 + (10-5)^2} = 5\sqrt{2}\Omega$。

22.（3）有一電器自 100V 之單相交流電源，取用 770W 之實功率，若其功率因數為 0.7 落後，則電源電流為多少 A？①7②10③11④20。

▶解：電路學－交流電路 $P = vi\cos\theta$ 因此 $i = \dfrac{770}{100 \times 0.7} = 11A$。

23.（3）交流電的頻率為 50Hz，則其角頻率約為多少弪度／秒？①50②60③314④377。

▶解：電路學－交流電路 $\omega = 2\pi f = 2 \times 3.14 \times 50 = 314$ 弪度／秒。

24.（3）在純電感電路中，電壓與電流相位關係為何？①電壓落後電流 90 度②電壓落後電流 45 度③電壓超前電流 90 度④電壓與電流同相位。

▶解：純電阻電路電壓與電流同相位，純電感電路電壓超前電流 90 度，在純電容電路電流超前電壓 90 度。

複選題

25.（1,3）有關特別低壓設施變壓器二次側之配線，下列敘述哪些正確？①得用花線②長度不可延長③不受 3 公尺以下之限制④不受 3 公尺以上之限制。

▶解：用戶用電第 373 條二次側之配線得用花線，其長度可酌情延長，不受三公尺以下之限制。

26.（2,3）在特別低壓線路中，當各項電具均接入時，導線相互間及導線與大地間之絕緣電阻不得低於下列哪些規定？①裝置於屋內者 0.05MΩ②裝置於屋內者 0.1MΩ③裝置於屋外者 0.05MΩ④裝置於屋外者 0.1MΩ。

▶解：用戶用電第 370 條在特別低壓線路中，當各項電具均接入時，導線相互間及導線與大地間之絕緣電阻不得低於下列規定：
一、裝置於屋內者 0.1MΩ。二、裝置於屋外者 0.05MΩ。

27.（3,4）特別低壓設施在易受外物損傷之處設施線路時，應按下列哪些裝置法施工？①磁夾板②磁珠③木槽板④導線管。

▶解：用戶用電第 374 條在易受外物損傷之處設施線路時，應按木槽板或導線管裝置法施工。

28.（1,2,4）下列哪些項目應註明於特別低壓設施變壓器之銘板上？①一次電壓②二次電壓③一次短路電流④二次短路電流。

▶解：用戶用電第 363 條變壓器之銘板上應註明一次及二次電壓，二次短路
　　　　　　　電流及製造廠名等。

29. （1,2,4）　有關電之敘述，下列哪些正確？①使電荷移動而做功之動力稱為電動勢②導
　　　　　　　體中電子流動的方向就是傳統之電流的反方向③1 度電相當於 1 千瓦之電
　　　　　　　功率④同性電荷相斥、異性電荷相吸。

　　　　　▶解：電路學－電能的計算 1 度電相當於電功率 1 瓩使用一小時之電能。

30. （2,3）　有關理想狀況下平衡三相電壓，下列敘述哪些正確？①三相電壓的相位角均
　　　　　　　同相②三相電壓的瞬時值總和為零③三相電壓的大小均相同④三相電壓的
　　　　　　　波形可以不相同。

　　　　　▶解：電路學－平衡三相電壓的瞬時值總和為零且三相電壓的大小均相同。

工作項目 ⑱　用電法規運用

單選題

1.（3）　台灣電力公司與用戶所訂之需量契約容量，其需量時段為多少分鐘？①5②10③15
　　　　④30。

　　　　▶解：台灣電力公司營業規則第 20 條。

2.（2）　依據用電場所及專任電氣技術人員管理規則之規定，22.8kV 之高壓用戶須設置何
　　　　級電氣技術人員？①初級②中級③高級④不必設置。

　　　　▶解：用電場所及專任電氣技術人員管理規則第 2 條-2。

3.（3）　依據用電場所及專任電氣技術人員管理規則之規定，69kV 之特高壓用戶須設置何
　　　　級電氣技術人員？①初級②中級③高級④不必設置。

　　　　▶解：用電場所及專任電氣技術人員管理規則第 2 條-3。

4.（4）　依據用電場所及專任電氣技術人員管理規則之規定，用電場所負責人應督同專任
　　　　電氣技術人員對所經管之用電設備，每幾個月至少應檢驗一次？①1②2③3④6。

　　　　▶解：用電場所及專任電氣技術人員管理規則第 21 條。

5.（1）　依據用電場所及專任電氣技術人員管理規則之規定，用電場所負責人應督同專任
　　　　電氣技術人員對所經管之用電設備，每幾年應至少停電檢驗一次？①1②2③3④6。

▶ 解：用電場所及專任電氣技術人員管理規則第 9 條：用電場所負責人應督同專任電氣技術人員對所經管之用電設備，每六個月至少檢驗一次，每年應至少停電檢驗一次。

6.（2） 依據用電場所及專任電氣技術人員管理規則之規定，用電場所發生事故，致影響供電系統者，其專任電器技術人員應於事故多少日內填報電氣事故報告表送指定之機關？①3②5③7④10。

▶ 解：用電場所及專任電氣技術人員管理規則第 22 條。

7.（4） 依據用電設備檢驗維護業管理規則之規定，檢驗維護業之登記維護範圍，以其所在地相連多少行政區域為限？①1②2③3④4。

▶ 解：用電場所及專任電氣技術人員管理規則第 19 條。

8.（1） 依台灣電力公司營業規則，廢止用電之用電場所申請重新用電，應辦理①新設②增設③併戶④復電。

▶ 解：台灣電力公司營業規則第 4 條-1-1。

9.（2） 依台灣電力公司營業規則之規定，既設用戶申請增加用電設備或契約容量，應辦理①新設②增設③併戶④分戶。

▶ 解：台灣電力公司營業規則第 4 條-1-2。

10.（2） 依台灣電力公司營業規則之規定，既設用戶申請將原有用電設備拆裝或移裝，應辦理①器具變更②裝置變更③種別變更④用途變更。

▶ 解：台灣電力公司營業規則第 4 條-4-2。

11.（4） 依台灣電力公司營業規則之規定，既設用戶申請變更「行業分類」，應辦理①器具變更②裝置變更③種別變更④用途變更。

▶ 解：台灣電力公司營業規則第 4 條-4-4。

12.（1） 依台灣電力公司營業規則之規定，申請新增設用電合計契約容量達多少 kW 以上者，須事先提出新增設用電計劃書？①1000②2000③3000④4000。

▶ 解：台灣電力公司營業規則第 5 條申請各項用電事項，須分別填具申請事項登記單，格式由本公司置備，由申請人簽名或蓋章（以法人名義申請者，其負責人亦應簽名或蓋章）送交所在地本公司區營業處服務中心或服務所，經認可後，通知申請人按本規則有關規定辦理應辦手續並繳付各項費用。

如申請新增設用電，合計契約容量達 1,000 瓩，或建築總面積達 10,000 平方公尺者，須儘先提出新增設用電計畫書，經本公司檢討供電引接方式後始通知申請人辦理正式申請用電手續。

13.（4）依台灣電力公司營業規則之規定，申請新增設用電，建築總面積達多少平方公尺以上者，須事先提出新增設用電計劃書？①1000②2000③5000④10000。

　　▶解：台灣電力公司營業規則第 5 條。

14.（1）依台灣電力公司營業規則之規定，在 11.4kV 或 22.8kV 供電地區，契約容量未滿多少 kW 者，得以 220/380V 供電？①500②1000③1500④2000。

　　▶解：台灣電力公司營業規則第 17 條-3-2。

15.（2）依台灣電力公司營業規則之規定，三相低壓供電之用戶，如無特殊原因，其單相 220 伏電動機，每具最大容量不得超過多少馬力？①1②3③5④10。

　　▶解：台灣電力公司營業規則第 35 條-1。

16.（1）依台灣電力公司營業規則之規定，三相低壓供電之用戶，如無特殊原因，其單相 110 伏電動機，每具最大容量不得超過多少馬力？①1②2③3④5。

　　▶解：台灣電力公司營業規則第 35 條-1。

17.（1）台灣電力公司公告實施地下配電系統之地區，新設建築物達六樓以上且其總樓地板面積在多少平方公尺以上者須設置適當之配電場所及通道？①1000②1500③2000④2500。

　　▶解：台灣電力公司營業規則第 42 條 1-2。

18.（3）依電器承裝業管理規則規定，甲級電器承裝業之資本額應在多少萬元以上？①一千②五百③二百④一百。

　　▶解：電器承裝業管理規則第 6 條-1。

19.（3）依台灣電力公司電價表之規定，採用需量契約容量計費之用戶，當月用電最高需量超出其契約容量者，其超出契約容量 10%以上部分，按其適用電價多少倍計收基本電費？①1②2③3④4。

　　▶解：台灣電力公司電價表第二章表燈電價－五電費的計算－（二）時間電價用戶－6-2。

20. (1)　下列哪一等級之電器承裝業得承裝電壓二萬五千伏特以下之配電外線工程，且其
　　　　　工程金額在新台幣一億元以上？①甲專②甲③乙④丙。

　　　▶解：電器承裝管理規則第 4 條-1 甲專級承裝業：承裝電壓二萬五千伏特以下之
　　　　　　電業配電外線工程，且其配電外線工程金額在新臺幣一億元以上。

21. (4)　為了強化職業道德觀念，在職業教育訓練中應該①教德重於教智②教智重於教德
　　　　　③訓技重於訓人④德、智並重。

22. (2)　依據電器承裝業管理規則規定，承裝業僱用之人員解僱或離職時，應於幾個月內
　　　　　補足人數，並申請變更登記？①一②三③五④六。

　　　▶解：電器承裝業管理規則第 6 條-1 承裝業：依第五條至第八條僱用之人員解僱
　　　　　　或離職時，應於三個月內補足人數，並申請變更登記。

23. (3)　依據電器承裝業管理規則規定，承裝業得分包經辦工程予其他承裝業者，但其分
　　　　　包部分之金額，不得超過經辦工程總價百分之多少？①二十②三十③四十④五十。

　　　▶解：電器承裝業管理規則第 16 條承裝業不得轉包經辦工程。承裝業得分包經辦
　　　　　　工程予其他承裝業者，其分包部分之金額，不得超過經辦工程總價百分之
　　　　　　四十。但本規則中華民國一百零四年一月二十八日修正施行前，承裝業已
　　　　　　簽訂之工程契約約定分包經辦工程予其他承裝業者，仍適用修正施行前之
　　　　　　規定。

24. (2)　依台灣電力公司營業規則之規定，暫停用電期限最長以多少年為限？①一②二③
　　　　　三④四。

　　　▶解：台灣電力公司營業規則第 4 條。

複選題

25.　　（1,2）　依電業法規定，下列哪些是台灣地區供電電壓之變動率？①電燈電壓，高低
　　　　　各 5%②電力及電熱之電壓，高低各 10%③電燈電壓，高低各 10%④電力及
　　　　　電熱之電壓，高低各 5%。

　　　▶解：電業法第 36 條（供電電壓變動率之標準）供電電壓之變動率，以不
　　　　　　超過左列百分數為準：　一、電燈電壓，高低各百分之五。二、電力
　　　　　　及電熱之電壓，高低各百分之十。電燈、電力、電熱合一線路時，依
　　　　　　電燈電壓之標準。

26.　（1,3,4）下列哪些情形電業得對用戶停止供電？①有竊電行為者②用電裝置及設備未自行檢查③欠繳電費，經限期催繳仍不交付者④用電裝置，經電業檢驗不合規定，在指定期間未改善者。

　　　▶解：電業法第 72 條（停止供電之原因及供電之恢復）電業因左列情形之一，得對用戶停止供電：

　　一、用戶有竊電行為者。

　　二、用戶用電裝置，經檢驗不合規定，在指定期間未改善者。

　　三、用戶拒絕檢查者。

　　四、用戶欠繳電費，經限期催繳仍不交付者。

　　　　　電業對於前項第一款之停電，於用戶償付竊電費款並提供保證不再有竊電行為時，得恢復供電。

　　　　　電業對於第一項第二款第三款之停電，於用戶改善或接受檢查後，對於第四款之停電，於用戶繳清所欠電費後，應即恢復供電。

27.　（1,2,3,4）下列哪些為台灣地區電業供電電壓？①單相三線 110 及 220 伏②單相二線 220 伏③三相四線 220 及 380 伏④三相三線 380 伏。

　　　▶解：台灣電力公司營業規則第 17 條　本公司供電方式如下：

　　一、頻率：交流 60 赫。

　　二、電壓、相數及線式：

　　　（一）包燈：低壓單相二線式 110 伏，單相二線式 220 伏或三相四線式 220/380 伏。

　　　（二）包用電力：低壓單相二線式 220 伏，三相三線式 220 或 380 伏。

　　　（三）表燈：低壓單相二線式 110 伏，單相二線式 220 伏，單相三線式 110/220 伏，三相三線式 220 伏，或三相四線式 220/380 伏。

　　　（四）電力用電：低壓單相二線式 220 伏，單相三線式 110/220 伏，三相三線式 220 伏，三相三線式 380 伏或三相四線式 220/380 伏。高壓三相三線式 3,300 伏、11,400 伏、22,800 伏。特高壓三相三線式 69,000 伏、161,000 伏、345,000 伏。

28. （1,2） 下列哪些用電場所應依規定置專任電氣技術人員？①低壓受電且契約容量達 50 瓩以上之工廠②高壓受電之用電場所③KTV 俱樂部④旅館。

> ▶ 解：專任電氣技術人員及用電設備檢驗維護業管理規則第 4 條用電場所應依下列規定置專任電氣技術人員：
> 一、 特高壓受電之用電場所，應置高級電氣技術人員。
> 二、 高壓受電之用電場所，應置中級電氣技術人員。
> 三、 低壓受電且契約容量達五十瓩以上之工廠、礦場或公眾使用之建築物，應置初級電氣技術人員。

29. （2,4） 用電場所負責人應督同專任電氣技術人員對所經管之用電設備檢驗期限為何？①每三個月至少檢驗一次②每六個月至少檢驗一次③每六個月至少停電檢驗一次④每年至少停電檢驗一次。

> ▶ 解：專任電氣技術人員及用電設備檢驗維護業管理規則第 9 條用電場所負責人應督同專任電氣技術人員對所經管之用電設備，每六個月至少檢驗一次，每年應至少停電檢驗一次。

30. （1,3,4） 甲級承裝業可承裝下列哪些工程？①承裝電壓 25,000 伏特以下之用戶用電設備工程②承裝電壓 25,000 伏特以下之電業配電外線工程，且其配電外線工程金額在新臺幣一億元以上③用戶低壓用電設備裝設維修工程④承裝電壓 69,000 伏特以上之電業配電外線工程。

> ▶ 解：電器承裝業管理規則第 4 條承裝業之登記，分甲專、甲、乙、丙共四級，其承裝工程範圍規定如下：
> 一、 甲專級承裝業：承裝電壓二萬五千伏特以下之電業配電外線工程，且其配電外線工程金額在新臺幣一億元以上。
> 二、 甲級承裝業：承裝第一款以外之電業供電設備及用戶用電設備裝設維修工程。

31. （1,2） 下列哪些情事，地方主管機關可廢止承裝業之登記？①以登記執照借與他人使用②有竊電行為或與他人共同竊電，經法院判決有罪確定③未經核准擅自施工因而有發生危險之虞④五年內受主管機關通知限期改善三次。

> ▶ 解：電器承裝業管理規則第 4 條承裝業申請登記不實者，由地方主管機關撤銷其登記。
> 承裝業有下列情事之一者，由地方主管機關廢止其登記：

一、以登記執照借與他人使用。

二、擅自減省工料或未經核准擅自施工因而發生危險，經法院判決有罪確定。

三、有竊電行為或與他人共同竊電，經法院判決有罪確定。

四、五年內受主管機關通知限期改善五次。

五、停業中或經主管機關通知限期改善而改善未完成，仍參加投標或承裝新工程。

六、工程投標有違法情事，負責人經法院判決有罪確定。

七、依其公司或行號登記，經營主體已解散或不存在。

八、經中央主管機關通知三次後仍未指派依第五條至第八條僱用之人員，參加第二十條第一項技術規範訓練或講習。

九、經地方主管機關限期加入相關電氣工程工業同業公會，屆期仍未加入。

十、依第五條至第八條僱用之人員解僱或離職後三個月內未補足人數，經主管機關通知限期改善，逾期仍未改善。

十一、未於停業期限屆滿前，申請恢復營業。

承裝業或其負責人有第一項或前項第一款至第十款情形之一者，於三年內均不得重行申請承裝業登記。

32.（1,2,3）台灣電力公司營業規則所定義高壓電之電壓為多少伏？①3,300②11,400③22,800④33,000。

▶解：台灣電力公司營業規則第 3 條二、高壓：標準電壓 3,300 伏、5,700 伏、11,400 伏或 22,800 伏。

33.（1,3,4）依台電公司營業規則規定，於三相電源供電地區，單相器具每具容量有下列哪些限制？①110 伏電動機以一馬力為限②220 伏電動機以三馬力為限③110 伏電熱器以三瓩為限④220 伏電熱器以 30 瓩為限。

▶解：台灣電力公司營業規則第 35 條單相器具每具容量不得超過下列限制：一、低壓供電：110 伏器具，電動機以一馬力，其他以五瓩為限；220 伏器具，電動饑以三馬力，其他以三〇瓩為線。但無三相電源或其他特殊因素者（如窗型冷氣機），110 伏電動機得放寬至二馬力，220 伏電動機得放寬至五馬力。

34.　（2,3,4）　依本國電業法規定，電業向用戶收取電費，採用單相電度表電燈計費用者每月底度為下列哪些？①一級電業每安培 1 度②二級電業每安培 2 度③三級電業每安培 3 度④四級電業每安培 4 度。

　　　▶解：電業法第 64 條（電費～每月底度及最低電費）電業向用戶收取電費，得規定每月底度。但不得逾下列之限制：一、電燈：用單相電度表者，一級二級電業每安培二度，三級電業每安培三度，四級電業每安培四度。用三相電度表者，照單相電度表三倍計算，不滿三安培電度表，得酌量提高底度。二、電力：一級二級電業每裝見馬力二十五度，三級電業每裝見馬力三十五度，四級電業每裝見馬力四十五度。三、電熱：工業用者，準用電力之規定；家庭用者，準用電燈之規定。電業收取電費不規定底度者，得規定每月最低電費。電業定有第一項每月底度者，其用戶每月實際用電度數超過每月底度時，以實際用電度數計收。

35.　（1,2,3,4）下列哪些場所為供公眾使用之建築物？①廟宇②養老院③電影院④修車場。

　　　▶解：建築法第 5 條規定，供公眾使用之建築物，為供公眾工作、營業、居住、遊覽、娛樂及其他供公眾使用之建築物。

36.　（1,2,3,4）具有下列哪些資格者得任初級電氣技術人員？①乙種電匠考驗合格②室內配線職類丙級技術士技能檢定合格③工業配線職類丙級技術士技能檢定合格④用電設備檢驗職類乙級技術士技能檢定合格。

　　　▶解：專任電氣技術人員及用電設備檢驗維護業管理規則 5-3：條初級電氣技術人員包括：(1)乙種電匠考驗合格、(2)室內配線職類丙級技術士技能檢定合格、(3)工業配線職類丙級技術士技能檢定合格、(4)用電設備檢驗職類乙級技術士技能檢定合格。

37.　（2,4）　下列哪些範圍之用戶用電設備工程應由依法登記執業之電機技師或相關專業技師辦理設計及監造？①22,000 伏特以上電壓之電力設備②契約容量在一百瓩以上百貨公司③變壓器容量超過五百千伏安④六層以上之建築物用電設備。

　　　▶解：電業設備及用戶用電設備工程設計及監造範圍認定標準第 5 條用戶用電設備工程應由依法登記執業之電機技師或相關專業技師辦理設計及監造之範圍如下：一、契約容量在一百瓩以上，且有下列情形之

一者：（一）二萬二千伏特以上電壓之電力設備。（二）變壓器容量合
計超過五百千伏安。（三）二萬二千伏特電壓供電地區，供電電壓為
二百二十／三百八十伏特。（四）電力設備或連接負載有影響電業供
電品質之虞，包括電氣爐（電弧爐、電阻爐、感應爐或其他電氣爐）、
電焊機或軋鋼馬達設備。（五）用電場所有易爆性塵埃或易燃性物質，
包括屋內線路裝置規則規定之第一類及第二類塵埃處所或製造儲存
危險物料處所。（六）公共場所或其他因用電性質特殊用戶，如發生
停電將導致嚴重損害或引起危險，包括旅運航空站、旅運海港、車站、
自來水廠、交通號誌、旅館、餐館、百貨公司、醫院、學校、機關、
劇院或其他娛樂場所。二、六層以上之建築物用電設備。

國家圖書館出版品預行編目資料

室內配線屋內線路裝修 ：技術士乙級技能檢定學術科題庫總整理/曾相彬編著. -- 第四版. -- 新北市 ：新文京開發出版股份有限公司, 2021.07
面； 公分

ISBN 978-986-430-745-6（平裝）

1.電力配送

448.37 110010533

室內配線屋內線路裝修－

技術士乙級技能檢定學術科題庫總整理

（第四版） （書號：**C155e4**）

編 著 者	曾相彬
出 版 者	新文京開發出版股份有限公司
地 址	新北市中和區中山路二段 362 號 9 樓
電 話	(02) 2244-8188（代表號）
F A X	(02) 2244-8189
郵 撥	1958730-2
初 版	西元 2010 年 01 月 20 日
二 版	西元 2016 年 02 月 10 日
三 版	西元 2019 年 05 月 15 日
四 版	西元 2021 年 07 月 20 日

 建議售價：550 元

法律顧問：蕭雄淋律師

ISBN 978-986-430-745-6

New Wun Ching Developmental Publishing Co., Ltd.

New Age · New Choice · The Best Selected Educational Publications — NEW WCDP

新文京開發出版股份有限公司

NEW
WCDP

新世紀・新視野・新文京 — 精選教科書・考試用書・專業參考書